川西高原山区地质灾害监测预警与风险评价研究

铁永波 白永健 高延超 徐 伟 等 著

科学出版社
北 京

内 容 简 介

川西高原山区地质结构复杂、构造活动强烈、地貌类型丰富、气候分区多样，多种孕灾背景叠加导致该区地质灾害成因机制复杂、成灾模式多样、灾害分布广泛。2019 年和 2022 年，中国地质调查局分别启动公益性地调项目"川西山区城镇地质灾害调查"和"重点地区特大地质灾害链调查评价"，在多尺度调查的基础上，结合区域地质灾害发育规律，开展了典型地质灾害成灾模式研究、监测预警与风险评价。在此基础上形成了本书的核心内容，包括地质灾害孕灾条件、发育特征、成灾机理、识别体系、监测预警及风险评价等。

本书可供高校和科研院所地质灾害领域的科研工作者、地质工程专业研究生，以及地质灾害防治行业工作者参考阅读。

审图号：川 S【2024】00134 号

图书在版编目(CIP)数据

川西高原山区地质灾害监测预警与风险评价研究 / 铁永波等著. -- 北京：科学出版社，2025.3. -- ISBN 978-7-03-080087-9

Ⅰ. P694

中国国家版本馆 CIP 数据核字第 2024JK2332 号

责任编辑：黄 桥 / 责任校对：韩卫军
责任印制：罗 科 / 封面设计：墨创文化

科学出版社 出版
北京东黄城根北街16号
邮政编码：100717
http://www.sciencep.com

成都锦瑞印刷有限责任公司 印刷
科学出版社发行 各地新华书店经销

*

2025 年 3 月第 一 版　　开本：787×1092　1/16
2025 年 3 月第一次印刷　　印张：14 3/4
字数：350 000
定价：248.00 元
(如有印装质量问题，我社负责调换)

本 书 作 者

铁永波　白永健　高延超　徐　伟　王家柱

龚凌枫　熊小辉　葛　华　冉　涛　张宪政

李　富　范文录

项目主要参研人员名单

(按姓氏笔画排序)

王　宏	巴仁基	卢佳燕	田　凯	向安平
刘　兵	刘小霞	孙　才	李长顺	李光辉
李宗亮	杨　帆	杨　昶	杨　强	杨富成
吴文贤	张　玙	陈光平	陈启国	陈敏华
范文录	周洪福	郝红兵	徐如阁	高　慧
郭　鹤	唐业旗	梁京涛	蒙明辉	蔡国军
戴可人

序

21世纪以来，由于强震活动和全球气候变化的影响，特大地质灾害高发频发，造成了较多的人员伤亡和财产损失。川西山区地处青藏高原东部高山向平原过渡地带，受青藏高原第四纪以来的持续隆升影响，区内分布着现今活动性较强的鲜水河、龙门山及安宁河三条断裂带，历史强地震频发，岩体破碎，地质环境条件脆弱，是地质灾害频发的地区，也是四川省地质灾害最为严重的地区，地质灾害隐患点数量约占四川省总数的1/2。

近年来，川西山区水利水电、公路铁路、旅游开发、城镇建设等人类工程活动增加，地质灾害已成为威胁山区人民生命财产安全、经济发展、工程及城镇建设安全的突出问题。2024年7月25日，海螺沟景区附近的燕子沟发生了一次大型泥石流灾害，这次泥石流灾害由流域上游4000m高程以上的高位冰崩叠加流域强降雨共同诱发。这种极端条件下多因素耦合诱发的灾害近年来在川西山区频繁发生，给原本成因就复杂的地质灾害增添了更多的不确定性，为科学防灾减灾带来了挑战。因此，开展川西山区地质灾害规律与防灾减灾研究具有重要的意义。

永波教授及其团队长期在川西山区从事地质灾害研究工作，至今已取得了丰富的研究成果，为该地区的防灾减灾作出了非常突出的贡献。《川西高原山区地质灾害监测预警与风险评价研究》一书是永波教授及其团队对川西山区地质灾害研究的阶段性和系统性总结，该书针对川西山区地质灾害孕灾条件与发育分布规律，典型地质灾害成灾机理，深切河谷区地质灾害隐患识别，高原山区典型地质灾害监测预警和多尺度地质灾害风险评价与区划等内容开展全面研究，集成了川西山区地质灾害孕灾背景调查评价成果，揭示了川西山区地质灾害隐患点数量、类型、规模及分布规律，探索了针对复杂艰险山区的地质灾害监测预警与风险评价技术方法，对丰富和完善区域性地质灾害调查评价技术方法具有理论和实践意义。

我非常高兴为该书题序，相信该书的出版不仅能为川西山区重大工程建设和城镇建设地质灾害风险防控提供科学支撑，而且也能为国内外同行提供非常有益的参考。

殷跃平
中国工程院院士
2025年2月20日

前　言

　　川西高原山区与云南省、青海省、甘肃省及西藏自治区接壤，在区域上具有重要的地理意义。本书主要聚焦地质灾害孕灾背景条件，在对川西高原山区范围的界定时综合考虑了构造、地形地貌、气候等与地质灾害形成密切相关的因素，故此次所界定的川西高原山区在行政区划上主要包括四川省攀枝花市、雅安市、阿坝藏族羌族自治州、甘孜藏族自治州和凉山彝族自治州。区域总面积为 $33.5×10^4 km^2$，约占四川省总面积的 69%，据第七次人口普查数据，川西高原山区常住总人口约 944 万人。

　　川西高原山区位于我国地势第一阶梯向第二阶梯的过渡带，是我国西部的地形急变带，地势起伏大，高陡斜坡和深切河谷发育。区内地质结构极其复杂，构造活动强烈，地应力集中，持续的挤压导致区内岩体破碎，分布有我国活动性最强的龙门山、鲜水河及安宁河三条断裂带，区内历史上强震多发，如 2008 年 "5·12" 汶川 8.0 级强震导致震区地质灾害在十余年后还较为活跃。川西高原山区横跨多个地貌单元和多个气候区，因暴雨、河流侵蚀、冰川活动、高寒冻融、斜坡重力卸荷、人类工程活动等因素诱发的地质灾害每年都有新增，许多灾害发生后还会引发次生链式地质灾害，导致区内地质灾害孕灾背景与成因机制复杂，成灾模式多样。川西高原山区还是国家重大铁路工程规划建设的主要穿越区，也是金沙江、雅砻江、大渡河等梯级水电站规划建设的重点地区，地质灾害的广泛分布和频发为工程建设带来了潜在风险，特别是一些大型地质灾害及其引发的链式效应对工程影响极大，成为地质安全风险评价中的一个关键因素。同时，川西山区曾是全国"三州三区"深度贫困区，虽然目前已全部脱贫，但地质灾害每年仍会造成一定人员伤亡和财产损失，地质灾害已成为制约川西高原山区高质量发展的重要因素之一。

　　统计数据表明，截至 2021 年 12 月，川西高原山区统计在库的地质灾害隐患点共有 16426 处，约占四川省地质灾害隐患点总数的 50%。灾害类型以滑坡和泥石流为主，其中，滑坡 6411 处、泥石流 5505 处、崩塌 2562 处，分别占地质灾害总数的 39.03%、33.51%、15.60%；其他类型地质灾害相对较少，约占地质灾害总数的 11.86%。灾害规模上以中小型为主，其中，小型 10998 处、中型 4702 处、大型 628 处、特大型 98 处。区内历史上曾发生过多起造成重大人员伤亡与财产损失的灾害，如 2013 年 7 月 10 日都江堰市五里坡滑坡造成 100 余人遇难和失踪，2017 年 6 月 24 日阿坝州茂县叠溪镇新磨村滑坡造成 80 余人遇难和失踪，等等。

　　《川西高原山区地质灾害监测预警与风险评价研究》是中国地质调查局公益性地调项目"川西山区城镇地质灾害调查"(实施周期 2019~2021 年)和"重点地区特大地质灾害链调查评价"(实施周期为 2022~2025 年)的核心成果，在典型地区 1∶50000 比例尺调查、重点地区 1∶10000 比例尺调查及典型地质灾害隐患点 1∶2000 比例尺勘查等多尺度调查的基础上，结合区域地质灾害发育规律总结，开展了典型地质灾害成灾模式研究、监测预警与风险评价，在此基础上形成了本书的主要核心内容，包括地质灾害孕灾条件、发育特征、成灾机理、识别体系、监测预警及风险评价等。

本书的编写团队成员具有基础地质、构造地质、工程地质、水文地质、地球物理、遥感地质等多专业背景，常年在西南地区开展地质灾后调查研究工作，具有扎实的理论基础和实践经验。本书写作分工如下。

前言部分由铁永波撰写，主要介绍全书总体结构、主要内容及成果等。

第一章由熊小辉、铁永波、范文录撰写，分析了川西高原山区地质环境与孕灾条件。

第二章由白永健、龚凌枫、熊小辉撰写，阐明了川西高原山区地质灾害发育特征、时空分布规律，研究了滑坡、崩塌、泥石流与地质环境条件的相关性，重点剖析了大渡河、雅砻江、金沙江等高山峡谷区强人类工程活动地质灾害发育分布规律。

第三章由铁永波、高延超、白永健、徐伟、熊小辉、张宪政撰写，采用地质分析、综合遥感识别、数值模拟、综合研究等方法对高山峡谷区典型古滑坡、强震区震后泥石流、强人类工程活动区高位崩塌等典型地质灾害特征与成因机制进行了研究。

第四章由白永健、铁永波、高延超、徐伟、冉涛、李富撰写，采用基于地质背景、高精度遥感、合成孔径雷达干涉测量(InSAR)、激光雷达(LiDAR)等综合遥感技术，结合地面调查、钻探、物探等"空-天-地-深"一体化地质灾害隐患识别技术，开展了大渡河、雅砻江、金沙江等高山峡谷区典型地质灾害早期识别和风险判识。

第五章由王家柱、葛华、徐伟撰写，对川西山区、喜德县典型县域、典型地质灾害隐患点监测预警工作思路和方法进行了总结，对川西山区，典型县域喜德县、小金县，高寒山区泥石流、山火地区泥石流等监测预警监测方法、设备选型及适宜性、降雨阈值设置等进行了研究。

第六章由徐伟、铁永波、高延超、张宪政撰写，对川西山区、喜德县、洛哈镇等区域，以典型县域、乡镇为单元进行了多尺度地质灾害风险评价与区划研究。

全书由白永健、张宪政进行统稿与图件编绘，铁永波作修改与审定。

本书的撰写得到了中国工程院殷跃平院士的大力指导，特别是在地质灾害评价思路和方法上殷院士提出了许多宝贵的意见和建议；中国地质大学（北京）张永双教授对全书的总体构架和主要内容等进行了全面、细心的指导。本书还得到了中国地质调查局水文地质环境地质部灾害处曹佳文处长，成都地质调查中心胡时友书记、廖忠礼副主任、王东辉副总工等领导的支持和帮助，以及四川省地质调查院，成都理工大学和中国科学院、水利部成都山地灾害与环境研究所，四川大学，四川省华地建设工程有限责任公司，四川省地质矿产勘查开发局四〇三地质队，四川省地质矿产勘查开发局四〇五地质队，四川川核地质工程有限公司等单位的支持，在此一并表示感谢！

由于作者水平所限，书中难免存在疏漏之处，恳请读者批评指正。

目　录

第一章　地质环境与孕灾条件······1
第一节　自然地理······1
　　一、气象特征······1
　　二、水文特征······4
　　三、地形地貌特征······7
第二节　地层岩性······9
　　一、区域地层分布特征······9
　　二、区域地层发育特征······11
第三节　区域构造与地震······13
　　一、区域构造概况······13
　　二、主要断裂带特征······16
　　三、活动断裂与地震······17
第四节　人类工程活动······25
　　一、城镇建设······25
　　二、交通建设······25
　　三、水电开发······25
　　四、矿山开发······25
　　五、土地资源开发······25
第五节　小结······25

第二章　川西高原山区地质灾害发育分布特征······27
第一节　地质灾害特征······27
　　一、地质灾害总体特征······27
　　二、地质灾害发育特征······28
　　三、地质灾害危害特征······41
第二节　地质灾害分布特征······43
　　一、地质灾害与地形地貌······43
　　二、地质灾害与地质构造······45
　　三、地质灾害与降雨条件······47
　　四、地质灾害与人类工程活动······47
第三节　小结······55

第三章　川西高原山区典型地质灾害成灾机理 57
第一节　典型古滑坡复活特征与成因机制 57
第二节　典型震后泥石流成因机制与活动性特征 66
一、强震区泥石流概况 66
二、强震区泥石流成因机制 69
三、强震区泥石流活动性特征 71
第三节　典型崩塌特征与成因机制 74
一、崩塌概况 74
二、复合型崩塌危岩带 78
第四节　小结 86

第四章　川西深切河谷区地质灾害隐患识别体系 88
第一节　概述 88
第二节　基于综合遥感技术的典型深切河谷区地质灾害隐患识别 89
一、地质+遥感综合识别方法体系 89
二、基于地质背景的地质灾害识别指标 90
三、基于综合遥感技术的地质灾害识别指标 90
四、典型深切河谷区地质灾害识别应用实践 91
第三节　基于精细化勘查技术的典型重大单体地质灾害风险识别 116
一、概述 116
二、折多塘滑坡精细化勘查与风险识别 117
三、卡子拉山滑坡精细化勘查与风险识别 126
第四节　小结 142

第五章　川西高原山区典型地质灾害监测预警 144
第一节　概述 144
一、川西山区地质灾害监测预警现状 144
二、川西山区地质灾害监测预警示范点建设情况 145
三、地质灾害风险区监测预警总体思路 146
第二节　典型县域地质灾害风险区监测预警——以喜德县为例 153
一、地质灾害风险区概况 153
二、地质灾害风险区监测预警模型研究 154
第三节　典型县域地质灾害监测预警——以小金县为例 164
一、地质灾害概况 164
二、地质灾害监测预警总体思路 165
三、地质灾害监测数据分析与预警案例研究 168
第四节　典型单体地质灾害监测预警 171
一、典型高寒山区泥石流监测预警 171
二、典型山火地区泥石流监测预警 174
第五节　小结 176

第六章 川西高原山区多尺度地质灾害风险评价与区划 … 178
第一节 概述 … 178
第二节 区域地质灾害风险评价与区划研究 … 179
一、地质灾害易发性评价与区划 … 179
二、地质灾害危险性评价与区划 … 181
三、地质灾害风险评价与区划 … 183
第三节 典型县域尺度地质灾害风险评价与区划——以喜德县为例 … 185
一、地质灾害概况 … 185
二、地质灾害易发性评价 … 187
三、地质灾害危险性评价 … 197
四、地质灾害易损性评价 … 199
五、地质灾害风险评价与区划 … 202
第四节 典型城镇地质灾害风险评价——以喜德县洛哈镇为例 … 204
一、地质灾害概况 … 204
二、地质灾害风险评价模型 … 206
三、地质灾害风险分区评价 … 215
第五节 小结 … 216
参考文献 … 218

第一章　地质环境与孕灾条件

第一节　自　然　地　理

一、气象特征

(一)气象

川西山区的气候主要受高空西风大气环流及西南季风影响,又因地形高差与南北纬度变化大,平面变化和垂直变化都很大,造成区域内气候条件十分复杂,形成了川西高原冬干夏雨的基本气候类型,如图 1.1-1 所示。

川西山区等温线与等高线走向一致,一般海拔增高 1000m,年均温度下降 6℃左右。在海拔 2000m 以下的河流沿岸区属季风热带,2000～3000m 属季风暖温带、温带;3000～4000m 属寒带,5000m 以上属永久冰雪带。海拔 3000m 以上地区年降雪 30～80 天不等,该地区年平均气温一般在 10℃以下,河流谷地常在 10～15℃,高寒地区及若尔盖草原在 0℃以下,冬季漫长,常年无夏。因川西山区地形复杂,气候类型多种多样,区内河谷干暖,山地冷湿,气候立体变化明显,形成了高原亚寒带、高原亚温带、高原温带、暖温带、北亚热带、中亚热带、南亚热带等气候垂直分布带,植被和自然景观亦呈垂直分布。

(二)降水量

川西山区 5～9 月为雨季,年降水量为 500～800mm。安宁河流域、雅砻江下游,降水量较为丰沛,一般在 1000mm 以上。岷江上游汶川、茂县,大渡河中上游的汉源、泸定、丹巴一带,嘉陵江河源及流沙河等背风河谷,降水量较少,其低值中心降水量仅 500mm 左右。位于贡嘎山东麓的雅安地区平均年降水量多达 2400mm。大凉山地区降水量较少,年降水量为 900～1200mm,90%集中在 5～10 月。攀西地区 6～10 月为雨季,年降水量为 800～1500mm。西部高原夷平面区域由于缺乏迎风降雨以及西移水汽含量减少,平均年降水量一般在 800mm 以下。川西山区年降水量如图 1.1-2 所示。

川西山区山地气候有明显干、湿季之分。干季日照多,湿度小,日温差大,多大风霜雪;雨季日照少,湿度大,日温差小,多冰雹雷电。川西山区降水量受东南季风(太平洋季风)和西南季风(印度洋季风)共同影响,东南季风主要影响川西山区东北部,西南季风主要影响川西山区南部和西南部,降水量空间差异大,年内分配不均。在空间上,川西山区降水量自东向西递减,东部的雅安一带降水量可达 1200mm 以上,到康定一带递减到

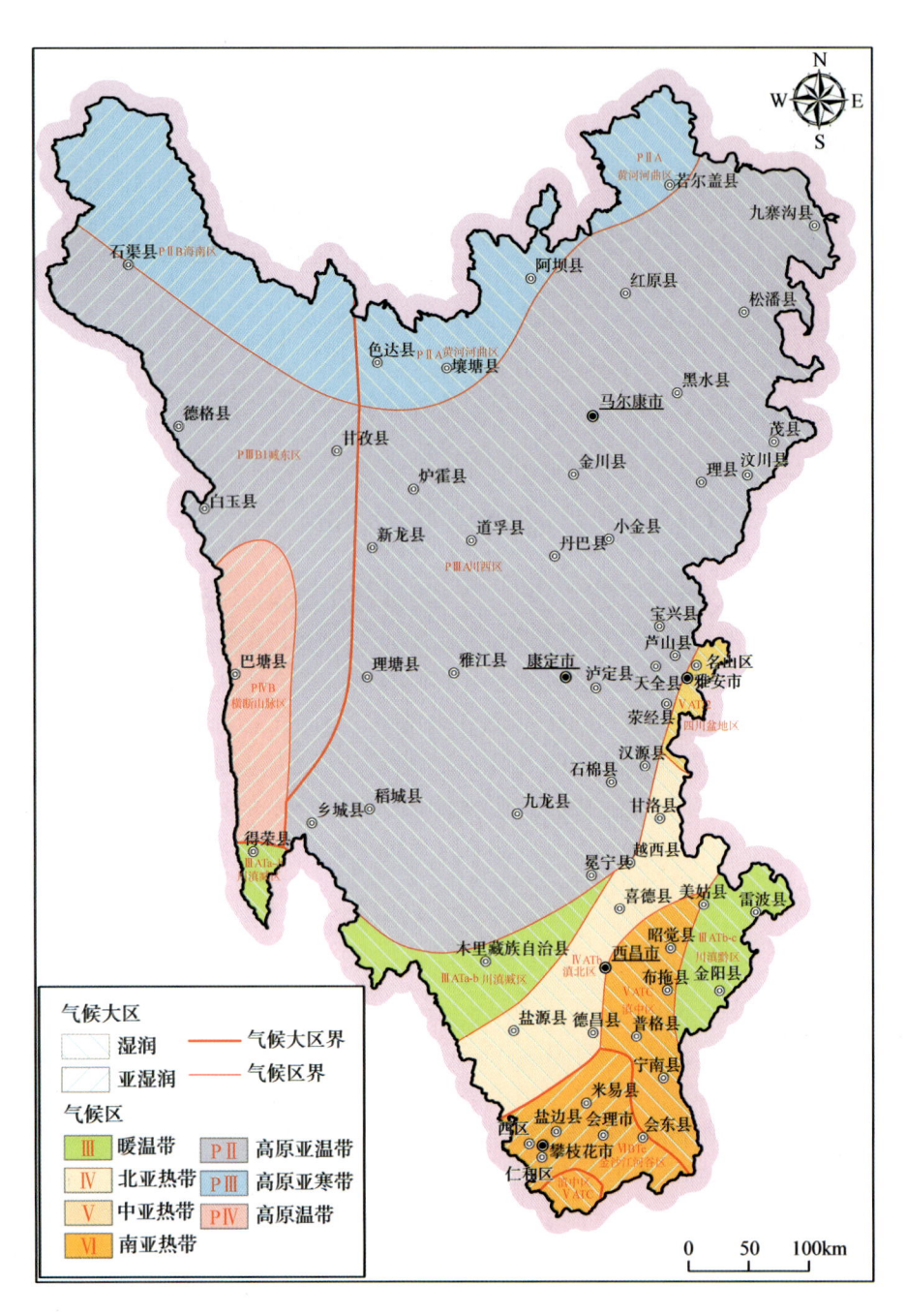

图 1.1-1 川西山区气候区划图

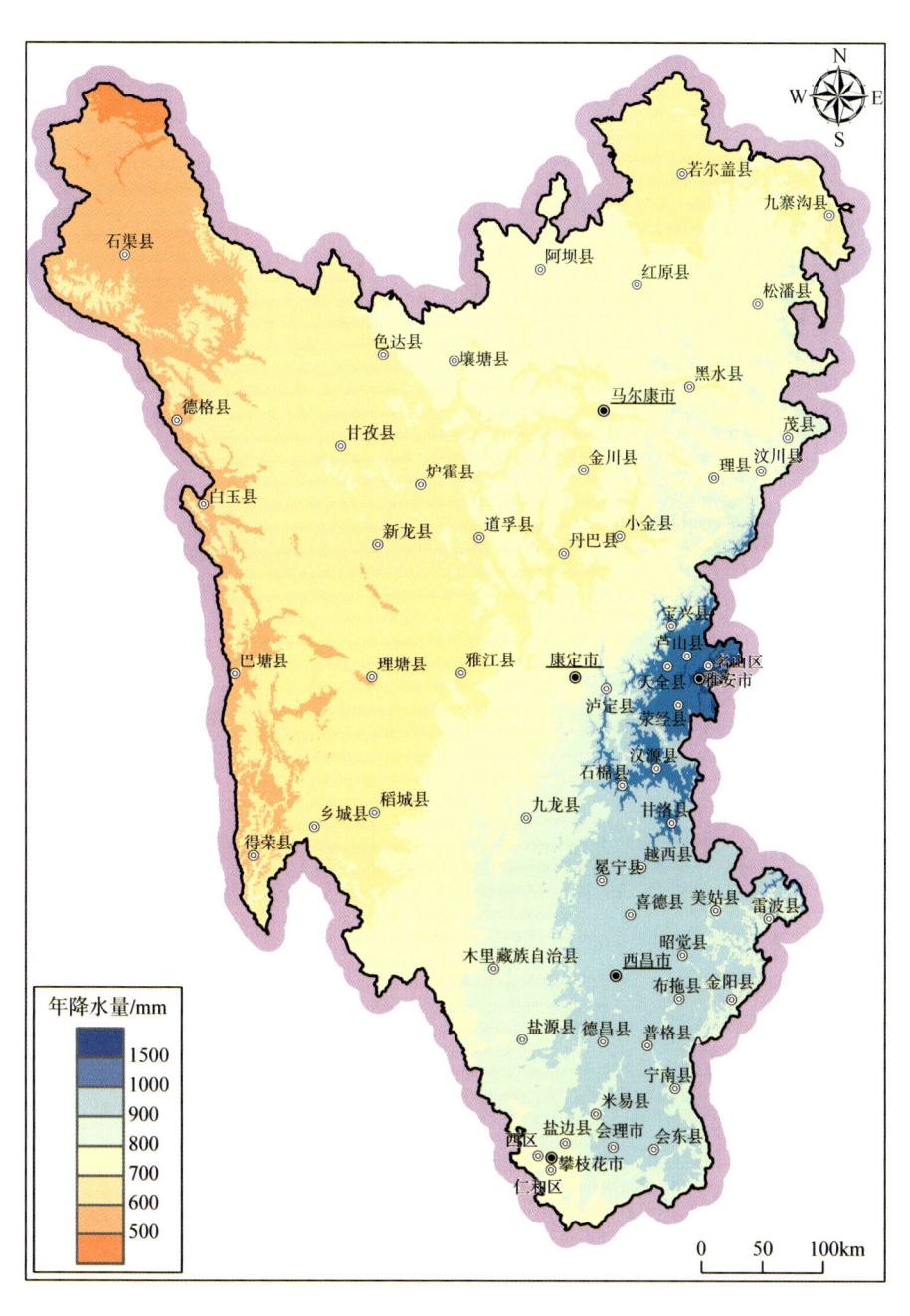

图 1.1-2 川西山区年降水量图

800mm 左右，西部的石渠、色达一带降水量下降到 500mm 左右。干旱河谷气候对川西地区降水量具有显著影响，以得荣县为例，属于亚热带干旱河谷气候，平均年降水量仅为 327mm，是川西山区年降水量最低的区域。在年内变化上，川西地区降水量年内集中分配，干湿两季分异明显，降水量峰值通常出现在 7 月，部分年份提前至 6 月，也有可能退后至 8 月、9 月，尤其是雅安、阿坝州东部、凉山州东部受到华西秋雨影响，9 月降水量仍较大，6～9 月是川西山区地质灾害防御的重点时期。近 40 年川西山区年降水量变化趋势不显著，以年际波动为主要特征，根据数据集 CMIP6 预测，未来川西地区年降水量将呈增加趋势，极端降雨事件有可能增加，对川西山区地质灾害风险将产生较大影响。

二、水文特征

川西地区河流纵横交错，水网发达，属长江水系，径流总量巨大，可达 $300km^3/a$ 以上。长江(金沙江)干流环绕西部及南部省境，长度达 1500km 以上，川西水系流域如图 1.1-3 所示。主要支流有雅砻江(包括支流木里河、九龙河)、岷江(包括支流大渡河、青衣江)及沱江，分别于攀枝花、宜宾及泸州三地汇入金沙江或长江；源于岷山及秦巴山区的嘉陵江、渠江等流经东部丘陵地区，在重庆市境内的合川交汇，并于重庆注入长江。研究区江河发育具有山区河道特征，谷坡陡峻，河道弯曲，比降大，流水切割强烈。这些河流在四川省内组成了水系网络，不仅有舟楫之利，而且因有巨大的能量而成为可开发的水力资源。

金沙江为长江上游河段，起于青海省、四川省交界处的玉树州直门达(称多县歇武镇直门达村)，流经云贵高原西北部、川西南山地，到四川盆地西南部的宜宾市东北翠屏区合江门接纳岷江为止，全长 2316km，落差 1720m，平均坡降为 1.78‰，流域面积为 $34×10^4km^2$。金沙江河床窄，岸坡陡峭，呈 "V" 形河床，为典型的高山深谷型河道。水量丰沛稳定，年际变化小，多年平均年径流量达 $1498×10^8m^3$。

金沙江有多条支流的流域面积超过 $1200km^2$，9 条支流的河长超过 100km，主要包括水洛河、定曲、赠曲和巴曲。水洛河，源出稻城县北海子山，流经稻城县、理塘县、木里县，至川滇交界处的三江口汇入金沙江，该河长 321km，落差 3024m，平均坡降为 9.42‰，流域面积约为 $13971km^2$，河口多年平均流量约为 $194m^3/s$。定曲，源出四川省理塘县热柯区沙鲁里山西侧，向西转南流入巴塘县境，该河长 241km，落差 2750m，平均坡降为 11.41‰，流域面积为 $12163km^2$，河口流量为 $179m^3/s$，多年平均年径流量约为 $59×10^8m^3$。赠曲，源出四川省新龙县沙鲁里山，北流转西入白玉县河境，在河坡镇附近汇入金沙江，河长 228km，流域面积为 $5470km^2$，多年平均流量为 $70m^3/s$，天然落差约为 1660m。

金沙江山高谷深，峡谷险峻，除在支流河口处因分布着洪积冲积扇，河谷稍宽外，大部分谷坡陡峻，坡度一般在 35°～45°，不少河段为悬崖峭壁，坡度达 60°～70°以上，邓柯至奔子栏间近 600km 深谷河段的岭谷高差可达 1500～2000m。因两岸分水岭之间范围狭窄，流域平均宽度约为 120km，邓柯附近最窄，仅 50～60km。由于流域宽度不大，支流不甚发育。金沙江是长江泥沙的主要来源之一。屏山站多年平均年输沙量为 $2.55×10^8t$，约为宜昌站多年平均年输沙量($5.21×10^8t$，1950～1989 年)的 49%，少数年份所占比重更大。例如，1974 年，屏山站年输沙量达 5.01×10^8t，约为宜昌站(6.76×10^8t)的 74.1%，占长江大通站年平均输沙量的近 50%。

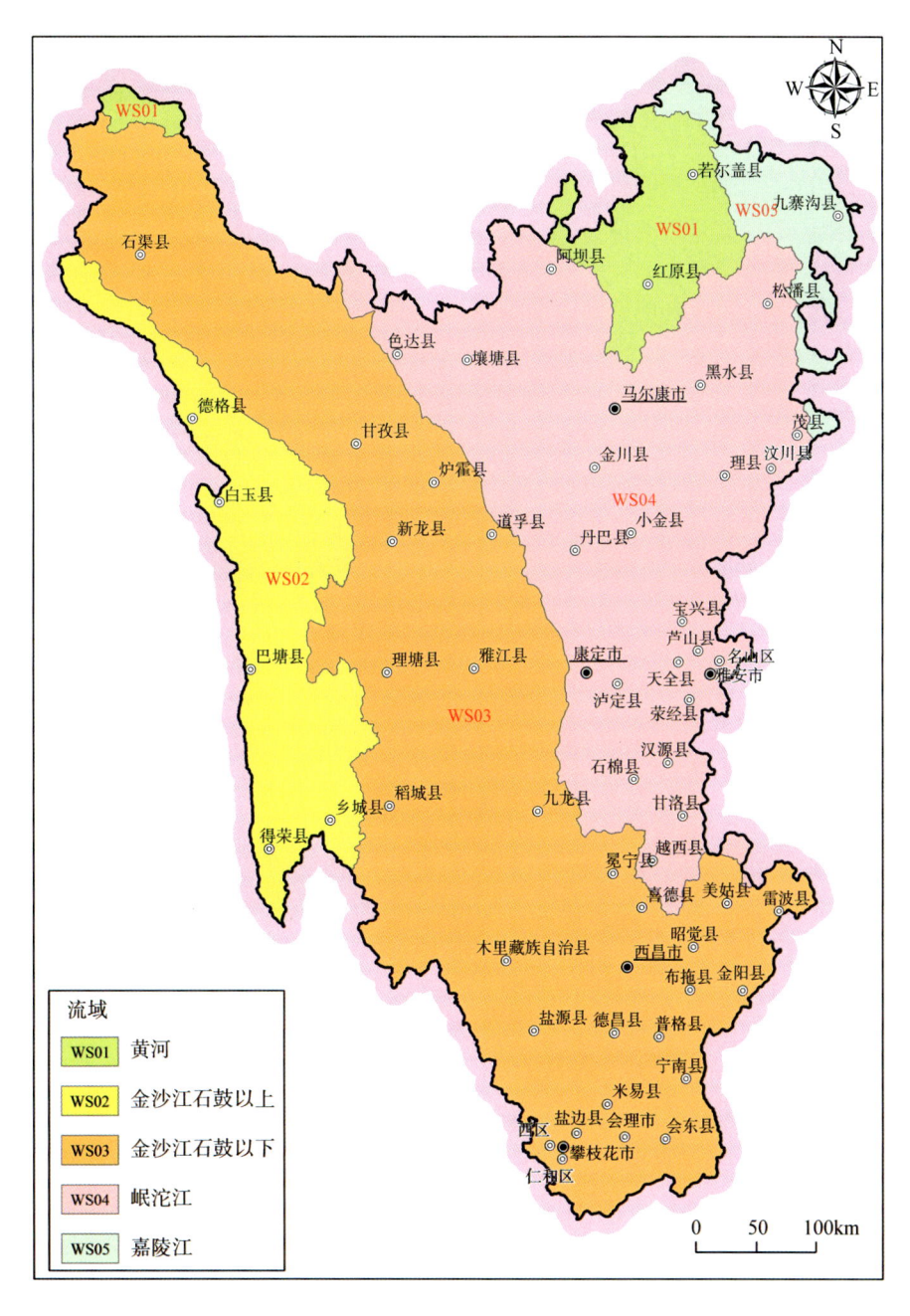

图 1.1-3 川西水系流域图

雅砻江是金沙江最大的一级支流，发源于青海省称多县巴颜喀拉山南麓，自西北向东南流经尼达坎多后进入四川省，纵贯甘孜藏族自治州中部及攀西地区西南部，于攀枝花市汇入金沙江，是典型的高山峡谷型河流。干流全长 1571km，流域面积为 12.86×10^4km^2，支流呈树枝状分布于干流两岸，区内主要为鲜水河和安宁河。雅砻江总落差约为3830m，平均比降为2.46‰，多年平均流量(河口)为1870m³/s。多年平均径流量为591×10⁸m³。河流多年平均含沙量为0.5kg/m³，多年平均年输沙量为2550×10⁴t，推移质泥沙平均年输沙量为67×10⁴t。雅砻江干流理塘河口以下，因受锦屏山阻挡，流向骤然拐向北东，至九龙河口附近又转向南流至巴折，形成长达150km的著名雅砻江大河湾，湾道颈部最短距离仅16km，落差高达310m。从河源至河口，干流全长1517km，全流域面积约为13.6×10⁴km²，干流天然落差达4400m，其中四川境内12.49×10⁴km²，天然落差3180m。河口多年平均流量为1910m³/s，年径流量近600×10⁸m³，占长江上游总水量的13.3%。流域内地势高差悬殊，地形复杂，自然景观与水文气象特征均存在十分明显的差异。流域上、中游地区多为森林覆盖，河流输沙强度较弱，含沙量较少。

鲜水河，源于青海省达日县巴颜喀拉山南麓，北源称泥曲(泥柯河)，流入四川省色达县境，在炉霍与南源达曲汇合后称鲜水河，再向南流经道孚县至雅江县以北27km的两河口处汇入雅砻江。该河长541km，落差为1340m，流域面积为19338km²，河口流量为202m³/s，干流水能理论蕴藏量为111×10⁴kW。

理塘河，源于甘孜州理塘县西沙鲁里山中段雪山垭口，流经木里县东子、沙湾等13个乡，于盐源北部洼里乡欧家湾注入雅砻江。川西区域内长242.3km，水面平均宽66m，流域面积为10850km²，落差为1331m。主要支流有卧落河、羊奶河、陈昌沟、苦巴店沟、瓦厂河等。理塘河出口多年平均流量为290m³/s，径流量为50.86×10⁸m³。

安宁河，是雅砻江下游左岸的最大支流，发源于冕宁拖乌北部羊洛雪山牦牛山的菩萨冈，上游由苗冲河和北茎河在拖乌大桥汇合后称安宁河，流经冕宁、西昌、德昌3县(市)及攀枝花市的米易县，于米易县安宁乡湾滩汇入雅砻江。安宁河全长337km，干流长303km，流域面积为1.12×10⁴km²。多年平均流量为217m³/s，径流量为69.1×10⁸m³。安宁河谷素有"川西第二大平原"之称，又被誉为川西南的"粮仓"。

岷江，是长江上游的重要支流，属长江一级支流，发源于川西岷山南麓，东西两源汇于川主寺，自北向南流经松潘、茂县及汶川至都江堰市，出山区而入成都平原，在宜宾注入长江。岷江干流全长735km，总落差为3560m，流域面积为135881km²，其中四川境内为126280km²。流域面积大于500km²的支流有30条，流域面积大于1000km²的支流有10条，河口流量为2830m³/s。岷江较大支流有320条，主要支流右岸有黑水河、杂谷脑河、渔子溪、寿江(寿溪河)、白沙河、大渡河、马边河，左岸有泥溪河、越溪河。黑水河发源于黑水县西部的羊拱山麓和毛尔盖草原，于茂县境西部赤不苏河后向东流经4个乡，在沙坝区的两河口注入岷江。全流域面积为7240km²，占岷江上游流域面积的31.4%。河口多年平均流量为140m³/s，干流全长122km，落差达1048m，平均比降为8.6%。

大渡河是岷江的最大支流，位于岷江西侧，属长江二级支流，发源于青海省玉树藏族自治州境内阿尼玛卿山脉的果洛山南麓，东源有阿曲和麻尔曲，于阿坝南部汇合后称脚木足河，西源有杜柯河和色曲，于壤塘南部汇合。脚木足河与杜柯河汇合后称大金川，是大渡河主流，南流至丹巴同来自东北的小金川汇合后称大渡河。河流全长1062km，流域面积为7.77×10⁴km²，大渡河支流较多，流域面积在1000km²以上的有28条，10000km²以上的有2条。大渡河上源麻尔曲，流经阿坝丘状高原地区，谷地开阔，曲流和河滩阶地发育。大渡河径流由降雨形成，部分为融雪和冰川补给。多年平均径流总量为 $456\times10^8m^3$，河口处多年平均流量为 $1490m^3/s$。流域内植被良好，水量丰沛，径流年际变化较小。上游为草原、草甸和森林所覆盖，河流含沙量较小。泥沙主要来自中游泸定至峨边沙坪区间，区内的松林河、南桠河、流沙河和尼日河等支流含沙量尤其高。泸定水文站多年平均悬移质输沙量为 101×10^4t，沙坪水文站多年平均悬移质年输沙量为 3270×10^4t，泸定至沙坪区间年输沙模数高达 $1400t/km^2$，是大渡河主要的产沙区。

嘉陵江，属长江一级支流，发源于秦岭和岷山。自昭化以上河段为上游，分为东西两条支流，其中西支称为白龙江，白龙江河道全长 576km，流域面积 $3.18\times10^4km^2$。河道穿行于山区峡谷，平均比降为 4.83‰，天然落差为 2783m，年平均流量为 $389m^3/s$。

川西深切河谷区各类岩土体的含水性、透水性、含水层类型及分布情况有所不同（刘宗祥等，2000），依据区内地下水赋存介质特征和赋存形式，总体上可划分为三大类，即孔隙水、裂隙水和岩溶水。

三、地形地貌特征

四川省西部为世界屋脊青藏高原之东南边缘，东部为四川盆地，地貌形态类型多样，西高东低，高差悬殊，河流纵横，切割强烈，山丘广布，平原狭小。高山、极高山地貌类型主要集中于西部，中山分布于凉山及盆周地区，低山、丘陵主要分布于东部盆地内，平原则分布在成都附近及安宁河谷。

川西山区地处我国地势第一阶梯向第二阶梯过渡地带，山大沟深，地形起伏剧烈，是我国乃至全球最著名的地形急变带之一。川西地区地貌可以划分成四川盆地盆周山区、青藏高原东缘地形急变区、丘状高原区、大小凉山中高山区四大组成部分，川西山区地貌类型如图 1.1-4 所示。

东部地区属于四川盆地盆周山区，地貌类型以中、低海拔山地为主，平均海拔约为 1500m，地形起伏度中等。向西是青藏高原东缘的地形急变区，属于典型的高山峡谷地貌，平均海拔约为 3900m，孕育了岷江上游峡谷、大渡河峡谷、雅砻江峡谷、金沙江峡谷等著名峡谷，山高、坡陡、谷深，地势起伏剧烈，川西山区典型地形剖面如图 1.1-5 所示。若尔盖、红原、阿坝、壤塘、色达、石渠一带地势高亢，平均海拔约为 4100m，受到强烈的冻融夷平作用，地形起伏平缓，发育成典型的丘状高原地貌。川西山区东南部的大小凉山地区宏观上属于云南高原大区，地貌以中山山原和山间坝子（小盆地）为主，在山原或坝子边缘往往有深切河谷，安宁河河谷与盐源盆地是本区域最重要的平原。川西山区地势、地形特征对地质灾害发育造成重要影响，青藏高原东缘地形急变区是本区域大、中型地质灾害隐患点密集发育区，其他区域密度稍低；受松散岩土体结构影响，大小凉山地区地质灾害发育广泛，尤其是河谷陡坡区域；四川盆地盆周山区地质灾害主要受到强降雨影响，而强降雨形成也与该区域迎风坡地形特征密切相关；川西丘状高原区地质灾害发育相对较弱，但受冬季积雪、冻融等作用，小型地质灾害也时有发生。

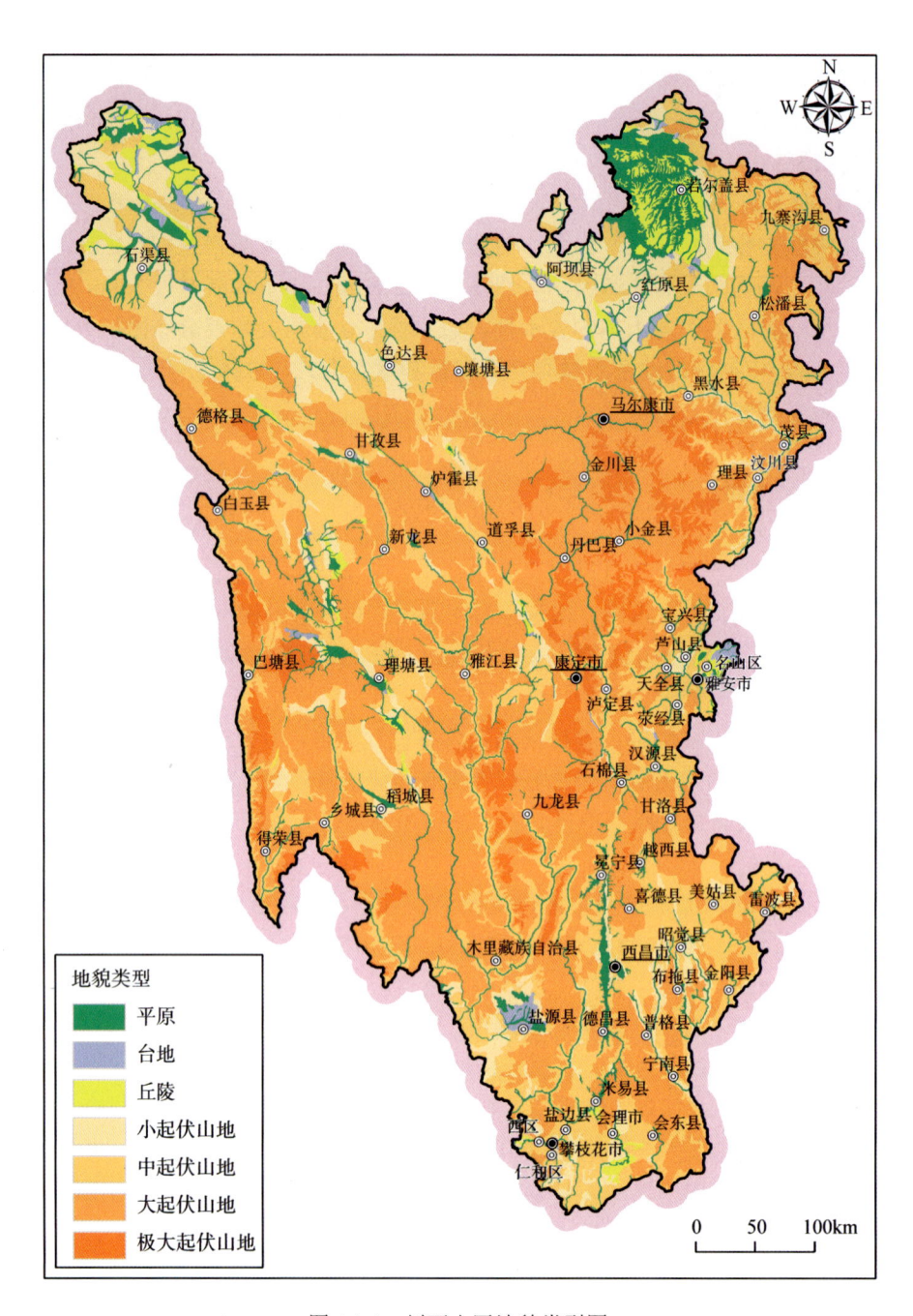

图 1.1-4 川西山区地貌类型图

(a) 汶川—理县—马尔康—壤塘段地形剖面图

(b) 雅安—康定—理塘—巴塘段地形剖面图

(c) 金阳—普格—德昌—盐源段地形剖面图

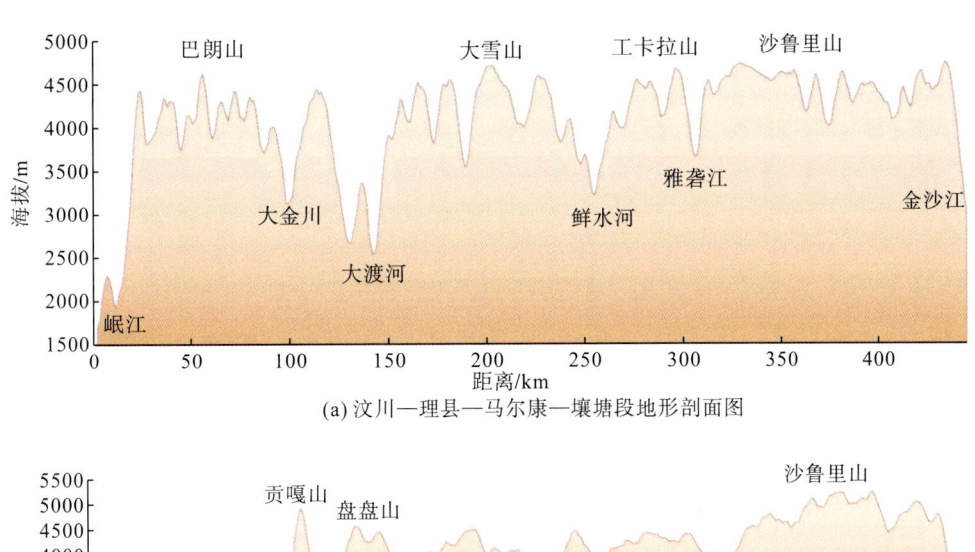

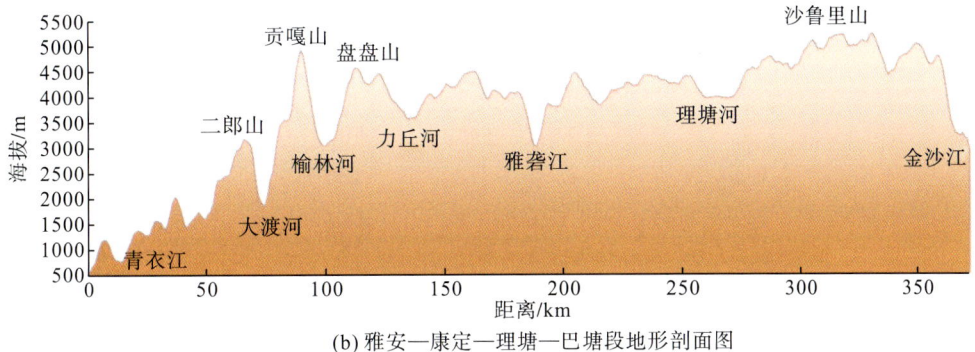

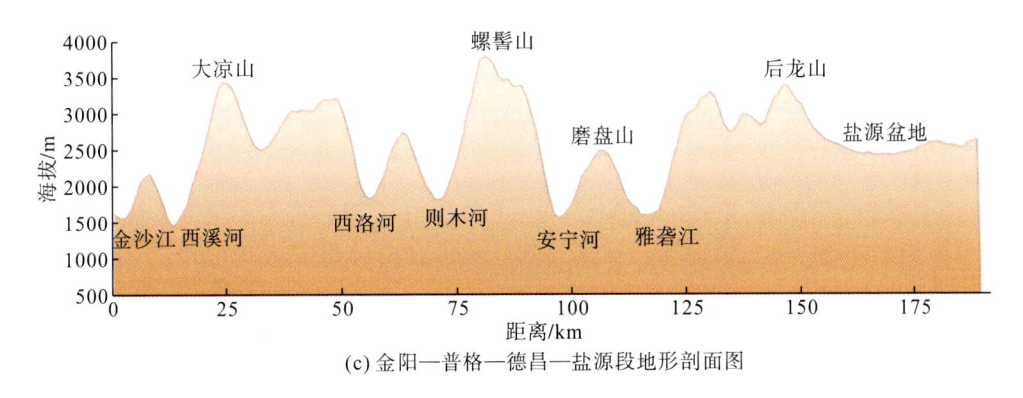

图 1.1-5　川西山区典型地形剖面图

第二节　地层岩性

一、区域地层分布特征

　　川西山区地处四川盆地与青藏高原过渡带，区内地层自盆地边缘至构造隆升区差异明显，并呈现出强烈的东西向变化特征，如图 1.2-1 所示。研究区东侧近四川盆地边缘，主要发育中新生代碎屑岩，如侏罗纪、白垩纪弱固结红层，新生代砂砾岩等；川西核心区主要为一套多岛弧盆系统(潘桂棠等,2009),发育多个微陆块拼合形成的岛弧带,其中残留陆块区,如中甸微陆块,主要发育古老结晶基地,岛弧带如义敦岛弧、沙鲁里岛弧,岩性主要为中生代岩浆岩,另外还包括陆块拼合区典型的蛇绿混杂岩带,主要沿南北向呈带状展布,在岛弧带之间为残留的洋盆区,如甘孜理塘洋,发育一套三叠纪巨厚复理石砂板岩,受印支—燕山运动影响,呈现出浅变质-强变形特征。

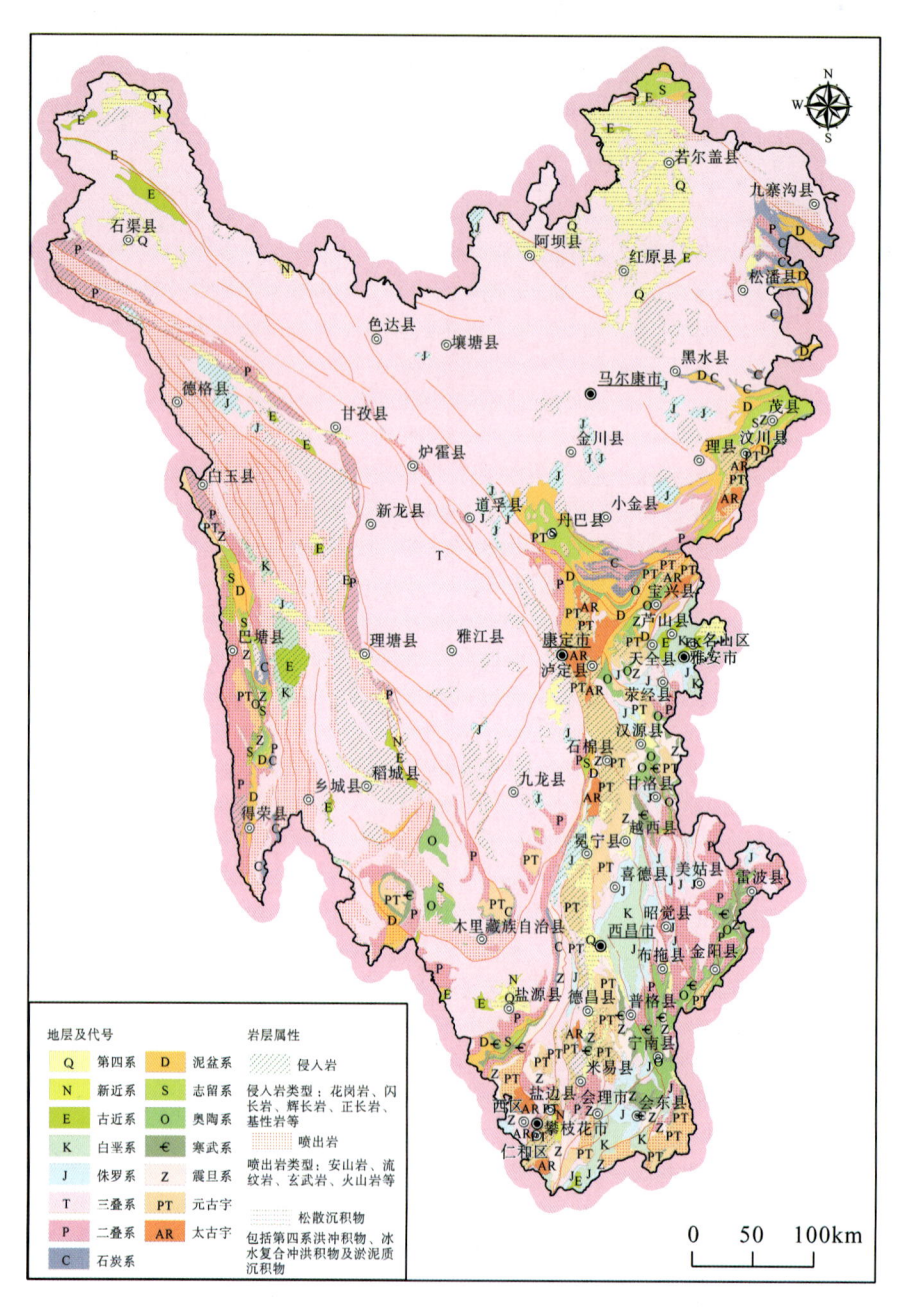

图 1.2-1　川西山区地层分布图

二、区域地层发育特征

川西山区地层出露齐全，地层层序完整，自前震旦系至第四系均有出露(李朝阳等，1993；辜学达等，1996)，包括古老结晶-褶皱基底至中新生代沉积盖层，地层垂向发育特征见表 1.2-1。川西山区基底地层分布零星，盖层各地发育不全，普遍经受区域变质，以三叠系分布尤为广泛，厚度巨大。

表 1.2-1 川西山区地层发育及岩性特征简表

地层			代号	岩性
新生界	第四系		Q	为黏土、砂质黏土、砂砾石、冰碛物等，厚度各地不一，其厚度一般为数米至几十米
	古近系+新近系		E+N	主要为一套红色碎屑岩，含砂砾岩等
中生界	白垩系	上白垩统	K_2	紫红色、砖红色砂岩、粉砂岩、泥岩夹砾岩及泥灰岩
		下白垩统	K_1	紫红色、砖红色砂岩、泥质粉砂岩为主，含砾岩、泥岩
	侏罗系	上侏罗统	J_3	红色砂泥岩、砂页岩、砂砾岩，或灰色碎屑岩与火山岩交替组成
		中侏罗统	J_2	
		下侏罗统	J_1	
	三叠系	上三叠统	T_3	以砂岩、砾岩、页岩、板岩为主，夹煤系
		中三叠统	T_2	以碳酸盐岩为主，与碎屑岩相互呈夹层状或互层状产出，或板岩、片岩、大理岩等
		下三叠统	T_1	
古生界	二叠系	上二叠统	P_2	以灰岩、燧石灰岩、生物碎屑灰岩为主，上部多为硅质岩
		下二叠统	P_1	以灰岩为主，夹页岩、黏土岩、砂岩及煤线
	石炭系	上石炭统	C_3	灰岩、白云质灰岩、生物碎屑灰岩
		中石炭统	C_2	
		下石炭统	C_1	灰岩、白云岩，泥质灰岩互层夹页岩、砂岩
	泥盆系	上泥盆统	D_3	以碳酸盐岩为主，或夹板岩
		中泥盆统	D_2	以碳酸盐岩为主，夹砂、页岩
		下泥盆统	D_1	以泥岩、砂岩互层为主，夹白云岩或砂岩、泥岩夹页岩
	志留系	上志留统	S_3	砂岩、泥页岩互层夹泥灰岩；碳酸盐岩
		中志留统	S_2	粉砂岩、泥页岩夹泥灰岩、砂岩；碳酸盐岩
		下志留统	S_1	泥岩、页岩夹粉砂岩与泥灰岩；砂页岩夹硅质岩、火山岩
	奥陶系	上奥陶统	O_3	以页岩为主，夹泥灰岩
		中奥陶统	O_2	以碳酸盐岩为主
		下奥陶统	O_1	页岩、砂岩与灰岩、白云岩呈夹层状和互层状产出
	寒武系	上寒武统	ϵ_3	碳酸盐岩夹砂岩，页岩构成上层地层，碎屑岩构成下层地层，中上、中下统地层主要是碳酸盐岩夹碎屑岩；区内岩石普遍遭受不同程度的变质
		中寒武统	ϵ_2	
		下寒武统	ϵ_1	

续表

地层			代号	岩性
元古宇	震旦系	上震旦统	Z_2	碳酸盐岩、碎屑岩或变质岩夹碳酸盐岩
		下震旦统	Z_1	碎屑岩和火山碎屑岩
	前震旦系		AnZ	由火山岩、碎屑岩经区域变质后的千枚岩、板岩等组成

　　川西基底分别由块状无序的结晶基底及成层无序的褶皱基底两个构成层组成，分布于攀西地区。前者以康定杂岩等为代表，多由中、深变质岩的岩浆岩及少量超镁铁岩组成，混合岩化作用强烈，形成于太古宙—古元古代。后者由浅变质岩的碎屑岩、碳酸盐岩及变质中基性-中酸性火山岩、火山碎屑组成，厚度一般在3000m以上，褶皱等形变剧烈，形成于中-新元古代，包括会理群、盐边群等地层单位。

　　沉积盖层在川西分布不均匀，受到地质构造格局的控制。下震旦统在攀西地区及若尔盖—平武地区堆积了数千米的杂色中酸性火山碎屑岩，以苏雄组及开建桥组最具有代表性。在川西，下古生界主要分布在茂县—木里一线、岷江流域及巴塘地区，范围较局限。在扬子西缘寒武系多为变质碎屑岩等，厚度为1000～2500m。金沙江东侧的巴塘地区寒武系岩性为变质碎屑岩、碳酸盐岩夹火山岩，厚度近5km，奥陶系、志留系岩性均以结晶灰岩-白云岩为主夹变质碎屑岩，厚逾3000m。

　　川西山区泥盆系、石炭系分布范围与下古生界相似，地层层序基本完整。在扬子西缘及若尔盖地区泥盆系以变质岩与碳酸盐岩不等厚互层为主，局部以碳酸盐岩为主，夹少量中基性火山岩。石炭系以浅变质碳酸盐岩为主夹碎屑岩，总厚度可达1500～2500m，富含腕足类、珊瑚等化石。在深断裂带上可见石炭系灰岩块体，常为混杂岩块产出。在巴塘地区，泥盆系、石炭系均以碳酸盐岩为主，夹少量碎屑岩及火山岩，富含珊瑚化石，厚度一般在1500～2000m。

　　三叠系全区普遍发育，厚度巨大。甘孜—理塘断裂带以东的马尔康—雅江地区为一套厚度达数千米至逾万米的灰、黑色变质岩、板岩系，具富理石特征，富含海相双壳类化石，称西康群，上三叠统构造地层剖面如图1.2-2所示。北部阿坝地区该套砂板岩系以黄绿色为主，富含火山碎屑，称"草地群"。该断裂带以西的义敦—稻城地区，下、中三叠统岩性以碳酸盐岩为主，夹数量有限的砂板岩、基性火山岩及硅质岩。上三叠统岩性以灰色砂、板岩为主，夹大量碳酸盐岩、基性及中酸性火山岩，常构成互层，含丰富的海相双壳类、腕足类、六射珊瑚及头足类化石。上部广泛含有煤层，统称"义敦群"，总厚度超过5000m。此外，在岷江东侧出露一套岩性以碳酸盐岩为主的三叠系地层，未变质，缺失上三叠统，残厚1500m左右，旧称"漳腊群"。金沙江东侧有下三叠统分布，为杂色板岩夹中酸性火山岩，厚数百米。得荣等局部地区出露少量紫红色砂、砾岩夹泥岩互层，厚数百米。

　　第四系在川西高原北部若尔盖地区属黄河水系，发育断陷盆地，含泥炭的沼泽堆积物厚可达300m以上，全新世冰川纪草地堆积也很发育。南部属长江水系，多为沿构造线分布的断陷盆地中的冲、洪积阶地堆积物，局部泥石流及冰碛物发育，厚度可达百米以上，脊椎动物化石可见。

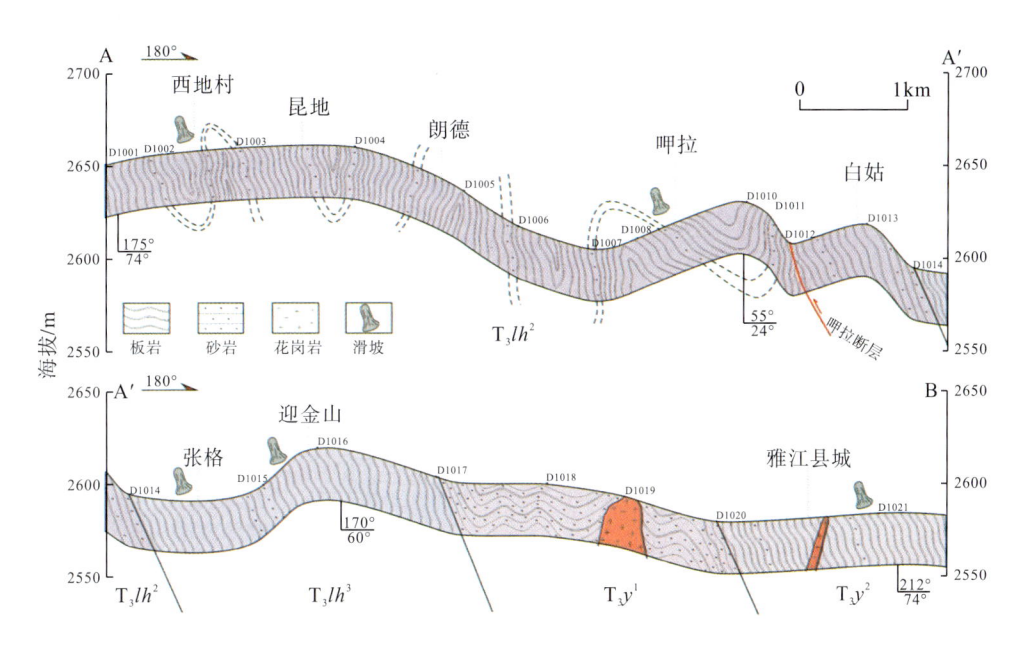

图 1.2-2　雅江县城至西地村上三叠统构造地层剖面

注：D1001 等代表野外调查点编号

第三节　区域构造与地震

一、区域构造概况

川西山区位于印度板块与欧亚板块相互碰撞汇聚接触带的东侧附近，在大地构造上属环特提斯构造域，地处阿尔卑斯—喜马拉雅造山带东段弧形转折部位，并受两大陆板块边缘不断裂离又相互拼接镶嵌所控制，形成了不同性质和规模的陆块相间拼合的构造格局（曲景川，1984；刘朝基，1995；潘桂棠等，2009；罗改等，2021）。中新生代以来，印度板块向欧亚板块的强烈推挤，导致在青藏高原急剧抬升的同时，岩石圈物质向东及南东方向侧向挤出。由此而驱动该地区地壳物质以断块形变位移方式向东及南东强力楔入，导致断块边界断裂发生强烈的水平剪切错动，形成错综复杂的地质构造格局和现代地壳应力-形变区。

川西山区主要构造单元包括北部川西北三角形断块、中南部川滇菱形断块以及东部川中断块，断块边界发育南北向断裂、北北西向和北北东向大型断裂带，如龙门山断裂带、鲜水河断裂带、金沙江断裂带等，构成了一幅错综复杂的断裂网络，主要断裂分布图如图 1.3-1 所示。

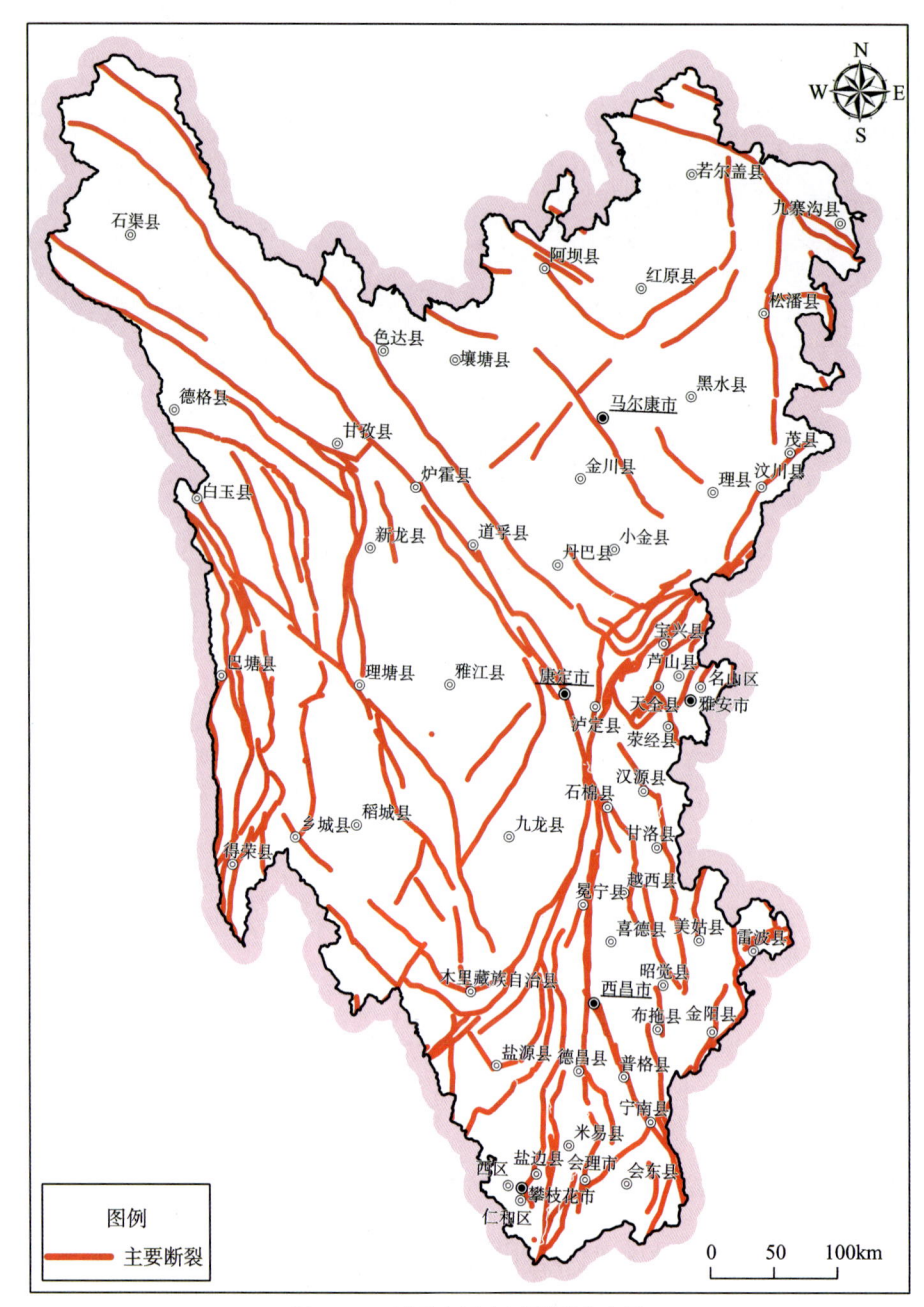

图 1.3-1　川西山区主要断裂分布图

　　川西山区自海相沉积过渡为陆相演化后,主要经历了印支主构造期,以及燕山-喜马拉雅叠加改造期,印支运动奠定了本区构造样式的基础,形成了测区主要褶皱及断裂构造。在区域主应力控制下,区内褶皱轴向总体与断裂走向一致,褶皱类型多样,如宽缓圆滑型、尖棱型及过渡类型,同时多幕次的构造挤压使得褶皱样式复杂化,呈复背斜或复向斜类型。同时,部分褶皱构造与断裂构造相伴产出,靠近断裂带的褶皱完整性较差,形成褶-断式的构造组合样式,如图 1.3-2 所示。

第一章　地质环境与孕灾条件　　　　　　　　　　　　　　　　　　　　　　　　　　　　　　　　　15

图 1.3-2　川西雅江菱形构造区岩石变形样式

(a) 雅江组二段板岩柔性滑脱变形；(b) 两河口组二段砂岩夹板岩顺层剪切变形；(c) 两河口组三段砂板岩互层脆性弯折变形；
(d) 两河口组二段板岩夹砂岩大型错动变形；(e) 两河口组二段岩石沿节理(裂隙)卸荷变形；(f) 雅江组一段砂岩沿 X 形节理卸
荷变形；(g) 雅江组二段断层破碎变形；(h) 雅江组二段砂岩夹板岩褶皱轴面劈理化变形

在断裂-褶皱的共同改造下，研究区地层表现出独特的构造变形样式，如川西雅江菱形构造区岩石主要发育柔性滑脱变形、顺层剪切变形、脆性弯折变形、大型错动变形、沿结构面的卸荷变形、断层破碎变形及褶皱轴面劈理化变形 7 类变形样式(熊小辉等, 2021)。

二、主要断裂带特征

龙门山断裂带，位于研究区东部，为四川盆地与川西山区的分界断裂，北起广元、南至天全，长约 500km，宽约 30km，呈北东—南西向展布，北与大巴山相交，南西被鲜水河断裂相截。断裂带由一系列大致平行的断裂组成，自西向东发育汶川—茂县断裂、北川断裂、彭灌断裂和大邑断裂，其中汶川—茂县断裂是龙门山构造带西北侧的边界断裂，分隔松潘—甘孜地块和龙门山构造带，映秀—北川断裂是龙门山构造带的主断裂，又称中央断裂；安县—彭灌断裂是龙门山构造带东南侧的边界断裂，而大邑断裂已属于成都盆地内断裂。龙门山断裂带开始于印支期和燕山期，研究表明中新生代时期，龙门山具有逆冲作用与走滑作用交替发育特征，并且以左旋走滑为主。龙门山周边地区，现今构造运动与地震活动都十分强烈。

岷江断裂带，位于研究区的东北缘，同样是青藏高原东缘的重要边界断裂。北起弓杠岭以北，为东昆仑带塔藏断裂所截接，向南经弓杠岭、卡卡沟、尕米寺、川盘、川主寺至松潘后，大致沿岷江西岸继续向南延伸至较场、马老顶，在畜牧铺一带消失，总体走向近南北，断面倾向西，全长 170km。广义的岷江断裂带包括南北向的岷江断裂、虎牙断裂与东西向的雪山断裂、古城断裂，总体呈锯齿状，不是一条连续的断裂，而是由类型、时代、走向与性质均不相同的断裂组合而成。地球物理场背景及地质演化历史研究表明，岷江断裂带是一条具有长期发展历史的大断裂。岷江断裂带的活动具有多期次性，晚古生代已经存在，为张性断裂，中生代受北东—南西方向挤压，产生右旋走滑运动；新生代以来，区域应力转变为北西—南东向挤压，随着青藏高原东缘物质向南东方向逃逸，岷江断裂带在逆冲的同时伴随着左旋走滑。由印支期的北东—南西向挤压转换为北西—南东向挤压，岷江断裂带发生构造反转，由右旋滑动转化为左旋走滑和南东向逆冲同时进行。岷江断裂带构造活动强烈，地震活动频繁，历史上曾发生过多次地震，是我国南北向地震带中段的重要组成部分。

鲜水河断裂带，位于研究区的中部，是巴颜喀拉和雅江两个冒地槽褶皱带的分界断裂，断裂总体呈北西走向，自泸定向北经康定、炉霍、大塘坝至石渠进入青海，影响宽 10～20km。断裂于早二叠世开始活动，二叠世至晚三叠世，本带主要为一张性断裂带，晚三叠世中晚期，由张性转化为挤压、碰撞，两侧的马尔康和雅江地块相闭合、挤压，并发生顺时针扭动，形成北西—北北西向褶皱带。约 2000 万年前，鲜水河断裂带开始脆性形变，新近纪，形成北西—北西西向左旋走滑断层，水平错距达 15～76km，并控制了新近纪晚期至第四纪盆地的形成、沉积的分布及地震活动。野外调查表明，现代面貌的鲜水河活动断裂的几何形态可以划分为三大段。北西段由炉霍、道孚及乾宁 3 条断裂连接而成，各段之间有 10°～15°的偏折，形成向北东突出的弧形；南东段进一步向南偏转，由康定和磨西等两条断裂组成，它们与北西段之间约有 20°的偏转角，两者之间是活化较晚的新破裂连接区，由大致平行的折多塘和色拉哈断裂等构成，可称为南段；南东段的南端与南北走向的安宁河活动断裂带相接，而北西段的西端与北西西向的甘孜—玉树活动断裂带相连，其间有一拉分区。

大凉山断裂带，位于研究区的东南部，主要在峨边—甘洛小区中，是凉山断块内部一条具有划界意义的区域性断裂，控制了断裂西侧西昌中新生代盆地的东界，断裂东侧则为中生代晚期以来的长期隆升区。深部地球物理资料表明该断裂已向下切入地幔。基岩断裂破碎带宽数十米至百余米，主要由构造角砾岩、糜棱岩等组成，显示明显的压性特征。大凉山断裂带呈近南北向或北北西向展布于安宁河、则木河断裂带东侧的大凉山腹地，北起石棉，与鲜水河断裂呈左阶羽列，向南经海棠、越西、普雄、昭觉竹核、拖都、吉夫拉打、交际河至云南巧家与小江断裂呈右阶羽列，全长约 280km。断裂总体走向为 N30°W 至近 NS，断面主要倾向东，倾角较陡，显示明显的左旋走滑运动特征。航、卫片解译及野外实地考察结果表明，大凉山断裂带由海棠—越西、普雄河、布拖及交际河 4 条次级断裂呈羽列组合而成，晚新生代以来，受青藏高原东缘侧向滑移的影响，大凉山断裂带表现出明显的左旋走滑运动，最大总位移量在 13.5～15.3km，晚第四纪以来的平均左旋滑动速率为 3mm/a。

川滇南北向断裂带，位于研究区西南缘，呈近南北走向，是元古宙末以来长期活动的深断裂，晚古生代至早中生代活动性增强，新生代以来的新构造活动强烈，地震频繁。安宁河断裂带纵贯康滇地轴，北起金汤，向南沿大渡河到石棉，经冕宁、德昌、会理，过金沙江入云南与易门断裂相连，四川境内长 400km，可分为 3 段。北段在石棉以北，断裂多以逆冲性质发育在早前寒武系结晶基底中，韧性剪切特征明显。

锦屏山—玉龙雪山冲断带，位于研究区西南缘，呈西南—东北走向，由主边界大断裂、主中央大断裂和后缘大断裂组成，其中主中央大断裂构成了川西地槽和扬子地台的分界线，夹于主中央和主边界大断裂的锦屏山—玉龙雪山推覆构造带，是川滇高原向青藏高原地壳增厚的陡变带，也是地貌分界线，两侧的地形高差在 2000～2500m。这些断裂面倾向北西，倾角为 35°～70°，断裂带中挤压破碎岩发育，局部出现糜棱岩化，指示脆-韧性变形环境。其中主中央大断裂又称为小金河深断裂系，它从云南入川，沿小金河、锦屏山达石棉西油房，长逾 250km，本带为松潘—甘孜地槽系与扬子准地台的分界线。主边界大断裂又称为金河—程海断裂，它北起石棉西油房，向南经马头山、里庄、金河、菁河插入云南永胜与程海深断裂相连，为康滇地轴与盐源—丽江台缘拗陷的分界断裂带。

三、活动断裂与地震

川西山区地处松潘—甘孜、川滇和华南三大活动块体的交接部位，发育着控制破坏性地震发生地点的北西向鲜水河断裂带、北东向岷江—龙门山断裂带和近南北向安宁河—则木河—小江断裂带 3 组活动地块边界断裂带，以强烈的新构造运动、众多高速滑动的活动断裂和高频发的破坏性地震为基本特征（孙尧等，2014；田晓等，2021）。

(一)地震活动特征

川西山区自公元前 26 年有破坏性地震记载以来,共记录到 6~6.9 级地震 48 次,7~7.9 级地震 18 次(四川地震资料汇编编辑组,1980;国家地震局震害防御司,1995;中国地震局震害防御司,1999)。川西山区也是中国大陆地震活动最强烈的地区之一,历史地震活跃,据国家地震台网中心记录的历史地震数据,自 1216 年以来,M_S 5.0 级以上地震有 224 次,M_S 6.0 级以上地震有 56 次(表 1.3-1),M_S 6.5 级以上地震有 28 次。

根据川西山区活动断裂与地震分布(图 1.3-3),区内历史地震的空间分布特征主要表现为:①历史地震分布与活动断裂展布具有很好的相关性,尤其是鲜水河和龙门山断裂带区域;②除龙门山和鲜水河断裂带高地震密度区,还呈现出几个局部高地震密度区,包括虎牙断裂区域、宁蒗断裂和丽江断裂、下甲米断裂交会区域、峨边—金阳断裂马边段东侧区域、五莲峰断裂大关段西北段;③龙门山构造带南段(宝兴—北川)地震密度处于 1~2 处/km², 的高区间,并显示都江堰、映秀附近具有分段性,其中彭灌杂岩体一带地震密度相对较高;④相对于龙门山断裂带南段,龙门山断裂带北段(北川—青川)显示较低地震密度区;⑤分别位于龙门山断裂南、北的石棉(安宁河断裂带北段)和文县是近年来的地震高密度区,虽然距龙门山发震断裂较远,但在 2008 年"5·12"汶川地震中具有较高的地震烈度(Ⅶ度以上)。

表 1.3-1 川西山区 M_S 6.0 级以上历史地震一览表

日期	位置	经度/(°)	纬度/(°)	震级(M_S)	震源深度/km
1216 年 3 月 17 日	四川省雷波县	103.80	28.40	7.0	—
1216 年 3 月 17 日	四川省雷波县	103.80	28.40	7.0	—
1327 年 8 月	四川省天全县	102.80	30.00	6.0	—
1630 年 1 月 16 日	四川省松潘县	104.10	32.60	6.8	—
1657 年 4 月 21 日	四川省汶川县	103.50	31.30	6.5	—
1713 年 9 月 4 日	四川省茂县	103.70	32.00	7.0	—
1725 年 8 月 1 日	四川省康定市	101.90	30.00	7.0	—
1748 年 5 月 2 日	四川省松潘县	103.70	33.00	6.5	—
1748 年 8 月 30 日	四川省宝兴县	102.60	30.40	6.5	—
1786 年 6 月 1 日	四川省泸定县	102.00	29.90	7.8	—
1879 年 7 月 1 日	甘肃省文县	104.70	33.20	8.0	—
1899 年 12 月 30 日	四川省芦山县	103.00	30.00	7.0	17
1913 年 8 月	四川省冕宁县	102.20	28.70	6.0	—
1917 年 7 月 31 日	云南省大关县	104.00	28.00	6.8	—
1932 年 3 月 7 日	四川省康定市	101.80	30.10	6.0	—
1933 年 8 月 25 日	四川省黑水县	103.40	31.90	7.5	—
1935 年 12 月 18 日	四川省马边彝族自治县	103.60	28.70	6.0	—
1935 年 12 月 19 日	四川省峨边彝族自治县	103.30	29.10	6.0	—
1936 年 4 月 27 日	四川省马边彝族自治县	103.60	28.90	6.8	—
1936 年 4 月 27 日	四川省美姑县	103.20	28.70	6.0	—

续表

日期	位置	经度/(°)	纬度/(°)	震级(M_s)	震源深度/km
1936年5月16日	四川省雷波县	103.60	28.50	6.8	—
1938年3月14日	四川省松潘县	103.60	32.30	6.0	—
1941年6月12日	四川省康定市	102.20	30.40	6.0	—
1941年10月8日	四川省小金县	102.30	31.70	6.0	—
1952年9月30日	四川省冕宁县	102.20	28.30	6.8	—
1955年4月14日	四川省康定市	101.80	30.00	7.5	20
1958年2月8日	四川省绵竹市	104.00	31.50	6.2	18
1960年11月9日	四川省松潘县	103.70	32.70	6.8	20
1970年2月24日	四川省大邑县	103.10	30.80	6.6	—
1971年8月16日	四川省马边彝族自治县	103.60	28.80	6.1	17
1971年8月17日	四川省马边彝族自治县	103.60	28.82	6.1	15
1972年9月27日	四川省康定市	101.60	30.18	6.1	13
1972年9月30日	四川省康定市	101.50	30.17	6.1	22
1973年2月6日	四川省炉霍县	100.40	31.50	7.9	—
1973年8月11日	四川省九寨沟县	103.90	32.92	6.7	20
1974年1月12日	四川省九寨沟县	103.90	32.95	6.2	—
1974年1月16日	四川省九寨沟县	103.90	32.95	6.1	—
1974年5月11日	云南省大关县	104.00	28.10	7.2	—
1974年6月15日	云南省盐津县	104.00	28.30	6.0	10
1974年11月17日	四川省九寨沟县	104.10	33.00	6.0	—
1975年1月15日	四川省康定市	101.80	29.43	6.5	—
1976年8月16日	四川省松潘县	104.00	32.70	7.3	15
1976年8月19日	四川省平武县	104.00	32.90	6.1	—
1976年8月22日	四川省松潘县	104.10	32.60	6.9	10
1976年8月23日	四川省平武县	104.10	32.48	7.3	22
1989年9月22日	四川省小金县	102.30	31.55	6.8	10
1994年12月30日	四川省沐川县	103.60	29.02	6.0	13
2008年5月12日	四川省汶川县	103.42	31.01	8.0	14
2008年5月12日	四川省彭州市	103.82	31.27	6.3	14
2008年5月12日	四川省都江堰市	103.67	31.26	6.3	14
2008年5月13日	四川省汶川县	103.42	30.95	6.1	14
2008年5月17日	四川省江油市	105.08	32.20	6.1	13
2008年5月25日	四川省青川县	105.48	32.55	6.4	14
2008年7月24日	陕西省宁强县	105.61	32.76	6.0	10
2008年8月1日	四川省江油市	104.85	32.02	6.2	14
2008年8月5日	陕西省宁强县	105.61	32.72	6.5	13
2013年4月20日	四川省芦山县	102.57	30.18	7.1	13
2014年11月22日	四川省康定市	101.70	30.30	6.3	18

数据来源：中国地震局工程力学研究所国家强震动台网中心。

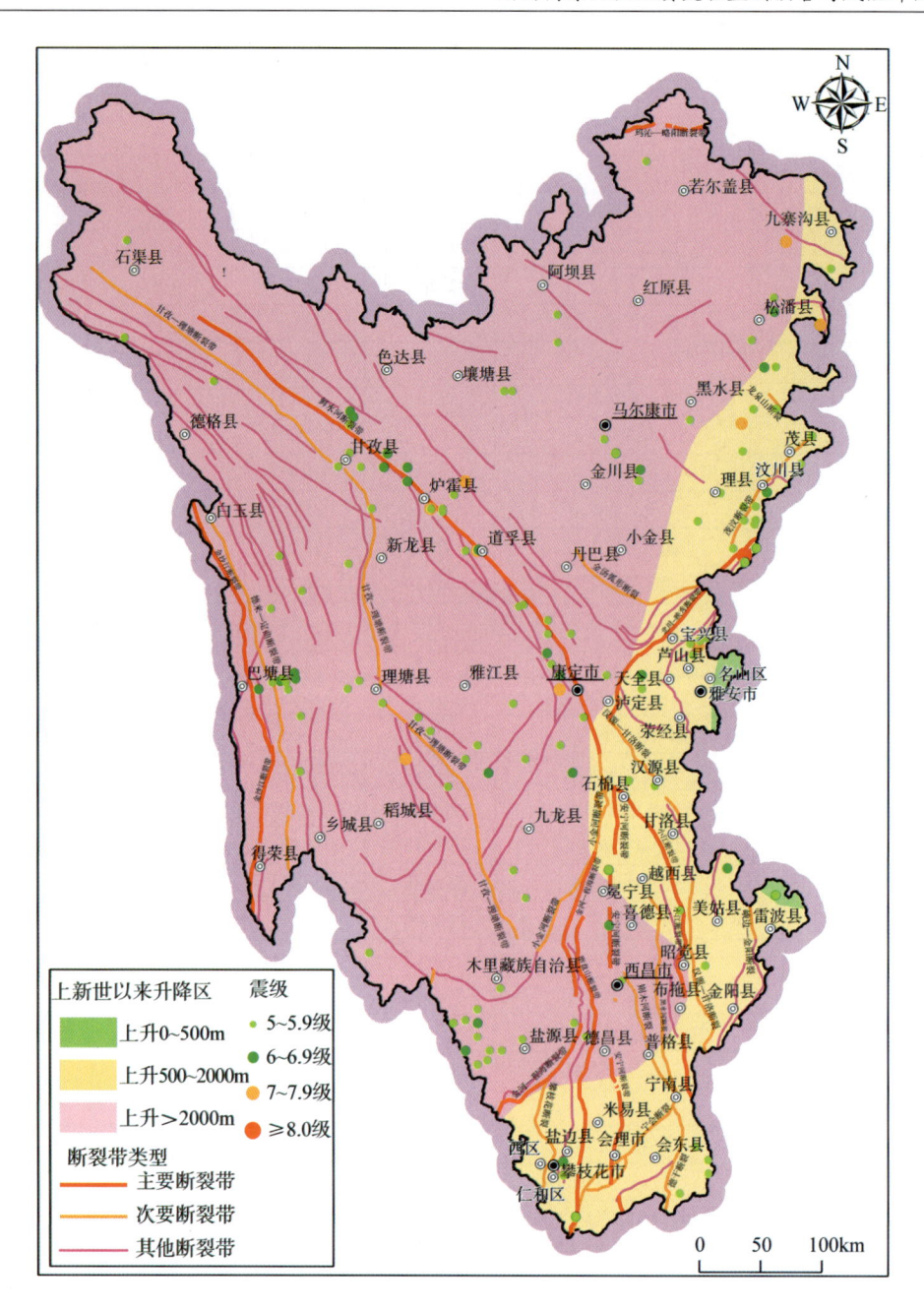

图 1.3-3 川西山区活动断裂与地震分布图

青藏高原东部的鲜水河—安宁河—龙门山活动构造带，汶川地震前，仅龙门山活动断裂带 5000~10000 年以来没有 7.0 级以上强震记录，仅发生过数次 6.0 级左右中强地震。龙门山地区经过全新世长期应力应变积累，2008 年 5 月 12 日沿北川—映秀断裂发生了汶川 8.0 级强烈地震，诱发了大量的地震地质灾害，造成了重大人员伤亡和财产损失。

龙门山地震带处在我国南北地震带的中南段，属于地震密集带。历史地震总体展布是沿雅安、都江堰、汶川、北川、平武、松潘一带近南北展布，地震带宽度约为120km。具体对于北东向龙门山断裂两侧10km范围内的历史地震，呈北东—南西方向展布，与龙门山脉大体一致。1900年前龙门山地震带有7次强震记载，而1900年后的阶段较为活跃，1900年至20世纪80年代4.5级以上地震记录比较完整，共发生18次地震，其中影响强烈的地震有1900年邛崃地震、1913年北川地震、1933年理县地震、1940年茂县地震、1952年汶川地震、1958年北川地震、1970年大邑地震。20世纪80年代至"5·12"汶川地震前，龙门山断裂发生了4次中强震，震中位置全部位于中央断裂带。距离"5·12"汶川地震最近的1999年9月14日绵竹5.0级地震，震源深度只有14km，处于龙门山断裂南北活动性质转化的节点北川县城附近；依据震源机制解推测的断层面走向为259°，平行于龙门山断裂带走向，倾向为北西，倾角为35°，断层面错动方式为逆冲-走滑。这一震源机制解与汶川地震非常相似，显示了龙门山断裂活动具有重复性和继承性。

龙门山断裂南段彭灌杂岩体附近的历史地震统计表明，37年间龙门山地震具有两个高发期，一个是20世纪80年代，一个是2000年以后至"5·12"汶川地震前。尤其是2000年后的地震频度创记录以来最高，达到20世纪90年代频度的5倍以上，2006年的高密度值更是异常突出，只是在震前的2007年发震频度稍有下降。

区内构造地震有逆冲型地震和走滑型地震，逆冲型地震发生在逆冲型活动断裂带，如龙门山断裂带2008年汶川地震和2013年芦山地震；走滑型地震发生在走滑断裂带，如鲜水河断裂带1973年炉霍7.9级地震和2014年康定6.3级地震等。

（二）活动断裂与地震

川西山区是一个多地震的区域，强地震频发。据不完全统计，自公元前26年至20世纪90年代初，共发生4.7级以上强度的破坏性地震达310次之多，其中7级以上的强度地震达19次，6～6.9级地震50次，5～5.9级地震154次，4.7～4.9级地震87次。自新中国成立以来约半个世纪中，省内4.7级以上地震已逾百次，如炉霍7.9级地震（1973年）、松潘—平武间7.2级地震（1976年）等均属近年来发生的规模较大的地震，反映出近代地震活动趋于频繁的特点。四川的主要地震基本分布在川西高原以及龙门山—攀西地区，大体在东经104.5°以西地区，4.7级以上地震占全省中、强地震总次数的90%以上。

地震多集中分布在陆内板块的边界部位，与活动断裂带有密切关系（表1.3-2），尤其是全新世发育的活动断裂，中、强震基本上都发生在这些活动断裂带附近，如鲜水河—安宁河—则木河断裂带。活动断裂的活动方式有两种：一是蠕滑，可造成上覆建筑物位错破坏；二是黏滑，突然快速错动产生地震，对人类造成严重危害。在这些断裂带上，地震常在短时间内成群分布，形成狭长的断裂带，强震常发生在该带的特定部位上，如活动断裂的弯曲部位及交会处，在同一带上也存在地震活动及强度的分段性，并构成局部的地震活动密集带。现有资料表明，四川的地震以发生在浅部的浅震为主，震源深度一般不超过70km，大部分在10～30km，以龙门山断裂与鲜水河断裂带交会点附近震源深度较大。各地震带在活动的历史期内具有明显的周期性，据资料记载，20～70年经历一次地震活跃-

平静的周期，地震活动及强度盛衰交替，如鲜水河地震带自 20 世纪 80 年代初至现在，共经历了两次盛衰期。在地震的强盛时期内，中、强震的发生时期在 10~15 年，如龙门山地震带在 20 世纪后半叶 10~15 年发生一次 6 级左右的地震，松潘地区的地震活跃时期约为 10 年，只有攀西地区及理塘一带地震活动规律不甚明显，时有盛衰，强度大的地震往往孤立发生。四川的地震强度具有迁移和重复的特点。在几个主要的地震带上，强震往往沿断裂带来回迁移，发生部位往往出现在已发生过强震的震中附近或两次震中之间，其中，中、强震重复的次数较多，而大的破坏性地震多发生在历史强震中间的空隙，全省发生的 19 次 7 级以上地震中，极震区完全重复，尚无先例，但有相邻或相接的现象，如炉霍地震（1923 年及 1973 年）、西昌地震（1536 年及 1850 年）等均为 7 级以上地震，两次地震的极震区均相邻发生。

根据川西山区地震的分布、活动特点及与地质构造的关系，特别是与活动断裂的关系（图 1.3-3），川西山区地震大体可以划分为 5 个地震带。

龙门山地震带：沿龙门山脉呈北东—南西向展布，与龙门山断裂带走向基本吻合，带宽 70 余千米，长 400km。该带地震易发部位与断裂构造的畸变部位关系密切。历史上该带记载的 25 次 5 级以上地震，其中仅有 5 次 6 级以上地震，震源深度约为 10km，最大一次为 2008 年汶川 8.0 级地震。

鲜水河地震带：北起朱倭，经由炉霍、康定至石棉一带，呈北西—南东向展布，与鲜水河断裂带走向一致。该带宽约 50km，长 350km，地震活动频度高、强度大。据资料记载该带发生 5 级以上地震 46 次，其中 7 级以上地震达 8 次，震源深度一般不超过 20km。沿该带河谷阶地及山脊错断现象频繁，新沉积物多有变形。1786 年康定—磨西间 7.8 级地震及 1973 年炉霍 7.6 级地震等属于该活动断裂带强度较大的地震。

安宁河—则木河地震带：北起石棉，向南经冕宁、西昌、普格至云南巧家，该带北段与安宁河断裂带走向一致，南段沿则木河断裂带展布，近南北向，带宽 50km，长约 250km，以冕宁—普格一段（中段）地震发生频度较高。安宁河与则木河断裂的交会处，新构造活动强烈，该带历史上发生 5 级以上地震达 20 次，其中 7 级以上地震 3 次，均属震源深度在 10km 左右的浅震，最强震发生在 1536 年西昌新华及 1850 年西昌与普格之间，均为 7.5 级地震。

松潘地震带：分布于松潘、九寨沟及平武地区，近南北向展布，与岷江、虎牙、雪山断裂带走向基本一致。该带宽 100km，长约 200km。其前缘包括了较场弧形构造，强震多发生的弧顶部为不同方向构造的交会处，据资料记载，该带 5 级以上地震共发生 35 次，其中 7 级以上地震达 4 次，震源深度一般为 10~20km，如 1933 年叠溪 7.5 级地震及 1976 年松潘—平武间 7.2 级地震，前者代表破裂带达 30 余千米。

金沙江地震带：北起白玉附近，经巴塘至得荣一带，呈南北向展布，与金沙江断裂带及德来—定曲断裂带走向基本一致。该带宽近 100km，长约 250km，以中段巴塘一带发生频率极高，历史上发生 6 级以上地震 4 次，其中 1870 年发生在理塘甲洼一带的 7.3 级地震强度最大，震源深度约为 25km，地震地裂带于地表尤为发育。

表 1.3-2 川西山区主要活动断裂特征一览表

编号	断裂名称		断裂分段	深度类型	断裂性质	最新活动时代	与地震的关系	水平位移速率 /(mm/a)	垂直位移速率 /(mm/a)
F1	茂县—汶川断裂		以耿达、草坡为界，分为南西和北东两段	岩石圈	右旋走滑/逆冲	全新世	历史上发生 $M_S≥4.0$ 地震 3 次，$M_S≥6.0$ 级地震 1 次	1.40	0.5～0.9
F2	平武—青川断裂		龙门山断裂带北西侧的一个分支，常被称为后山断裂的东北段	地壳	右旋走滑/逆冲	早-中更新世	历史上多次发生 5.0～6.0 级地震，汶川地震在断裂附近产生 $M_S≥4.0$ 级地震多次，其中 $M_S≥6.0$ 级地震 2 次	1.00	0.5～0.7
F3	北川—映秀断裂		断裂展布范围为映秀—青川南，以北川为界，分为南西和北东两段，南西段以逆冲为主，北东段以右旋走滑为主	岩石圈	逆冲/右旋走滑	全新世	2008 年 5 月 12 日发生 8.0 级汶川地震，震前多次发生 5.0～6.0 级汶川地震，最近一次为 1958 年北川县茶坪 6.2 级地震	2.0～3.0	1.0
F5	灌县—江油断裂		龙门山前山主断裂中段	岩石圈	逆冲	全新世	历史上发生 6.0～6.2 级地震 3 次，1828 年和 1327 年沿断裂集线展布，汶川地震余震沿断裂密集，其中 $M_S≥5.0$ 余震共 9 次，$M_S≥6.0$ 级地震 1 次	5.0	≤0.50
F8	鲜水河断裂带		炉霍断裂	地壳	左旋走滑兼挤压	全新世	1725 年以来发生破坏性地震 10 余次。其中包括 1725 年康定木格措 7.0 级地震，1786 年磨西 7.75 级地震，1816 年炉霍 7.0 级地震，1893 年乾宁 7.3 级地震，1923 年炉霍 7.3 级地震，1955 年康定折多塘 7.5 级地震，1973 年炉霍 7.9 级大地震，1981 年道孚 6.9 级地震以及 2011 年 4 月 10 日的炉霍 5.3 级地震	13.00±5.00	3.20±0.70
			道孚断裂					10.00±2.00	
			乾宁断裂					10.00±2.00	
			雅拉河断裂					2.00±0.20	
			折多塘断裂					3.60±0.30	
			色拉哈断裂					5.50±0.60	
			康定断裂					8.00±2.00	
			磨西断裂					12.00±2.00	
F9	安宁河断裂带	北段	田湾—紫马跨	岩石圈	左旋走滑兼逆断	全新世	沿断裂发生过系列中强地震，包括 1489 年 1 月西昌 6.75 级地震，1536 年 3 月西昌 7.5 级地震，1952 年 9 月冕宁石龙 6.8 级地震	0.50～3.00	1.20～1.50
			紫马跨—小盐井段			晚更新世— 全新世			1.00～1.40
		中段	小盐井—西宁段东支			全新世		3.70～8.50	2.00～2.30
			小盐井—西宁段西支			晚更新世		3.70～8.50	1.20～2.30
		南段	西昌以南段						

续表

编号	断裂名称	断裂分段	深度类型	断裂性质	最新活动时代	与地震的关系	水平位移速率 /(mm/a)	垂直位移速率 /(mm/a)
F10	则木河断裂带	李金堡断裂	地壳	左旋走滑兼拉分、黏滑为主	全新世	1850年9月西昌7.5级地震	6.20	
		大箐断裂					4.90~7.90	
		扯北街断裂		左旋走滑兼逆冲、蠕滑为主			7.29	
		松新断裂					6.20	
		大同断裂					6.07	
F11	小江断裂带	小江东支断裂	地壳	左旋走滑兼具张性	全新世	1733年8月2日东川紫牛坡7.75级地震、1966年2月东川6.5级地震	3.37±3.20	0.70±0.20
		小江西支断裂		左旋走滑兼具压扭性	全新世	1833年9月嵩明杨林8.0级地震	3.29±2.73	0.80±0.20
F27	岷江断裂	岷山次级地块的西边界。以弓杠岭、松潘元坝分为南、中、北3段，北为岷江断裂带北段，弓杠岭—松潘元坝为中段，松潘元坝以南为南段	岩石圈	逆冲兼左旋走滑	全新世	历史上发生 $M_s≥6.0$ 级地震6次，7.0级以上地震3次。其中包括1933年8月25日7.5级地震、1713年9月4日7.4级地震、1938年3月14日6.0级地震、1960年11月9日6.8级地震、1748年5月2日6.5级地震	≤0.20	0.37~0.53
F29	虎牙断裂	岷山次级地块的东边界。以小河为界大致分成南北两段，北段断裂走向由北北西转向南北、倾向南东、倾角约为80°；南段走向由南北向南西偏转、倾向南西、倾角由北往南自70°至30°	岩石圈	逆冲兼左旋走滑	全新世	历史上发生5.0级以上地震多次，6.0~7.0级地震5次，7.0级以上地震2次。其中包括1976年8月16日7.2级地震、1630年1月16日6.5月23日7.2级地震、1630年1月16日6.5级地震	1.40~2.55	0.30~0.50
F43	大凉山断裂	海棠—越西断裂	地壳	左旋走滑	全新世	沿断裂有3次历史地震记载，分别为1480年和1881年发生在越西附近的5.5级地震，以及1944年昭觉东5.25级5.0级地震	1.00~3.00	
		普雄断裂			全新世		2.6±0.24	
		布拖断裂			晚更新世—全新世		1.86~3.33	
		交际河断裂			全新世		2.50~3.00	

第四节　人类工程活动

一、城镇建设

在加快推进城镇化建设的过程中，受地形条件的限制，许多民房、建筑依山而建，地基回填、人工切坡、开挖坡脚现象十分普遍，局部形成高陡边坡，进而改变了斜坡的原始地形和应力分布状态，对崩塌、滑坡类地质灾害的发生起到了明显的诱发作用，增加了地质灾害危险性。

二、交通建设

研究区内大量铁路、公路等基础设施正在规划或修建中。工程建设过程中形成的大量人工切坡，在暴雨作用下易形成滑坡、崩塌等地质灾害。

三、水电开发

研究区发育岷江、大渡河、安宁河和雅砻江等河流，水能储量和可利用水能巨大，水利资源极其丰富，大量水电站已经建成或正在建设中，在利用水能的同时，导致地下水位抬升，土层软化，也是导致库岸边坡地质灾害发生的重要原因。

四、矿山开发

研究区矿产资源种类丰富，由地下开挖、切割边坡和矿渣堆放等行为引发的崩塌、滑坡和泥石流等地质灾害时有发生。

五、土地资源开发

人口增加，对土地资源过度开发，特别是斜坡区开荒、坡改地，直接破坏植被和斜坡浅表岩土体结构，加剧坡面水土流失，暴雨或集中降雨季节常形成洪灾。

第五节　小　　结

（1）川西山区地处四川盆地与青藏高原过渡带，区内地层自盆地边缘至构造隆升区差异明显，并呈现出强烈的东西向变化特征，表现为自盆缘中新生代弱固结碎屑岩向构造带变质-变形多岩性组合转变的分布特征，地层出露齐全，地层层序完整，自前震旦系至第四系均有出露，包括古老结晶-褶皱基底至中新生代沉积盖层。根据川西山区岩石类型、岩体完整程度和区域构造特征，将川西山区工程地质岩组划分为13类，其中较坚硬-坚硬薄-中厚层状板岩、千枚岩与变质砂岩互层岩组分布面积最大，占比达31.38%。

(2)川西山区位于印度板块与欧亚板块相互碰撞汇聚接触带的东侧，主要构造单元包括北部川西北三角形断块、中南部川滇菱形断块以及东部川中断块，断块边界发育南北向断裂、北北西向和北北东向大型断裂带，包括龙门山断裂带、鲜水河断裂带、金沙江断裂带等，以强烈的新构造运动、众多高速滑动的活动断裂和高频发的破坏性地震为基本特征，主要发育龙门山地震带、鲜水河地震带、安宁河—则木河地震带、松潘地震带、金沙江地震带五大断裂地震带。

(3)川西山区水文地质上受青藏高原区和四川盆地区两个水文地质单元影响，根据地形地貌、地层岩性分布特征，区域地下水类型总体可划分为孔隙水、裂隙水、岩溶水等，各类地下水在其固有的含水层岩性的基础上，受地质构造、地形地貌和气象等因素的制约。

(4)区内人类工程活动的主要方式有城镇化建设、交通建设、水电开发、矿山开发、土地资源开发等，主要集中在沟谷沿线、缓坡平台附近，对地质环境产生了不同程度的影响。

第二章 川西高原山区地质灾害发育分布特征

第一节 地质灾害特征

一、地质灾害总体特征

川西山区地质灾害类型多样，崩塌、滑坡、泥石流、地面塌陷、地裂缝、不稳定斜坡等均有发育。截至 2021 年 12 月，共收集川西山区 66 县(市、区)自然资源、水利、交通、应急等部门在册及已销号的地质灾害数据，统计分析结果表明川西山区共发育地质灾害隐患点 16426 处(图 2.1-1)。

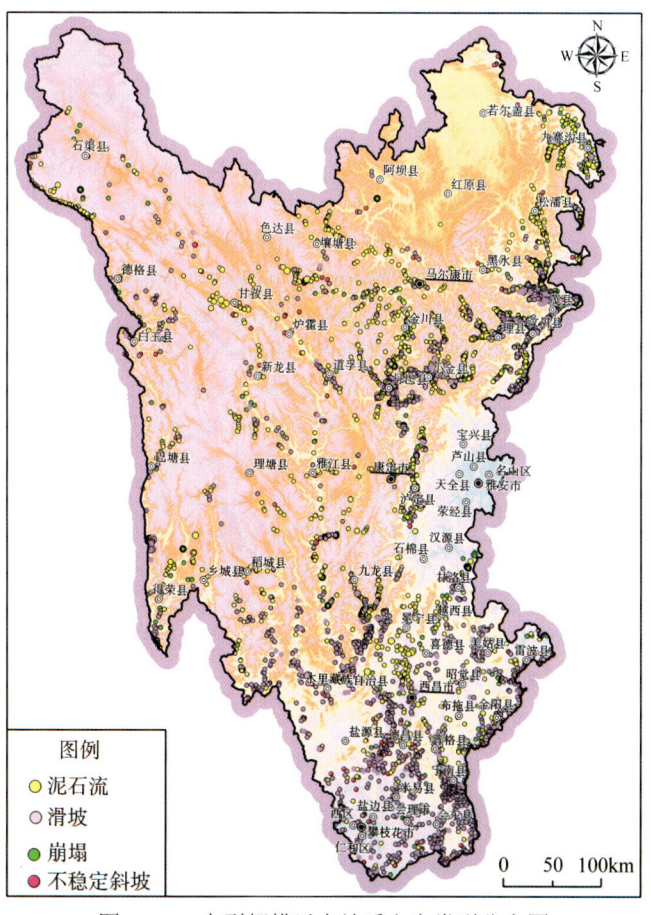

图 2.1-1 中型规模以上地质灾害类型分布图

灾害类型以滑坡和泥石流为主,其中,滑坡6411处,泥石流5505处,崩塌2562处,分别占地质灾害总数的39.03%、33.51%、15.60%;其次为不稳定斜坡,地裂缝和地面塌陷最少,分别占地质灾害总数的11.77%、0.08%、0.01%(表2.1-1、图2.1-2)。灾害规模上以中小型为主,其中小型10998处、中型4702处、大型628处、特大型98处,分别占地质灾害总数的66.95%、28.63%、3.82%、0.60%。

表2.1-1　川西山区地质灾害类型与规模统计表

规模	滑坡/处	泥石流/处	崩塌/处	不稳定斜坡/处	地裂缝/处	地面塌陷/处	合计/处	占比/%
特大型	27	46	16	9	0	0	98	0.60
大型	278	151	125	74	0	0	628	3.82
中型	1785	1643	788	483	3	0	4702	28.63
小型	4321	3665	1633	1367	10	2	10998	66.95
合计	6411	5505	2562	1933	13	2	16426	100

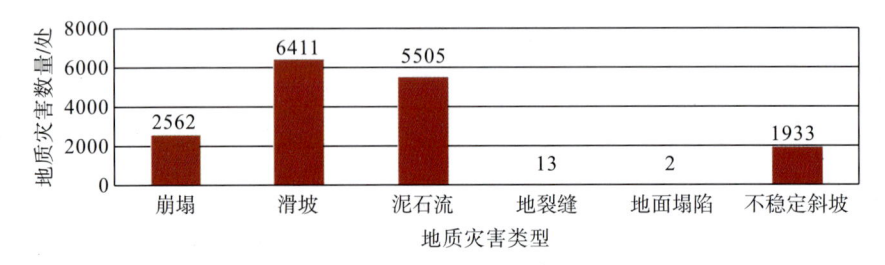

图2.1-2　川西地区地质灾害类型统计图

二、地质灾害发育特征

(一)滑坡

1. 滑坡基本特征

川西山区共发育滑坡6411处,以中小型为主,数量达6106处,占滑坡总数的95.24%。特大型和大型滑坡分别为27处和278处,分别占滑坡总数的0.42%、4.34%,主要分布在金沙江和雅砻江流域的深切河谷区,占特大型、大型滑坡总数的50%以上,此外,岷江流域内的理县、汶川县和茂县以及大渡河中部流域的丹巴县和小金县也是特大型、大型滑坡分布密集区(图2.1-3)。

川西山区滑坡平面形态主要有半圆形、矩形、舌形及不规则形(表2.1-2)其中以半圆形和舌形为主,分别占总数的40.00%和31.41%。大型及特大型滑坡平面形态较为复杂,各种类型较均匀分布,但总体以舌形为主;而中小型滑坡则体现明显的规律性,总体平面形态以半圆形和舌形为主,不规则和矩形较少。剖面形态主要有凹形、阶梯形、凸形、直线形及复合形,以凸形和直线形相对较多(表2.1-3),分别占总数的21.21%和19.88%。特大型滑坡剖面形态较为复杂,各种形态均有,大型滑坡剖面形态直线形较少,中型滑坡形态以凸形和阶梯形为主,小型滑坡形态以直线形和凸形为主。

按滑体物质成分分类，川西山区 6411 处滑坡中以土质滑坡为主，达 5458 处，占滑坡总数的 85.13%，岩质滑坡 953 处，占 14.87%。土质滑坡滑体成因主要为残坡积体、崩坡积体、老滑坡堆积体、泥石流堆积体、冰水堆积体等类型。岩质滑坡在各地层中均有分布，以昔格达组、白果湾组及侏罗系—白垩系红层中岩质滑坡最为发育，其次在中上游地区偶有变质岩和岩浆岩岩质滑坡，川西山区 953 处岩质滑坡中，昔格达组地层滑坡达 125 处，占岩质滑坡总数的 13.12%。

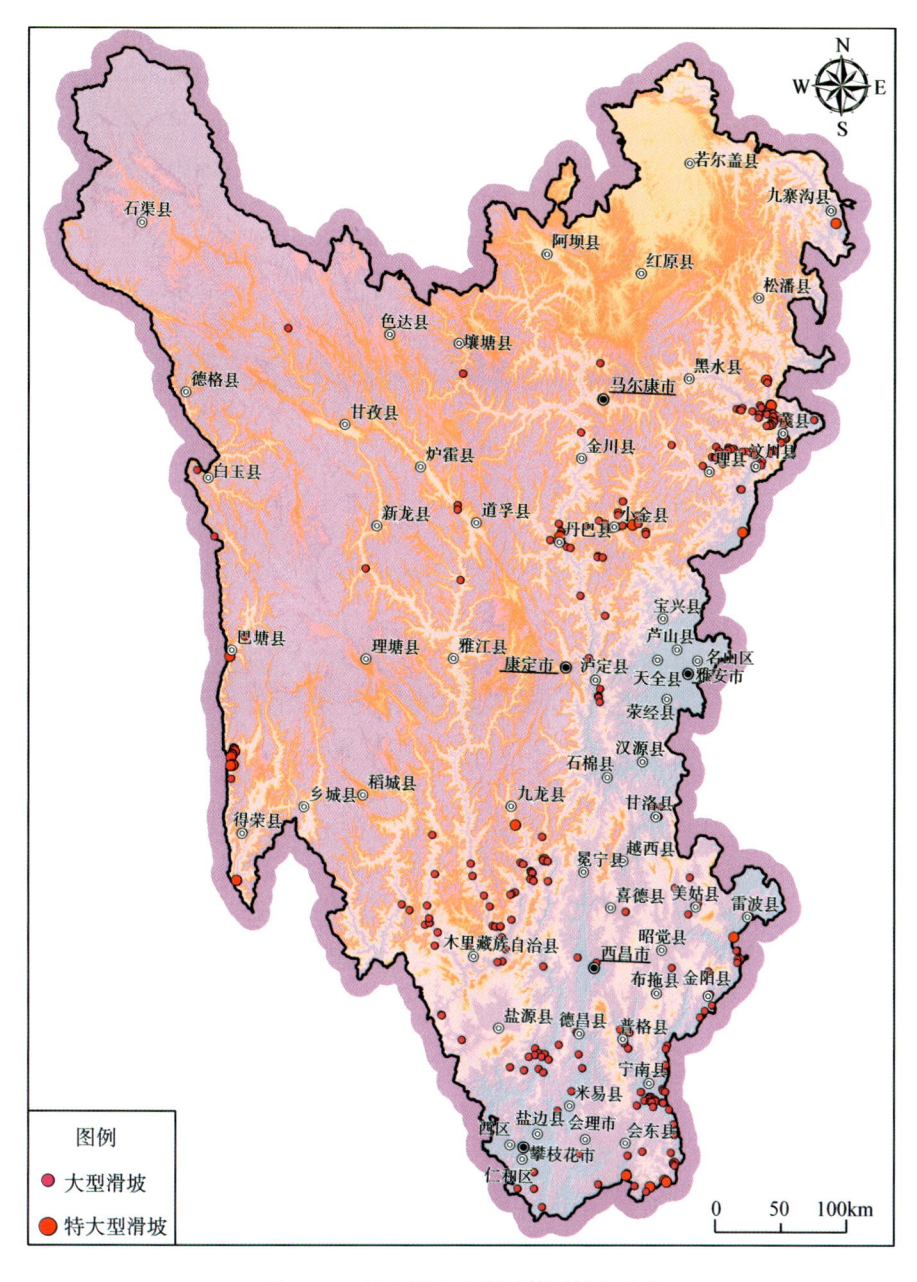

图 2.1-3　特大型及大型规模滑坡分布图

表 2.1-2　川西山区滑坡平面形态统计表

规模	平面形态统计/处					合计/处
	半圆	不规则	矩形	舌形	无数据	
特大型	5	6	7	9	0	27
大型	78	66	40	82	12	278
中型	698	212	177	565	133	1785
小型	1784	482	466	1358	231	4321
合计	2565	766	690	2014	376	6411

表 2.1-3　川西山区滑坡剖面形态统计表

规模	剖面形态统计/处						合计/处
	凹形	复合形	阶梯形	凸形	直线形	无数据形	
特大型	8	6	6	3	4	0	27
大型	72	12	81	75	30	8	278
中型	372	20	414	476	375	128	1785
小型	823	98	755	1028	1313	304	4321
合计	1275	136	1256	1582	1722	440	6411

2. 时空发育特征

川西山区滑坡分布不均，集中发育在东部及南部地形高起伏、地表水径流量大的地区，呈现出明显受地貌变化影响，滑坡发育最高密度达 0.242 处/km^2（图 2.1-4）。滑坡集中发育于岷江中游理县—汶川—黑水一带高山峡谷区、大渡河上游丹巴—小金一带高山峡谷区、大渡河中游泸定至石棉县强地震区、雅砻江中游新龙至雅江段高山峡谷段、金沙江上游白玉至德格高山峡谷段、下游会东—宁南段攀西红层地区。

川西山区有详细滑动时间记录的滑坡数量为 5619 处，从发生年际来看，每年发生的滑坡数少于 600 处，但在 2008 年、2013 年、2017 年记录滑坡发生数超过 600 处，尤其是 2013 年滑坡发生记录为 1192 处。受 2008 年汶川地震的影响，地震导致斜坡浅表层产生不同程度的破坏，在降雨的影响下更易滑动。2009～2011 年每年发生的滑坡逐年减少（图 2.1-5）。2013 年川西山区全面开展的地质灾害详细调查，有记录的滑坡发生数量急剧上升，随后每年发生的滑坡数量逐年减少。

(二) 泥石流

1. 泥石流基本特征

川西山区共发育泥石流 5505 处，以中小型为主，数量达 5308 处，占泥石流总数的 96.42%。特大型和大型泥石流分别为 46 处和 151 处，占泥石流总数的 0.84%、2.74%。特大型、大型泥石流主要集中在大渡河中下游、雅砻江下游、岷江上游河谷区，以及汶川县和理县、茂县周边，九寨沟县也是特大型、大型泥石流较为密集发育区（图 2.1-6）。

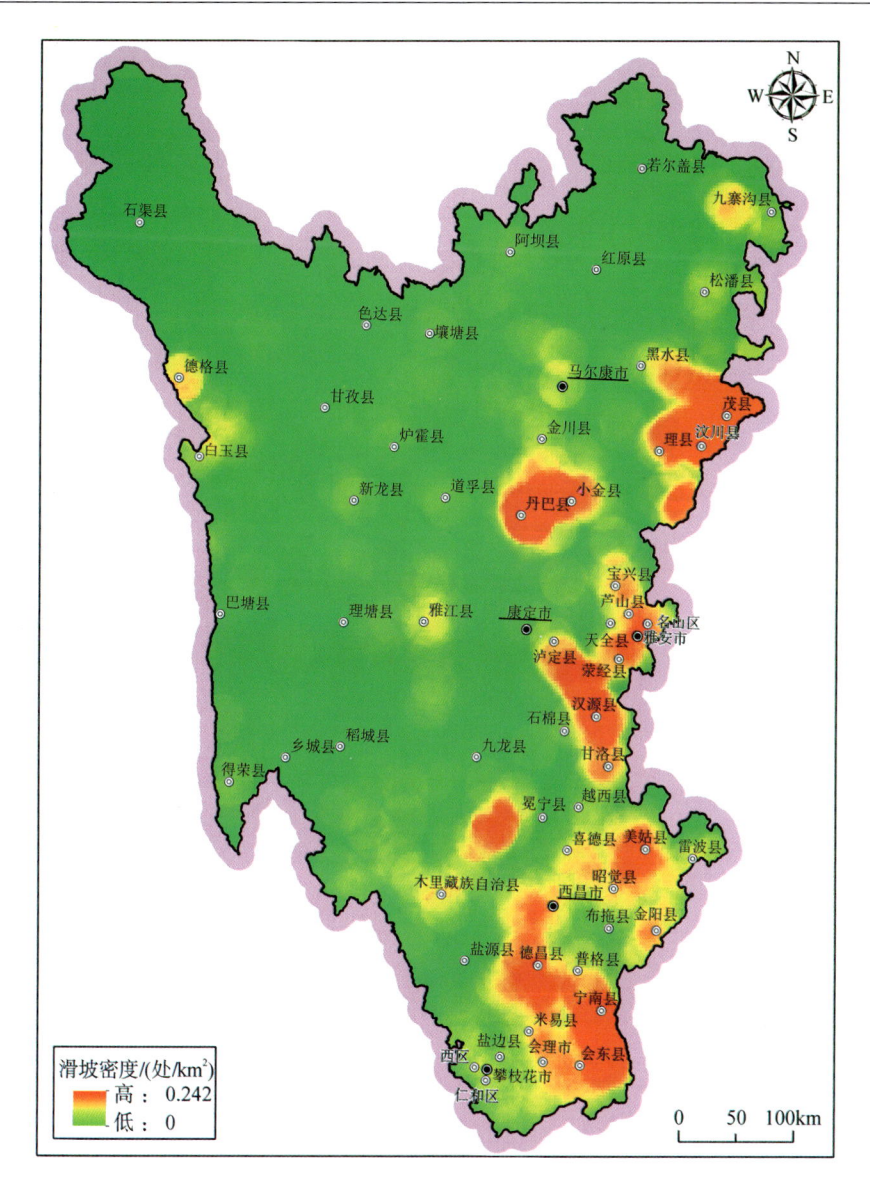

图 2.1-4　滑坡发育密度图

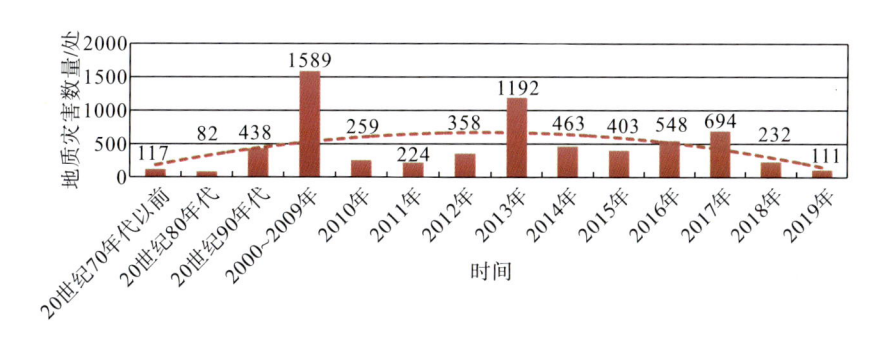

图 2.1-5　滑坡年际数量分布图

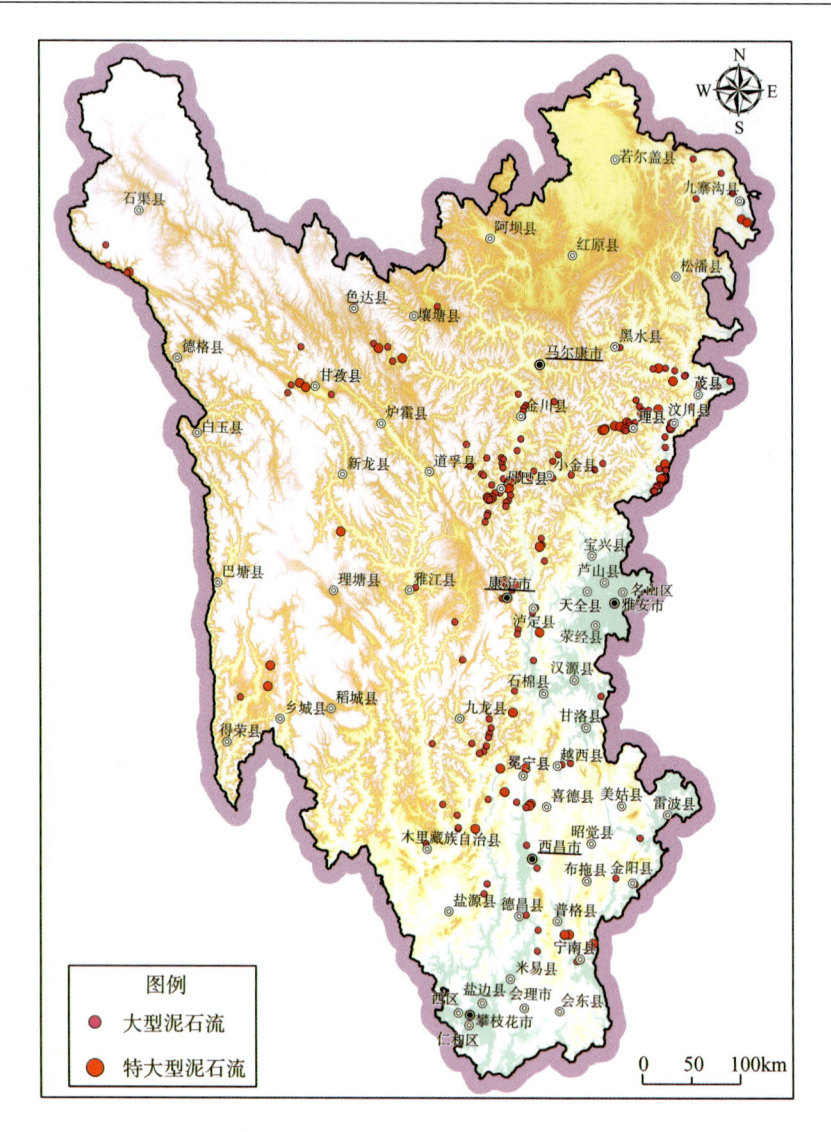

图 2.1-6 特大型及大型泥石流分布图

　　按流域形态分类，川西山区泥石流分为沟谷型和坡面型两大类。从有数据的3358处泥石流的统计结果来看，沟谷型泥石流占绝大多数，达2254处，占泥石流总数的67.12%。结合规模来看，坡面型泥石流无大型及以上规模，受汇水面积和物源量影响，其规模以小型为主。

　　川西山区泥石流物源类型多样，主要有崩塌滑坡堆积体、残坡积堆积体、冲洪积堆积体、冰水堆积体、人工堆积体(含矿渣、垃圾等)等类型。

　　泥石流物源补给类型主要有沟岸崩滑、沟道内揭底再搬运、面蚀三种或三种类型的组合类型(表2.1-4)。统计发现，川西山区泥石流物源补给途径以沟岸崩滑为主，次为沟岸崩滑与沟道内揭底再搬运的组合及沟岸崩滑与面蚀的组合。总体来说沟岸崩滑为泥石流发生的主要物源补给途径。

表 2.1-4　川西山区泥石流物源补给途径统计表

规模	物源补给途径(①沟岸崩滑、②沟道内揭底再搬运、③面蚀)统计/处						
	①	①+②	②	③	①+③	①+②+③	②+③
特大型	12	4	0	4	8	14	4
大型	46	14	3	10	39	22	17
中型	375	268	39	205	258	213	285
小型	824	865	167	548	621	328	312
合计	1257	1151	209	767	926	577	618

川西山区泥石流流域内上游、中游、下游均存在补给区，总体上补给区位置以上游、中游及其组合为主，下游的补给区较少(表 2.1-5)。尤其是大型及特大型泥石流的补给区主要位于上游和中游。补给段长度比集中于 30%～＜60%(表 2.1-6)，以 50.30%最为发育，达 578 处，占泥石流总数的 10.50%。同时，大型以上泥石流补给段长度比亦以 50.30%为主。补给段长度比小于 10%的泥石流较少，198 处，占 3.60%。

表 2.1-5　川西山区泥石流物源补给区统计表

规模	补给区统计/处							
	上游	上游、下游	上游、中游	上游、中游、下游	下游	中游	中游、下游	无数据
特大型	4	0	5	0	0	0	0	5
大型	7	0	13	1	1	5	3	9
中型	48	1	88	24	8	41	38	33
小型	193	3	239	135	29	106	182	74
合计	252	4	345	160	38	152	223	121

表 2.1-6　川西山区泥石流流域特征统计表

规模	特征统计/处					
	合计	补给段长度比/%				
		＜10	10～＜30	30～＜60	≥60	无数据
特大型	46	4	16	23	2	1
大型	151	4	8	87	47	5
中型	1643	67	402	869	287	18
小型	3665	123	1127	1514	744	157
合计	5505	198	1553	2493	1080	181

2. 时空发育特征

川西山区泥石流空间分布主要水系呈带状集中发育，泥石流密度最高为 0.131 处/km²（图 2.1-7）。泥石流主要集中发育于岷江中游的理县至黑水高山峡谷强地震区，大渡河上游的丹巴—金川段高山峡谷区、中游的泸定至石棉段高山峡谷强地震区，雅砻江中游的雅江至九龙段、支流安宁河流域，金沙江上游的巴塘至得荣段高山区，九寨沟县也是泥石流较为密集发育区。

据统计资料，川西山区内泥石流数量达 5505 处，有时间记录的泥石流数量为 3358 处。每年发生数量为数十处至百余处，而 2008 年为泥石流发生高峰年，发生泥石流达 378 处。2009～2012 年泥石流发生数量有所下降，但处于泥石流高发期，尤其是 2009 年、2010 年、2013 年汶川震区暴发大量群发性泥石流。可见，汶川地震造成的山体松动、物源剧增为区内泥石流灾害发生的直接触发因素，如图 2.1-8 所示。

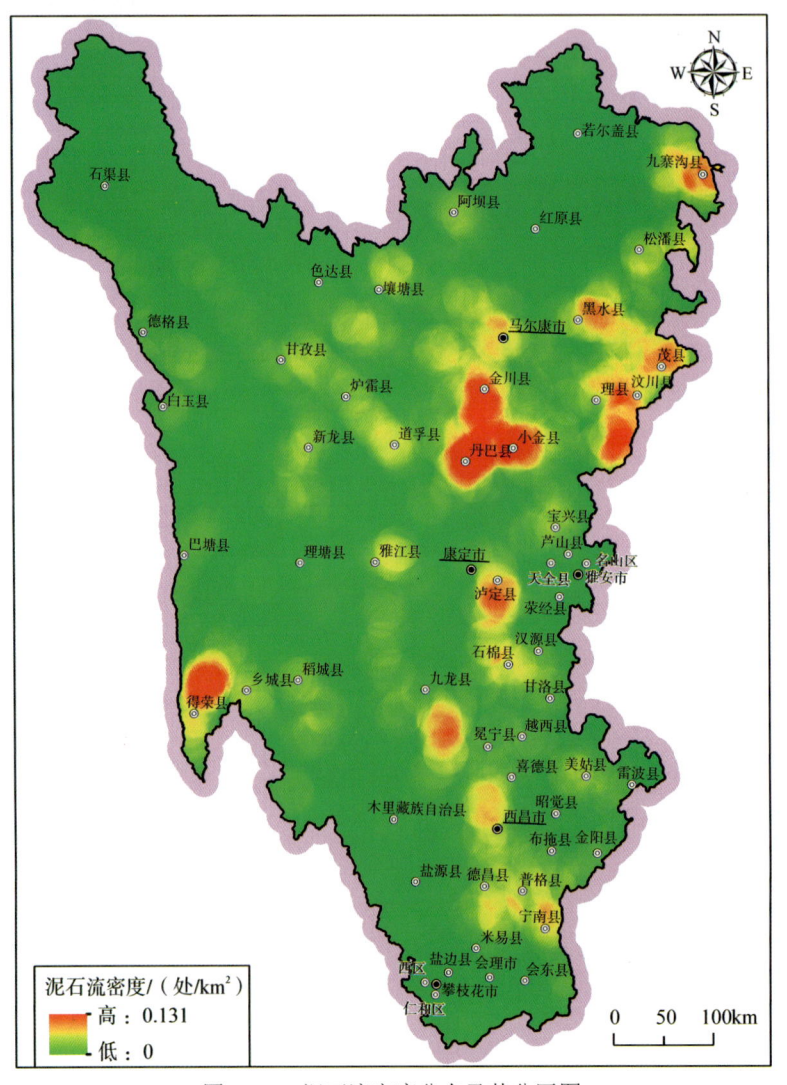

图 2.1-7 泥石流密度分布及其分区图

图 2.1-8　泥石流年际数量分布图

(三) 崩塌

1. 崩塌基本特征

川西山区共发育崩塌 2562 处，以中小型为主，数量达 2421 处，占崩塌总数的 94.50%。其中，特大型和大型崩塌分别为 16 处和 125 处，占崩塌总数的 0.62%、4.88%，主要集中发育在川西山区茂县的东部和北部地区、汶川震区及理县周边、大渡河中下游、雅砻江中游等高山峡谷区。特大型及大型崩塌分布如图 2.1-9 所示。

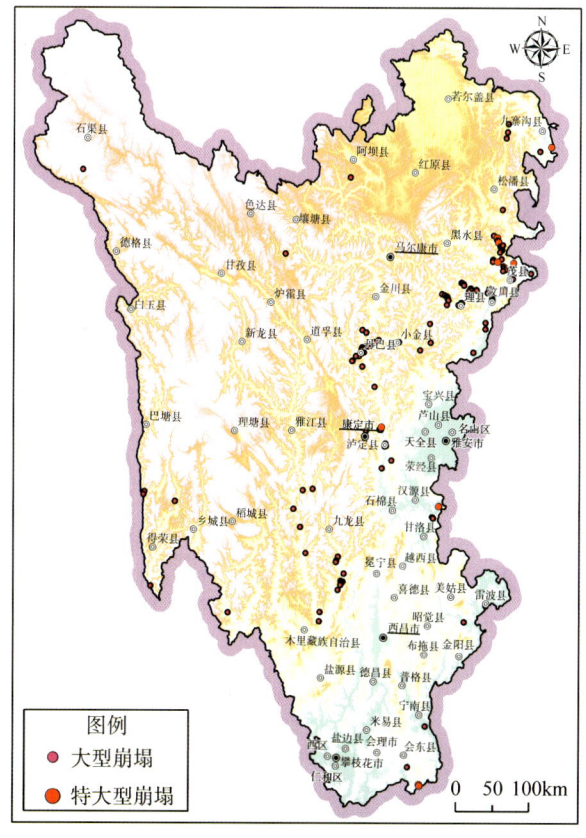

图 2.1-9　特大型及大型崩塌分布图

川西山区崩塌危岩体主要发育在三叠系、志留系、泥盆系、二叠系、元古宇、奥陶系地层中，且以三叠系地层中最为发育。岩性以灰岩、岩浆岩、砂岩、变质砂岩、板岩、泥岩、片岩、千枚岩为主(表2.1-7)。中型崩塌危岩体主要在砂岩、板岩、泥岩等薄-中层状岩体及灰岩、岩浆岩等块状岩体中发育。而特大型崩塌危岩体则主要在灰岩、岩浆岩等块状岩体中发育，在片岩、千枚岩、页岩等片状岩体中不发育。

表 2.1-7　川西山区崩塌危岩体岩性特征统计表

规模	崩塌危岩体岩性特征统计/处			合计/处
	灰岩、岩浆岩等块状	砂岩、板岩、泥岩等薄-中厚层状	片岩、千枚岩、页岩等片状	
特大型	12	4	0	16
大型	84	36	5	125
中型	332	398	58	788
小型	358	406	869	1633
合计	786	844	932	2562

川西山区崩塌危岩体结构面类型有层理面、节理面和片理面三种类型。其中，节理面主要在变质砂岩、砂岩、灰岩、岩浆岩等中-厚层及块状岩体中发育，而千枚岩、片岩等薄-片状岩体以片理面为主。据已有的 1421 组结构面统计(表 2.1-8)，结构面长度普遍小于 10m，其中以 0～<5m 为最，达 1020 组，占 71.78%，大于等于 30m 的仅 35 组。结构面间距普遍小于 1m，达 936 组，占 65.87%。

表 2.1-8　危岩体控制结构面长度与间距统计表

结构面长度		结构面间距	
区间/m	数量/组	区间/m	数量/组
0～<1	384	无数据	60
1～<5	636	0～<1	936
5～<10	253	1～<2	254
10～<30	113	2～<3	68
30～<50	20	3～<4	91
≥50	15	4～<5	12

根据所统计的 1421 组结构面制作倾向玫瑰花图(图 2.1-10)，结果显示，川西山区崩塌发育的主要控制结构面倾向以北西向、北东东向和南东向为主，与区域内主要构造形迹走向近垂直，与区域地质主压应力场方向近似一致。

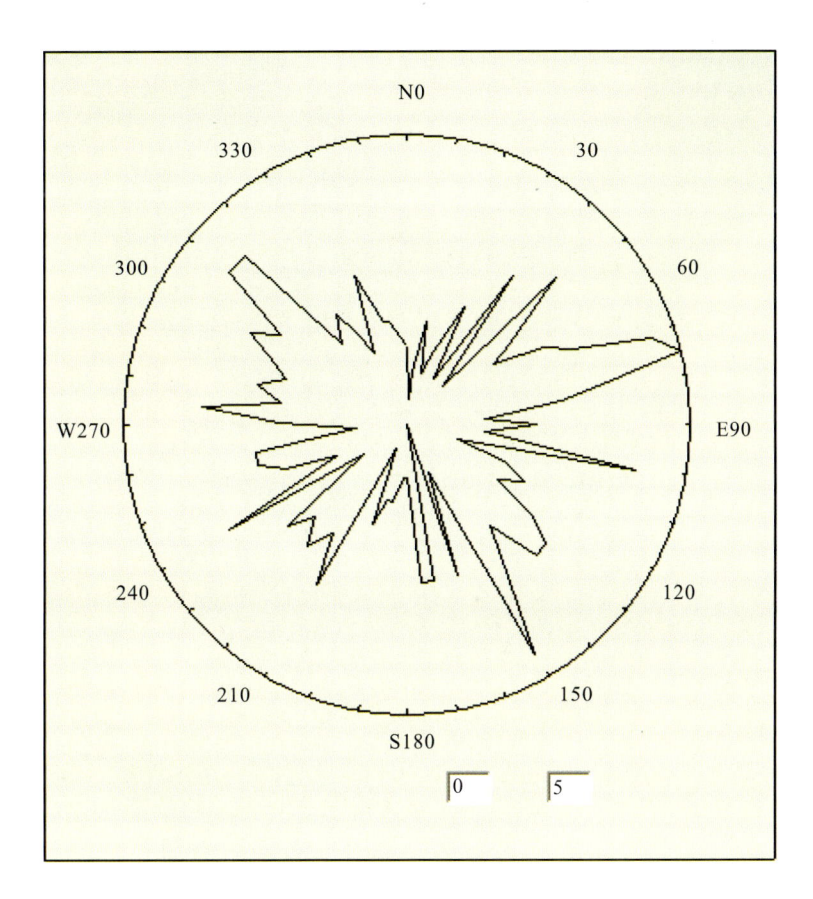

图 2.1-10　川西山区崩塌控制结构面倾向玫瑰花图

2. 时空分布特征

受汶川地震影响显著，崩塌高密度区主要分布于汶川地震震中及周边区域，最高密度达 1.80 处/km²。崩塌高密集区受地形地貌控制显著，均位于研究区的地形急变带，同时，受地震构造作用强烈，崩塌高密度区位于活动断裂周边，如图 2.1-11 所示。崩塌集中发育于岷江中游理县至茂县高山峡谷强地震区，白水河上游九寨沟县强震区，青衣江的宝兴至芦山段强震区，大渡河上游丹巴至金川段高山峡谷区、雅砻江中游的雅江至木里高山峡谷区，金沙江上游白玉至德格段、得荣段高山峡谷区。

川西山区共发育崩塌 2562 处，有详细时间记录的崩塌数量为 2351 处，每年有崩塌发生记录的崩塌数量少于 200 处。受汶川地震的影响，2008 年发生崩塌数量跃升至 591 处，2009～2012 年崩塌数量下降到 100 处以下。2013 年川西山区全面开展的地质灾害详细调查，有记录的崩塌发生数量急剧上升，随后几年内每年发生的崩塌数量逐年减少，每年发生的数量在 150 处以下，如图 2.1-12 所示。

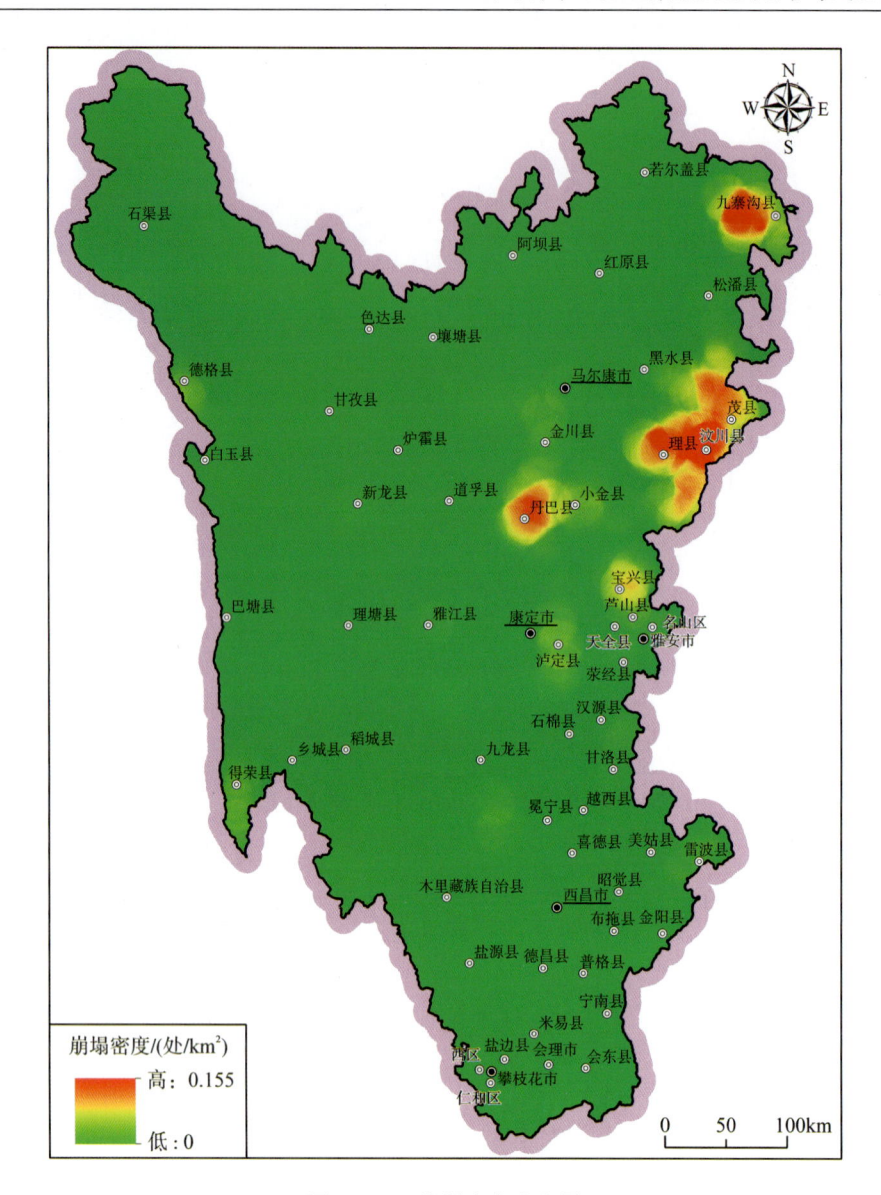

图 2.1-11 崩塌密度分布图

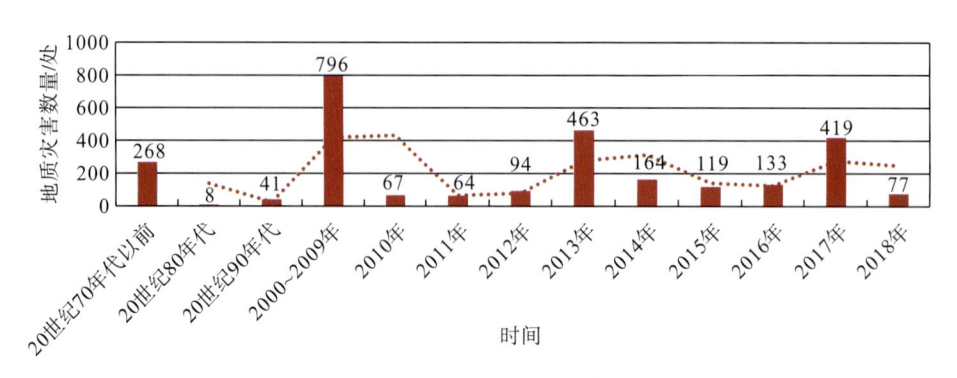

图 2.1-12 崩塌年际数量分布图

(四)不稳定斜坡

1. 不稳定斜坡基本特征

川西山区不稳定斜坡主要为 2019 年以前自然资源部门已销号的及交通、水利、应急等其他部门管理的地质灾害,总数达 1933 处。规模以中、小型为主,数量达 1850 处,占不稳定斜坡总数的 95.71%。特大型和大型不稳定斜坡分别为 9 处和 74 处,占不稳定斜坡总数的 0.47%、3.83%,主要集中发育在汶川县、理县、茂县、黑水县等地区(图 2.1-13)。

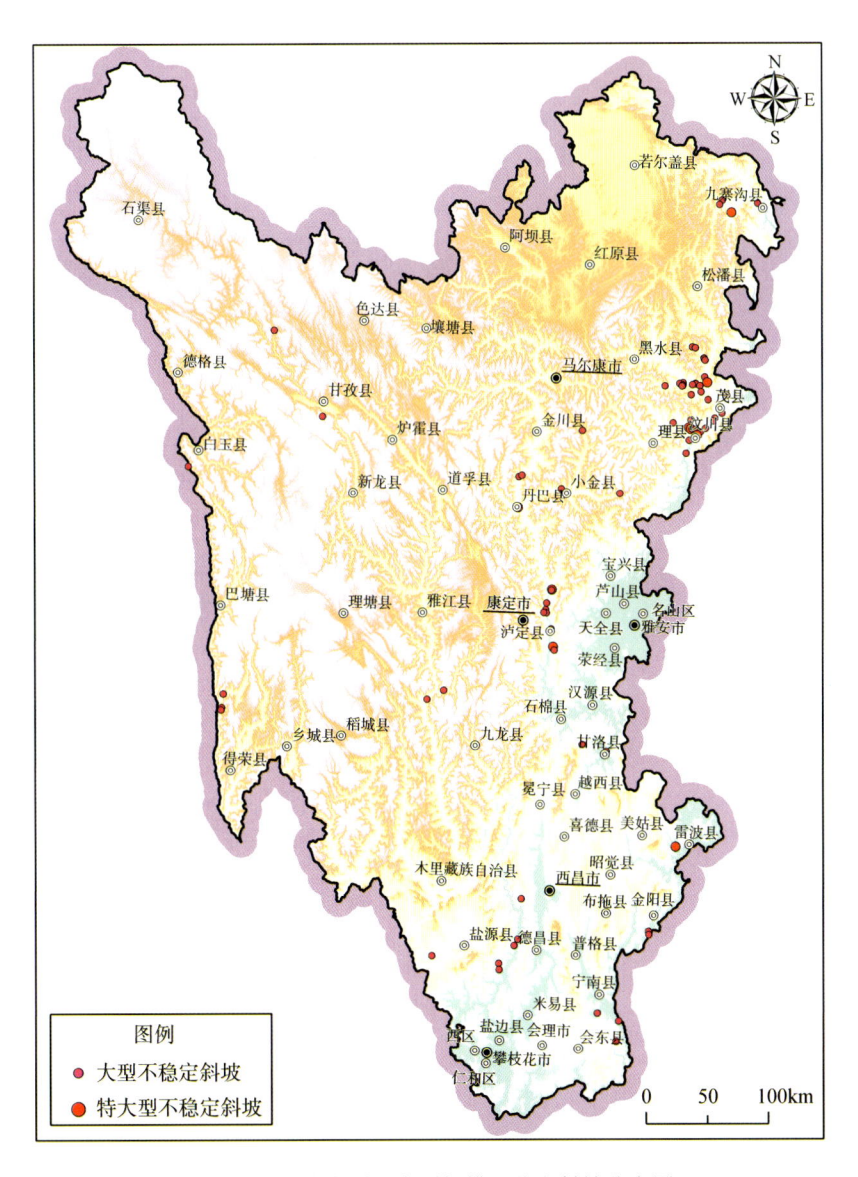

图 2.1-13 特大型及大型规模不稳定斜坡分布图

不稳定斜坡按演变趋势主要分为滑坡、崩塌和泥石流三种类型，以演变为滑坡为主，达 1447 处，占不稳定斜坡总数的 74.86%，演变为崩塌 402 处，占 20.80%。84 处不稳定斜坡演变为坡面型泥石流，以中小型为主（表 2.1-9）。川西地区不稳定斜坡成因主要为冰水堆积、冲洪积台地或崩坡积、残坡积堆积体形成的高陡边坡，在不同的岩土体类型、地貌单元中均有分布。

表 2.1-9　川西山区不稳定斜坡演变趋势统计表

规模	不稳定斜坡演变趋势统计/处			
	滑坡	崩塌	泥石流	合计
特大型	6	3	0	9
大型	47	24	3	74
中型	308	156	19	483
小型	1086	219	62	1367
合计	1447	402	84	1933

2. 时空发育特征

不稳定斜坡在区内分布极不均匀，主要分布在区内岷江上游的汶川县、黑水县、理县、茂县地区；其次九寨沟县也发育有数量较多的不稳定斜坡，不稳定斜坡有沿大渡河、金沙江、雅砻江流域的干流呈带状分布的特征，但数量上并不密集，而其他大部分的山地地区未发育不稳定斜坡。据统计，区内不稳定斜坡密度最高为 0.119 处/km²。据统计资料，川西河谷地区不稳定斜坡数量达 1933 处，有时间记录的泥石流数量为 1254 处，如图 2.1-14 所示。

图 2.1-14　不稳定斜坡发生年际数量变化图

三、地质灾害危害特征

川西山区域上孕灾背景条件复杂，成灾主控因素因区而异，灾种类型齐全且机理复杂，使得区域地质灾害的发生具有显著的群发性与链式效应特征。

（一）灾（险）情严重

根据历史重大地质灾害梳理及近年地质灾害发生灾情统计，川西山区地质灾害先后导致 2050 余人死亡及 1243.92 亿元的直接经济损失。目前，地质灾害仍威胁川西山区内 100.67 万人的生命财产安全。

（二）区域集中性

群发性地质灾害是指一个地区或区域内大量地质灾害同时发生的现象。西南地形急变带内孕灾背景条件复杂，群发性地质灾害数量多、分布广且不均匀，不但破坏损失严重，而且防治尤其困难。区内群发性地质灾害以强震诱发、强降雨诱发最为典型。以强震诱发的群发性地质灾害最为典型的代表为 2008 年 5 月 12 日汶川地震群发性地质灾害和 2013 年 4 月 20 日的芦山地震群发性地质灾害，两次地震诱发了区内及邻区数千甚至数万滑坡、崩塌、泥石流等地质灾害，造成了严重的人员伤亡与财产损失，并且由于震后岩土体震裂松散，为以后地质灾害频发易发埋下了隐患。以强降雨诱发群发性的地质灾害事件较多，如丹巴县 1994-07-22 群发地质灾害，泸定县 2005-06-30、2005-08-11 群发性地质灾害发生后均造成了严重灾难和深远的社会影响（表 2.1-10）。

表 2.1-10 川西山区群发性地质灾害统计表

发生地点	发生日期 (年-月-日)	灾害类型	灾害点名称或特征
汶川地震及影响区	2008-05-12	崩塌、滑坡	汶川地震触发了群发性地质灾害15000多处
汶川县	2013-07-09	泥石流	张家坪沟、福堂隧道、桃关沟、华溪沟、磨子沟、羊店村、瓦窑沟、阳岭沟、新桥沟、七盘沟等数十处暴发特大和历史罕见的泥石流灾害
北川县老县城	2009-09-24	泥石流	西山坡沟、任家坪沟、沿湔江等河流两岸新暴发的泥石流比比皆是
丹巴县城周边	1994-07-22	泥石流	白岩沟、干桥沟、二台子沟、西河桥沟
泸定县杵坭乡	2005-06-30	泥石流	干沟、羊儿桥沟、田家沟、三叉沟和磨子沟
磨西镇海螺沟	2005-08-11	泥石流	燕子沟、南门关沟、小水沟、磨子沟
泸定县雨洒坪	2009-09-12	泥石流	人头山、龙达沟、花椒林等9处
石棉县回隆镇	2008-07-21	泥石流	宋家沟、熊家沟、马颈子沟、正沟、黄家沟
石棉县回隆镇	2013-07-04	泥石流	熊家沟、马颈子沟、后沟
锦屏水电站	2012-08-30	泥石流	崩塌、滑坡、泥石流等地质灾害点多达100余处
雷波县杉树堡乡、曲依乡等	2013-07-17	滑坡	垭口村青山组等7个滑坡
喜德县孙水河地区	2012-08-31	滑坡、泥石流	采蔬组滑坡、金尔果滑坡、沙马拉达泥石流

(三) 链式灾害

1. 地震诱发地质灾害链

由内动力地质作用诱发的灾害及其次生灾害构成的灾害链称为内动力地质灾害链，其中地震及其诱发的崩塌和滑坡形成的灾害链即属于该种类型，是西南地形急变带常见的内动力地质灾害链类型。1933年8月25日四川茂县叠溪7.5级地震、2008年5月12日汶川8.0级地震、2013年4月20日芦山7.0级地震均触发了大量同震地质灾害，形成了地质灾害链。

川西山区内多次发生6级以上的地震，并诱发了大量地质灾害和堰塞湖。例如，1933年8月25日，四川茂县叠溪镇发生了7.5级地震，在岷江干流形成3个堰塞坝，支流形成9个堰塞坝，最高者达160m。随着上游来水量的增多和水位的升高，干流堰塞湖合并成巨大的峡谷湖泊。堰塞坝在45天以后溃决，洪水冲毁了沿江下游250km范围内的房屋和设施。2008年5月12日，汶川发生8.0级地震，造成了严重破坏。强烈的主震和余震在地震区造成了大量的滚石、崩塌、滑坡、泥石流、碎屑流等次生山地灾害，大规模滑坡崩塌堵断河道形成堰塞湖。

2. 降雨诱发地质灾害链

外动力地质灾害链往往由地球外营力作用致灾，包括强降雨导致的地质灾害链、气温变化导致的地质灾害链等。西南地形急变带外动力地质灾害链主要由强降雨诱发。孙水河是安宁河中游左岸最大的一条支流，位于东经102°11′~102°42′，北纬27°54′~28°29′，主河道长约110km，流域面积为1618km^2。调查表明，孙水河流域内发育地质灾害214处，类型以崩滑为主，其中滑坡133处，泥石流61处，地质灾害链式效应明显（表2.1-11）。

表2.1-11 降雨诱发地质灾害链

序号	激发环	演化环	损害环	环数
1	降雨	—滑坡—坡面型泥石流	—水土流失+环境破坏	4
2	降雨	—滑坡—坡面型泥石流—沟谷型泥石流（高含砂洪流）	—单沟损害+水土流失+环境破坏	5
3	降雨+洪流	—崩塌+滑坡—沟谷型泥石流	—单沟损害+水土流失+环境破坏	4
4	降雨+洪流	—斜坡失稳—崩塌+滑坡—沟谷型泥石流—高含砂洪流	—孙水河中、下游损害（抬高河床、淤埋农田、冲毁路基）	6
5	降雨+洪流	—沟谷型泥石流—沟床侵蚀—崩塌+滑坡	—水土流失+环境破坏	5
6	降雨+洪流	—滑坡—高含砂洪流	—孙水河中、下游损害（抬高河床、淤埋农田、冲毁路基和桥梁、中断交通）	4
7	降雨+洪流	—滑坡—堰塞湖—堰塞坝溃决—高含砂洪流	—孙水河中、下游损害（抬高河床、淤埋农田、冲毁路基和桥梁、中断交通）	6
8	降雨+洪流	—泥石流—挤压主河—侧蚀崩塌—高含砂洪流	—孙水河中、下游损害（抬高河床、淤埋农田、冲毁路基和桥梁、中断交通）	6

(四) 工程活动诱发地质灾害链

人类工程活动地质灾害链是指由人类在资源开发、工程建设等方面的不合理活动诱发的地质灾害链。西南地形急变带人类工程活动比较强烈，主要表现为水电开发、交通建设、城镇建设、矿山开采、公路修建等。调查发现，区内因人类工程活动触发了大量崩塌、滑坡和泥石流等地质灾害，反之，这些地质灾害对人类工程活动构成威胁。随着西部大开发的不断推进，这种灾害链的危害日益严重，尤其要注意切坡与崩滑灾害链、工程弃渣与泥石流灾害链以及地下采矿与滑坡灾害链问题。人类工程活动灾害链一般形成三级灾害环（表 2.1-12），但也存在大量堵河严重灾难事件。

表 2.1-12 人类工程活动诱发地质灾害链

灾害链激发环	灾害链演化环	灾害链损害环	灾害链环数
公路切坡	—崩塌+滑坡	—危害公路运行	3
露天采矿	—崩塌+滑坡+碎屑流	—环境破坏+矿区损害	3
地下采矿	—滑坡	—环境破坏+矿区损害	3

(五) 复合型地质灾害链

除上述单因素诱发地质灾害链外，还有由地震、降雨和人类工程活动等因素相互作用触发的复合型地质灾害链。西南地形急变带范围内以地震和降雨共同作用触发的震后滑坡、崩塌、泥石流灾害问题极为严重，并造成了严重的堵河等灾害链。例如，绵竹文家沟泥石流、汶川红椿沟泥石流和七盘沟泥石流、黑水俄瓜热十多沟泥石流、茂县棉簇沟泥石流等震后强降雨泥石流-堵河灾害形成了复合型灾害链，影响重大。另外，人类工程弃渣形成的泥石流灾害链灾难也极为深重。例如，冕宁盐井沟自 20 世纪 60 年代以来，由于人为活动失控，逐渐成为一条活动日趋频繁、规模不断增大的灾害性泥石流沟。1970 年 5 月 26 日，暴雨激发矿渣型泥石流，中断成昆铁路。

第二节 地质灾害分布特征

川西山区地质环境条件复杂，人类工程活动强烈。地质灾害发育分布特征主要受地形地貌、地层岩性、地质构造、岩土体类型、降雨、地震和重大人类工程活动等因素控制。

一、地质灾害与地形地貌

川西山区是一个巨大的地形陡变带。在地貌划分类型中，分为平原、丘陵、起伏山地多种地貌类型。平原是指地势低平坦荡、面积辽阔广大的陆地，相对高度小于 20m；丘陵是指山地海拔不超过 500m，相对高度一般在 20~200m，坡度平缓的区域；低山，是指起伏较缓，坡度较陡的山地，相对高度一般在 200~500m；中山是指起伏较陡，坡度较陡的山地，相对高度一般在 500~1500m；高山是指起伏大，坡度陡峭的山地，相对高度一般大于 1500m。

全区地质灾害空间分布差异大，地貌类型上统计(图 2.2-1)，全区分布地质灾害数量最多的为中山地貌，达 9984 处，数量最少的为高山，为 2 处。通过地貌类型与分布密度统计，密度最高为中山地貌，为 0.2847 处/km^2，密度最低为平原地貌，地质灾害密度仅 0.0009 处/km^2，发育 12 处地质灾害，见表 2.2-1。

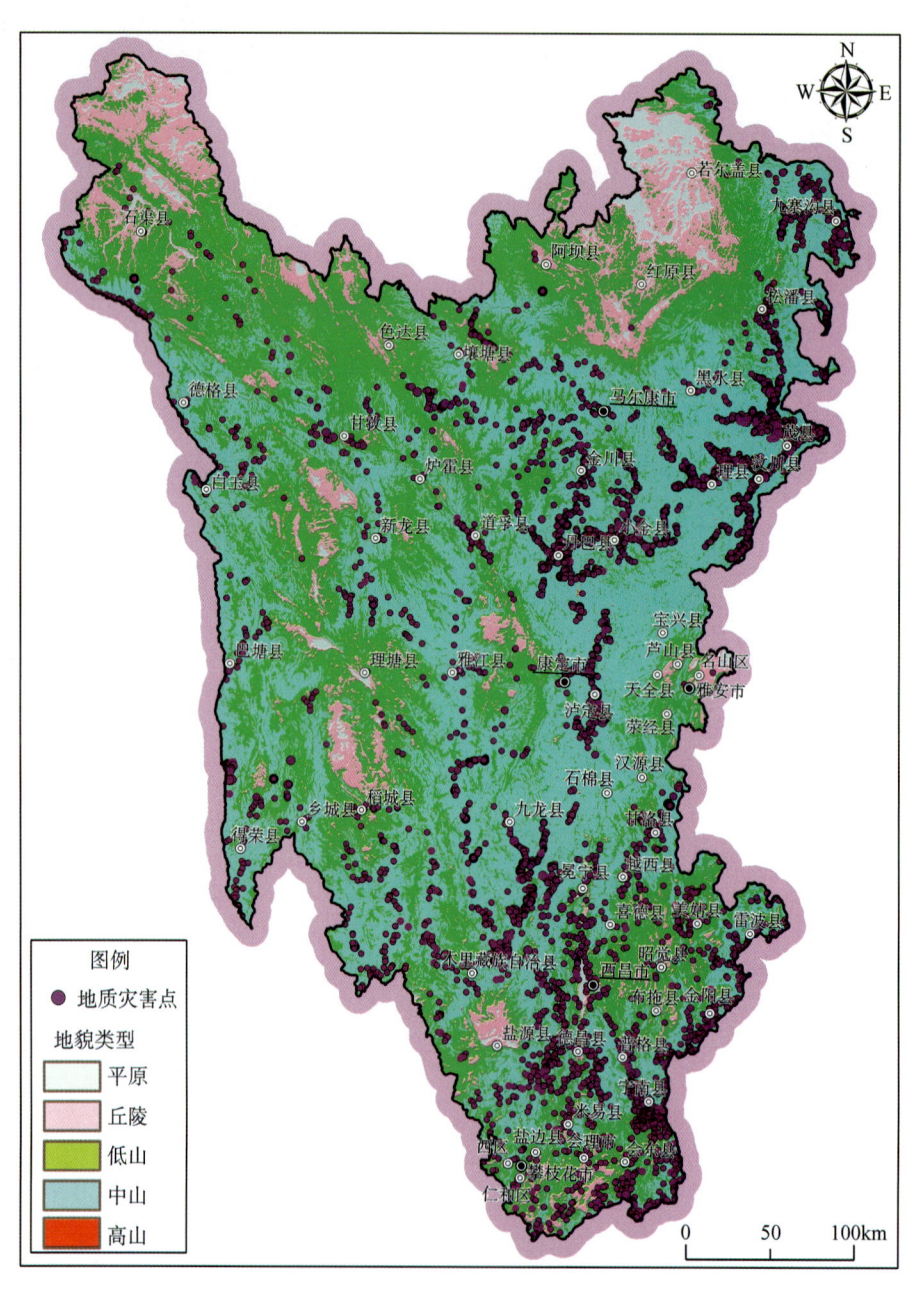

图 2.2-1　地质灾害与地貌类型分布图

第二章 川西高原山区地质灾害发育分布特征

表 2.2-1 地质灾害与地貌类型特征表

代号	地貌类型	面积/km²	地质灾害数量/处	密度/(处/km²)
A	平原	13150.03	12	0.0009
B	丘陵	52705.80	596	0.0113
C	低山	248979.95	7229	0.0290
D	中山	35069.40	9984	0.2847
E	高山	94.82	2	0.0211

通过对空间上不同地貌的地质灾害密度分析(表 2.2-1)，地质灾害分布密度差异大，对特定类型空间上(地貌类型)以倍数差异的趋势显示了区内空间地质灾害分布极不均匀(图 2.2-2)。

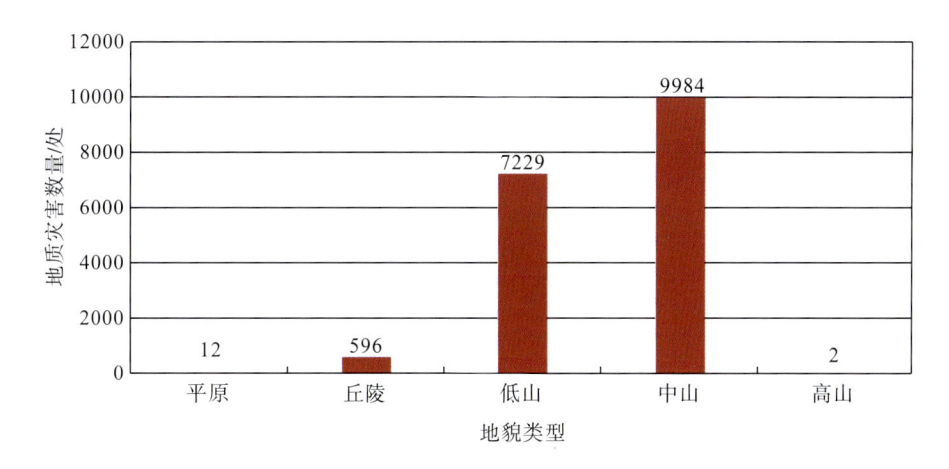

图 2.2-2 地质灾害与地貌类型关系图

二、地质灾害与地质构造

研究区内断裂带活动强烈，三大著名断裂带(安宁河断裂带、鲜水河断裂带、龙门山断裂带)分布于研究区并在区内交会。通过对区内活动断裂带两侧 5km 范围内进行地质灾害数量与密度统计，大渡河断裂从数量、密度上均为最高，数量达 930 处，5km 范围内分布密度达 0.3279 处/km²，为地质灾害高易发区，可见，断裂强度，尤其是现今强活动断裂对地质灾害分布影响显著，活动断裂两侧高密度分布特征见表 2.2-2，活动断裂与地质灾害分布如图 2.2-3 所示。

表 2.2-2 活动断裂两侧高密度分布特征表

断裂名称	地质灾害数量/处	面积/km²	密度/(处/km²)
安宁河断裂	409	6408	0.0638
大渡河断裂	930	2836	0.3279
金沙江断裂	427	5284	0.0808

续表

断裂名称	地质灾害数量/处	面积/km²	密度/(处/km²)
锦屏山断裂	302	5233	0.0577
岷江断裂	505	1987	0.2542
鲜水河断裂	426	4754	0.0896
则木河断裂	507	2376	0.2134
甘孜—理塘断裂带	186	4326	0.0430
峨边—金阳断裂	198	1013	0.1955
得力铺断裂	199	2584	0.0770
汉源—甘洛断裂	230	996	0.2309
龙门山断裂带	171	953	0.1794
宁会断裂	198	1425	0.1389
松岗断裂	156	1565	0.0997

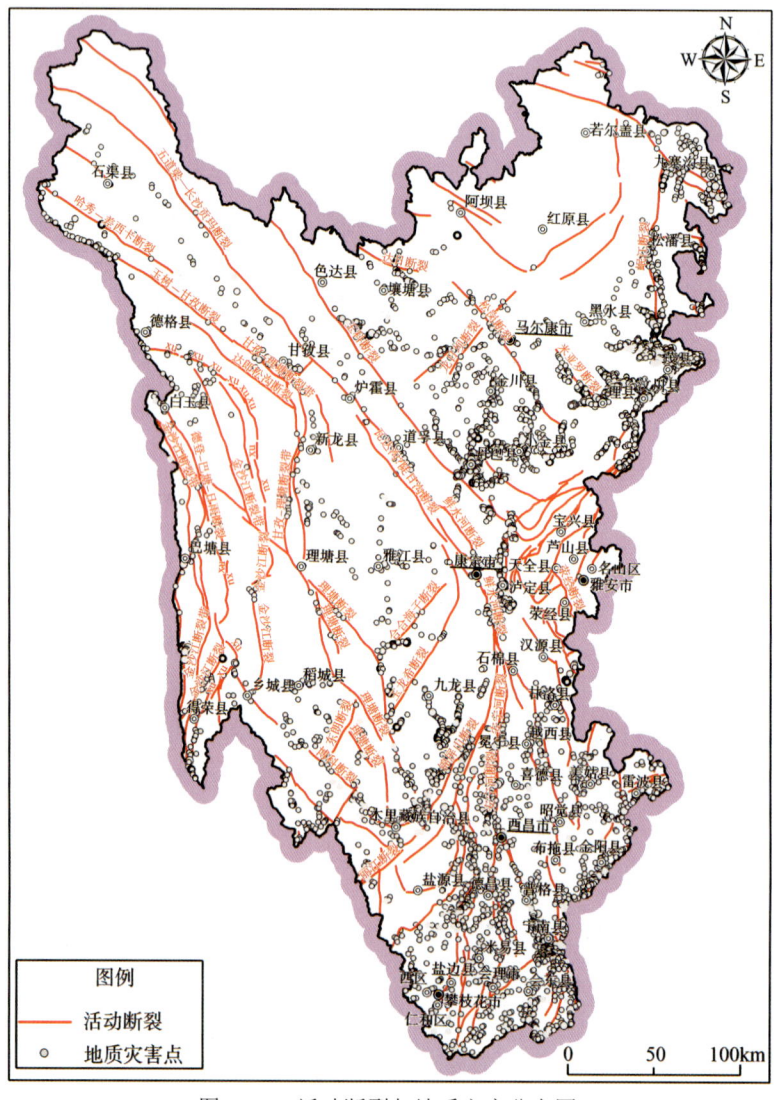

图 2.2-3　活动断裂与地质灾害分布图

三、地质灾害与降雨条件

川西山区地处青藏高原东南缘，降水量有明显的时空差异，地质灾害与降雨条件密切相关。降雨季节性强，多集中在5~10月，流域内雨日多，连续降雨日数较长，最长连续降雨可达40天，雨日最多的是雅砻江中游的九龙站，有133天，锦屏山、安宁河上游也是雅砻江流域重要的暴雨中心。连续降雨、极端强降雨都有利于地质灾害的发生。据统计，川西山区降雨诱发的地质灾害占比达75%左右。极端降雨均可能触发严重的地质灾害，如雅砻江流域甘孜州雅江县2011年7月12日至13日强降雨，凉山州喜德县、冕宁县2012年8月29日至30日强降雨，均诱发了大量崩塌、滑坡和泥石流等地质灾害，甘孜州丹巴县2020年6月15日至18日强降雨诱发大量的滑坡泥石流，凉山州德昌县2004年8月24日和2022年8月23日群发性泥石流都造成了严重的地质灾害。然而，由于川西地区地质灾害分布点多面广，雨量观测站相对较少，再加上流域以藏族、彝族地区为主，大量地质灾害发生准确时间难以获取，触发地质灾害发生对应降水量或降水强度研究以及地质灾害与降雨响应认识存在较大难度。

从地质灾害与降水量关系图(图2.2-4)可见，降水量等值线自川西山区自西北向东南逐渐增大，地质灾害发育密度也逐渐增高。降雨主要为滑坡与泥石流等地质灾害的外在诱发因素，主要分布于岷江中游的理县至茂县段，大渡河上游的丹巴至小金段，雅砻江下游的木里至九龙段及其支流安宁河流域。

四、地质灾害与人类工程活动

四川铁路段雅安至甘孜州巴塘金沙江畔，是自我国第二阶梯的四川盆地西缘台阶式上升至第一阶梯的青藏高原"爬坡"最陡的一段，线路长约430km，跨越地形地貌从盆地丘陵到高原深切峡谷，横跨岷江、大渡河、雅砻江、金沙江等大江大河。根据中国地质环境监测院提供的数据，截至2020年9月30日，四川铁路段沿线50km范围内的地质灾害隐患点共有2113处(表2.2-3)，崩塌、滑坡(含不稳定斜坡)及泥石流的占比分别为15.38%、58.35%及26.27%，其中大型(含特大型)地质灾害占所有地质灾害的3.45%。雅安至康定段地质灾害分布密度较大(图2.2-5)。

表2.2-3 四川铁路段地质灾害汇总表　　　　　　　　　　　(单位：处)

类型	崩塌	滑坡	泥石流	合计
大型	10	38	25	73
中型	90	294	191	575
小型	225	901	339	1465
合计	325	1233	555	2113

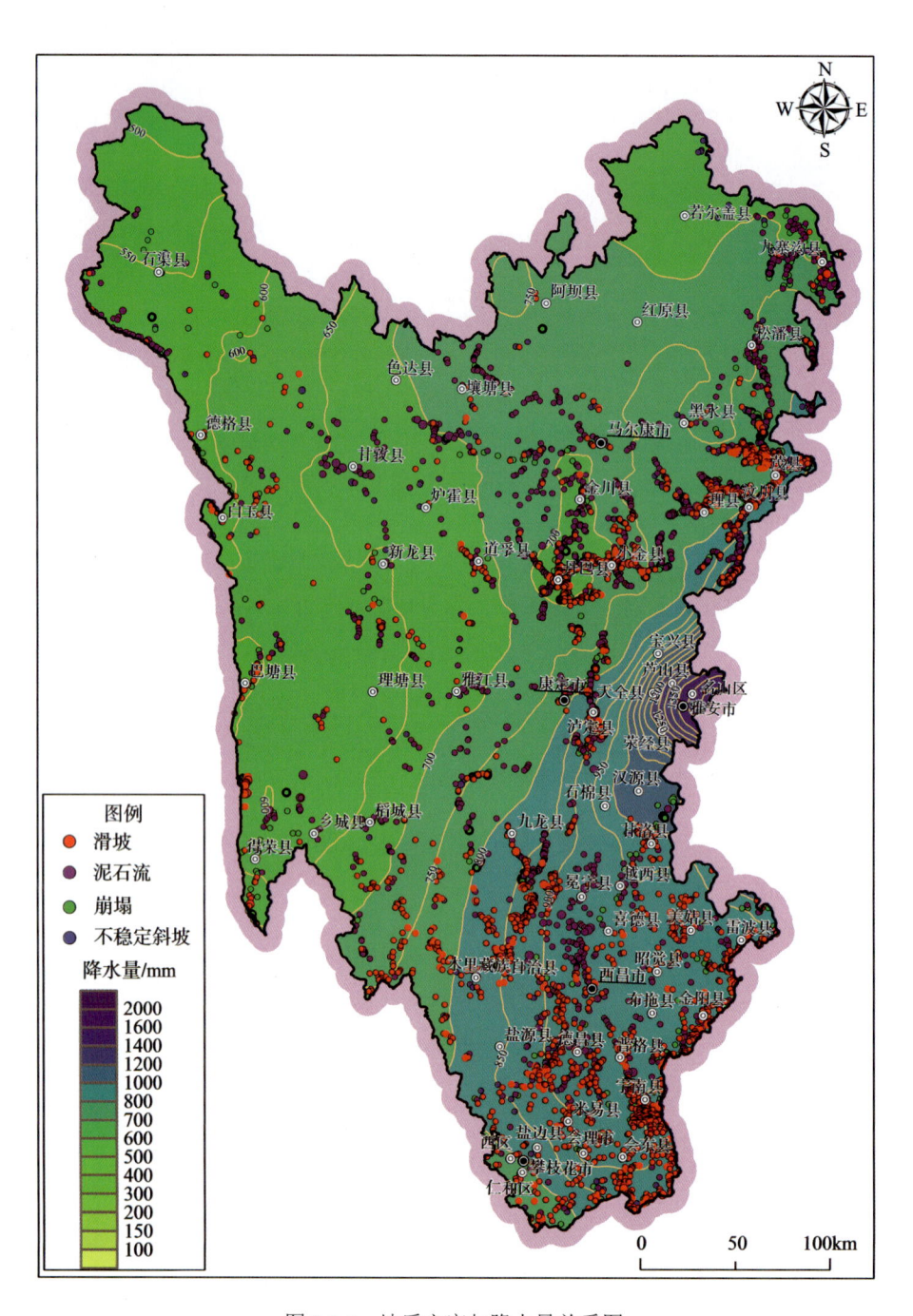

图 2.2-4 地质灾害与降水量关系图

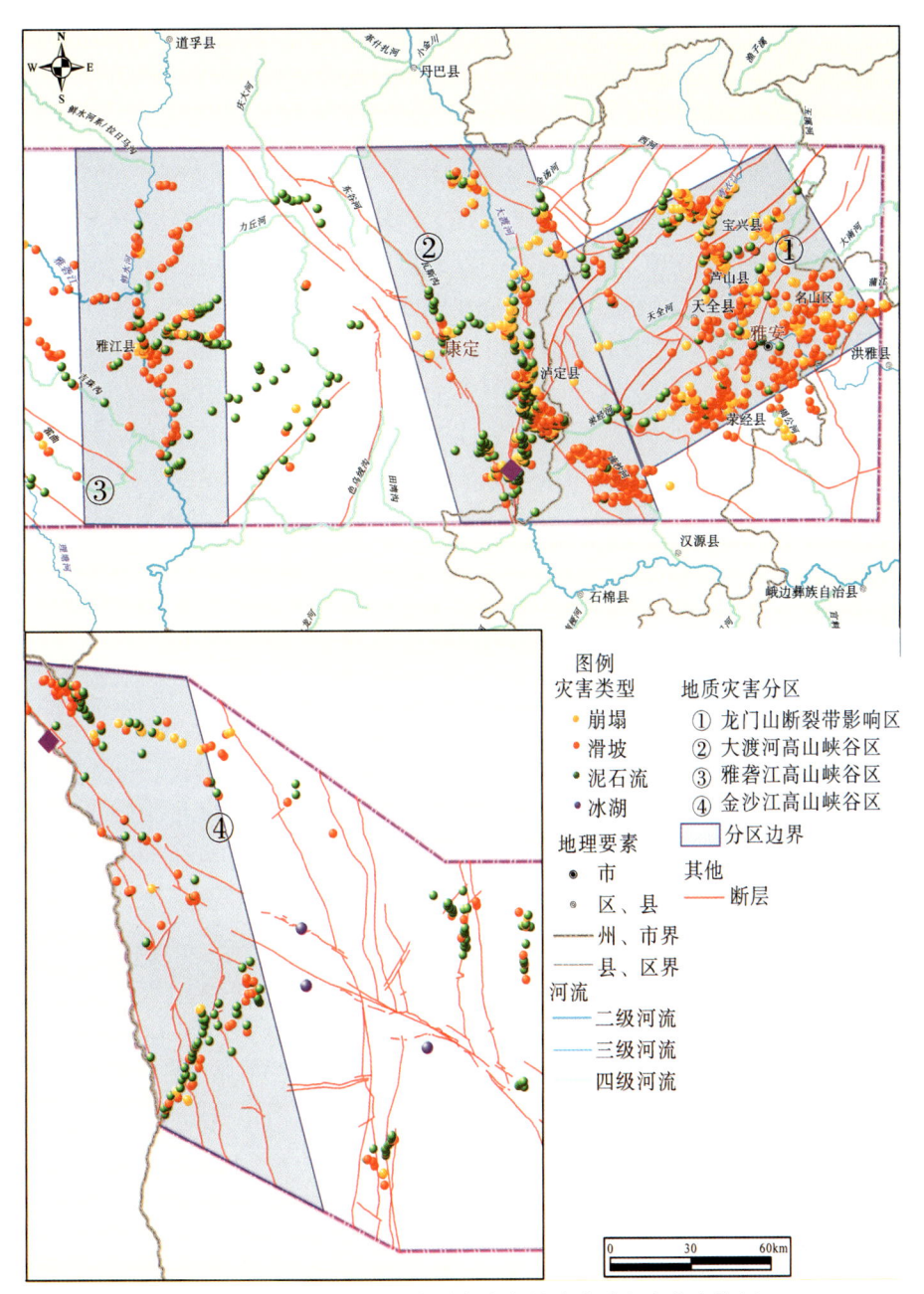

图 2.2-5　四川铁路段沿线重点地段周边地质灾害分布特征

结果表明，四川铁路段地质灾害主要集中分布在以下三个区域。

(1) 雅安—康定段的大渡河及其支流雅拉河、榆林河、折多河等河谷两岸。该段位于青藏高原东缘川滇、巴颜喀拉和华南三大活动块体的交会部位。青藏高原东缘与成都平原之间的地形、地貌、气候突变区，以高海拔、深切割为特征，自东往西有著名的二郎山、大渡河、折多山等高山峡谷，是地壳高活动性、地热高异常、地震和地质灾害频发区。虽然该区线路大部分是以桥隧形式通过，但仍需特别关注断裂带通过处的碎裂岩体所形成的大型滑坡、大河两岸冰碛物老滑坡、大河支沟冰川的冰水泥石流等地质灾害对桥隧址的影响。

(2) 雅江—理塘段的雅砻江及其支流等深切河谷段以及理塘断裂带。该段地质构造主要为雅江残余盆地，出露岩性主要为中、上三叠统的复理石建造；区内构造线方向呈北西向展布，由系列延伸北西向的断裂及褶皱构造组成。受岩性和构造控制，该段地质灾害以滑坡为主，由侏倭组(T_3zw)、新都桥组(T_3xd)、两河口组(T_3lh)的夹软弱夹层的砂板岩、千枚岩等构成的顺倾斜坡和陡倾反向斜坡，存在形成潜在大-中型岩质滑坡等隐患的可能。例如，1967年唐古栋滑坡和1952年甲西滑坡均堵断雅砻江，溃决后引发链式灾害。

(3) 巴塘段金沙江支流巴曲、希曲两岸的高山峡谷河段及巴塘断裂带两侧。该段铁路穿越沙鲁里山、巴曲，是青藏高原东缘往横断山脉转折区。该段构造、岩性复杂，巴塘断裂晚第四纪以来具有明显的活动性，曾发生过1870年7.3级和1989年6.7级两次大地震。可能形成大型堵江型滑坡、冻融型的冰川泥石流。

为更好地解释铁路沿线地质灾害发育分布规律，根据四川境内的地形、构造特征分析，四川铁路段地质灾害主要受四个特殊地形(断裂带)控灾，分别为芦山地震影响区(龙门山断裂带)、大渡河高山峡谷区(鲜水河断裂带)、雅砻江高山峡谷区及金沙江高山峡谷区(金沙江断裂带)。

(一) 龙门山断裂带影响区

雅安铁路段地质灾害主要分布于芦山县、宝兴县、名山区、雨城区、天全县及荥经县，受龙门山断裂带前山断裂、中央断裂及后山断裂的影响。就灾害发生时间而言，目前已有的地质灾害资料主要来源于"5·12"汶川地震及"4·20"芦山地震的震后、同震滑坡调查。除31%发生时间不详的地质灾害外，仅有4%的地质灾害数据来源于"5·12"汶川地震之前。图2.2-6表明，龙门山断裂带及其构造运动是雅安市地质灾害的主要诱发因素。灾害类型方面，崩塌、滑坡(不稳定斜坡)及泥石流分别占20.21%、68.01%及11.24%，主要地质灾害类型为滑坡、崩塌。四川铁路雅安段大型(特大型)地质灾害(图2.2-7)目前主要诱发因素为芦山地震，与域内地质灾害普遍规律是一致的。该区域地质灾害普遍发育于线路北部上游河段，与铁路线相交于天全河大桥。郑家院子滑坡灾害影响区主要以隧道的形式绕避。考虑到地震活动可形成大量松散岩土体，为泥石流提供物源，可能形成大型泥石流堵河事件，影响铁路运营的主要危害。

(二) 大渡河高山峡谷区

大渡河高山峡谷区主要受大渡河断裂带的控制，目前区域内崩塌、滑坡(不稳定斜坡)及泥石流分别占17.05%、53.61%、29.05%，其中线路上游以崩塌为主，下游以滑坡和泥石流为主(图2.2-8)。下游磨西断裂及安宁河断裂附近发生过1786年摩岗岭地震滑坡诱发的堵江灾害链及2005~2006年泸定群发性泥石流等典型地质灾害。因此，下游主要需关注震裂山体的稳定性及群发性泥石流堵江灾害。上游主要发育的大型灾害有崩塌及泥石流(图2.2-9)，该段线路采取了隧道的方式绕避大型崩塌灾害点。目前依然需要围绕线路影响范围，关注泥石流危险区及未查明的大型滑坡灾害，如折多塘滑坡等灾害对新建线路的风险评价。该区域崩塌、滑坡易发性中极高及高易发区主要位于康定市及磨西镇附近区域。

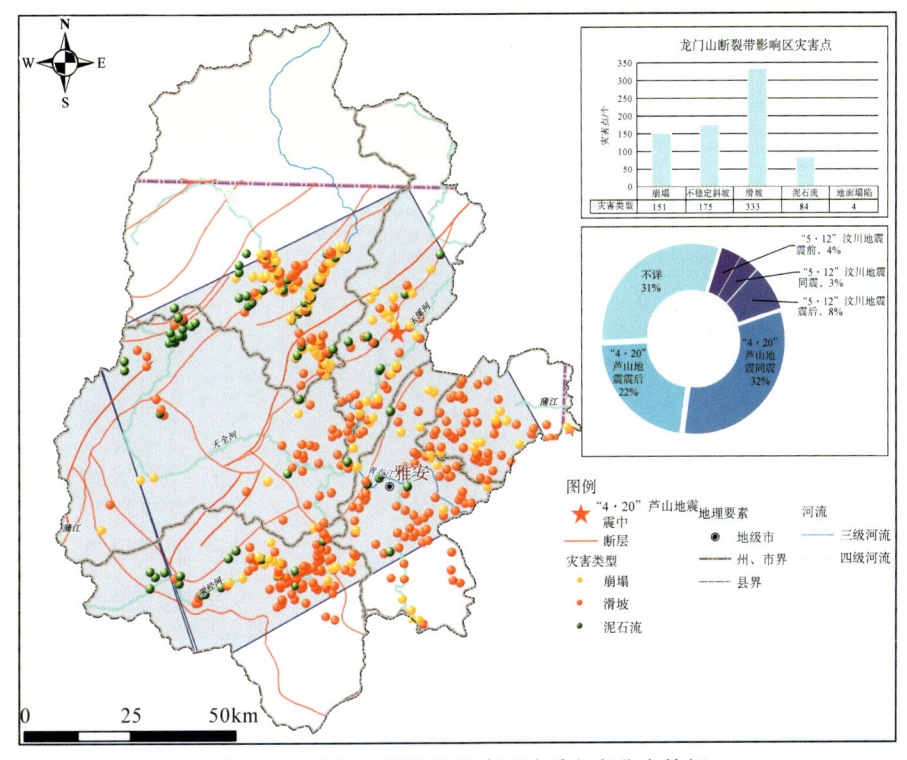

第二章 川西高原山区地质灾害发育分布特征

图 2.2-6 龙门山断裂带影响区地质灾害分布特征

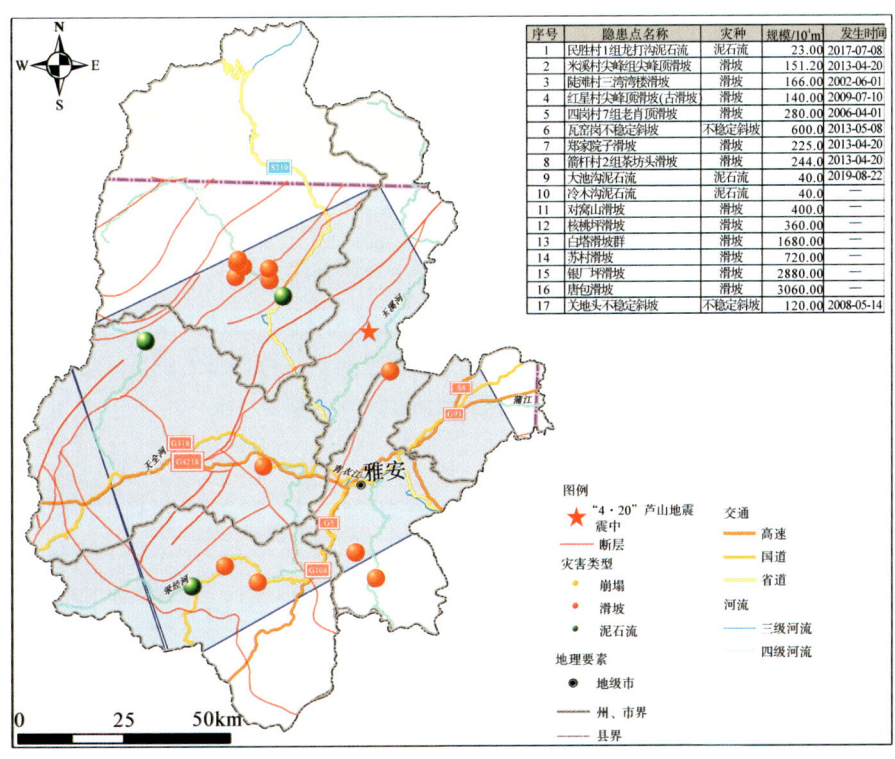

图 2.2-7 龙门山断裂带影响区大型(特大型)地质灾害分布

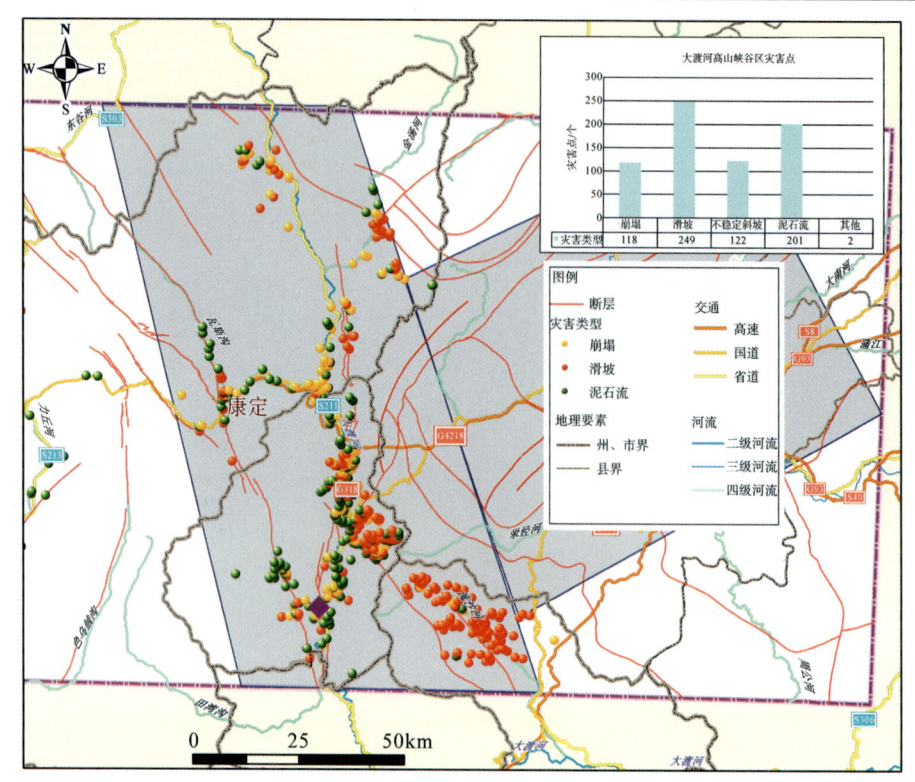

图 2.2-8　大渡河高山峡谷区地质灾害分布特征

(三) 雅砻江高山峡谷区

雅砻江高山峡谷区岩体变形以板(片)状变质岩类及松散堆积岩土体为主,层状碎屑岩类、块状岩浆岩类及层状碳酸盐岩类为辅,既有的地质灾害分布如图 2.2-10 所示。研究区内崩塌、滑坡(不稳定斜坡)、泥石流分别占 10.53%、55.06%、34.41%,以滑坡、泥石流为主,较少发育大型及以上地质灾害(表 2.2-4)。较大的灾害主要因构造与边坡的组合关系有利条件而发育,主要表现在构造作用形成的褶皱-碎裂岩体及顺向的板状、层状及片状结构的岩体中易形成较大的地质灾害。已有的地质灾害有唐古栋滑坡、草坪子滑坡等,通过现有的合成孔径雷达干涉测量(InSAR)技术在雅江县城下游识别出鲁日古滑坡、日阿古滑坡、日衣古滑坡、木恩古滑坡、中铺子村古滑坡、麻撒村古滑坡、阳山村古滑坡及独家村滑坡依然有轻微活动迹象。

表 2.2-4　雅砻江高山峡谷区大型(特大型)地质灾害

灾害点	经度/(°)	纬度/(°)	规模/10⁴m³	等级	发生时间(年-月-日)
康定市沙德镇俄巴绒二村次木让沟泥石流	101.458	29.782	25.00	大型	2016-08-01
雅江县河口镇三道桥村纳果沟泥石流	101.057	30.051	20.00	大型	2016-01-13
理塘县君坝乡俄河村108沟泥石流	100.298	30.479	65.70	巨型	2000-09-05

第二章 川西高原山区地质灾害发育分布特征

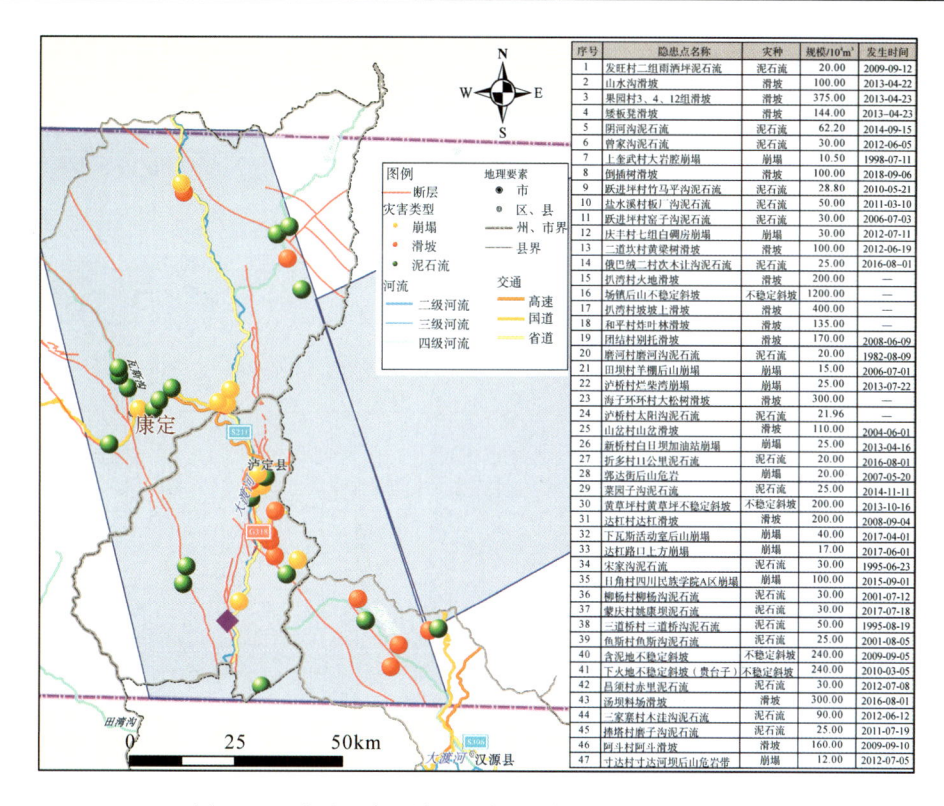

图 2.2-9 大渡河高山峡谷区大型(特大型)地质灾害分布

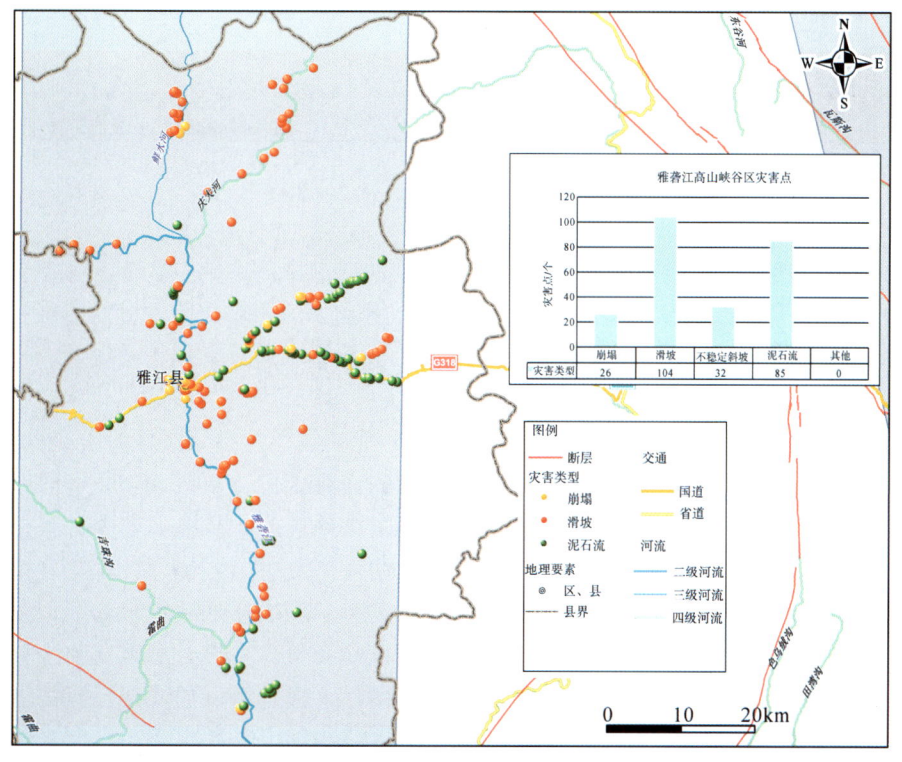

图 2.2-10 雅砻江高山峡谷区地质灾害分布特征

(四)金沙江高山峡谷区

金沙江高山峡谷区崩塌、滑坡(不稳定斜坡)及泥石流分别占9.73%、53.54%及36.28%，滑坡及泥石流较发育(图2.2-11)。其中，泥石流主要分布于巴塘—竹巴龙段，依次发育有波戈溪泥石流区、巴塘—金沙江泥石流区。

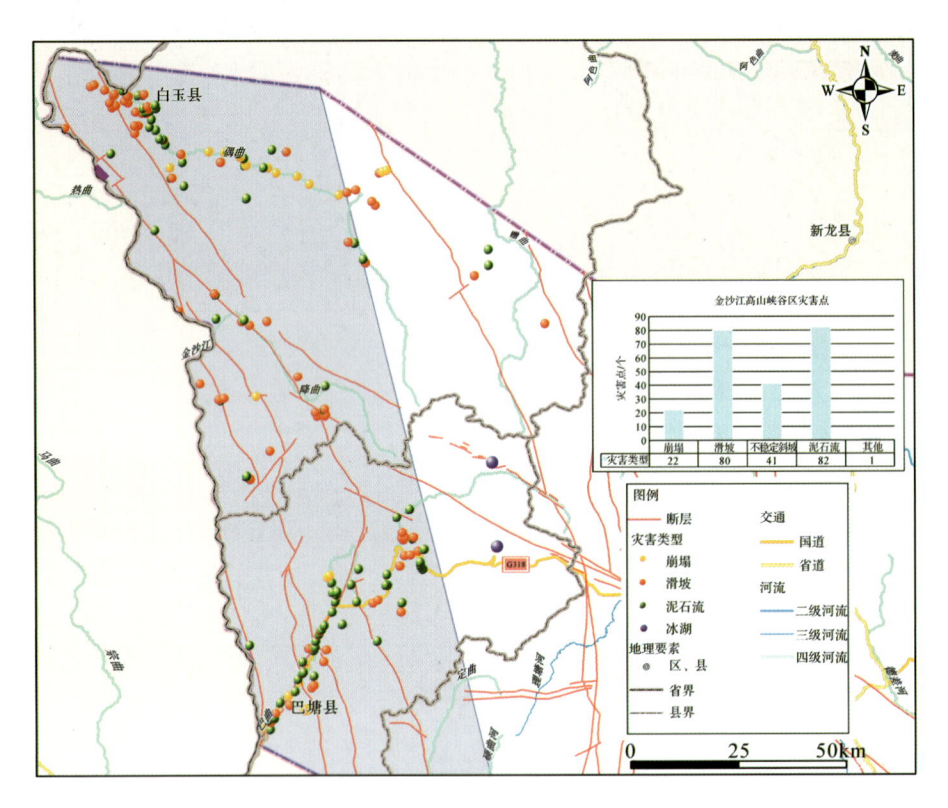

图2.2-11 金沙江流域地质灾害分布特征

2018年"10·11"白格滑坡的发生表明，金沙江沿岸高山峡谷区依然有发生未被发现的大型地质灾害，尤其在形成堵江灾害后形成灾害链，可能对川藏铁路的建设和运营带来潜在的威胁(图2.2-12)。白格滑坡灾害发生后，大量学者通过新技术及现场调查在金沙江流域展开监测研究发现依然有高位隐蔽型地质灾害发育。现有的线路优化规避了大部分已有的地质灾害，但金沙江沿岸的大型地质灾害形成的灾害链是该区域的研究重点。

结合既有的地质灾害详查数据与四川铁路段的详细走向分析表明，通过前期的线路优化设计，沿线已有的地质灾害已经获得了最大限度地规避。目前，较少有直接威胁铁路线安全的地质灾害存在，未发现直接威胁线路的大型灾害。当前，针对新建铁路的地质灾害防治建议如下：首先，对于隐蔽型的地质灾害，应加强地质灾害早期识别，并进一步对直接或间接威胁铁路运营期间安全的灾害风险评价；其次，对现有的大型地质灾害，应详细评估其可能引发的地质灾害链效应及条件，提出可行的降低风险的方案；最后，对于距铁路线路较近，但目前尚未直接威胁铁路线路安全的灾害点，应合理设计临时设施的工位及线路，尽量避免因工程建设使已有的地质灾害进一步发展，进而威胁施工线路及人员的安全。

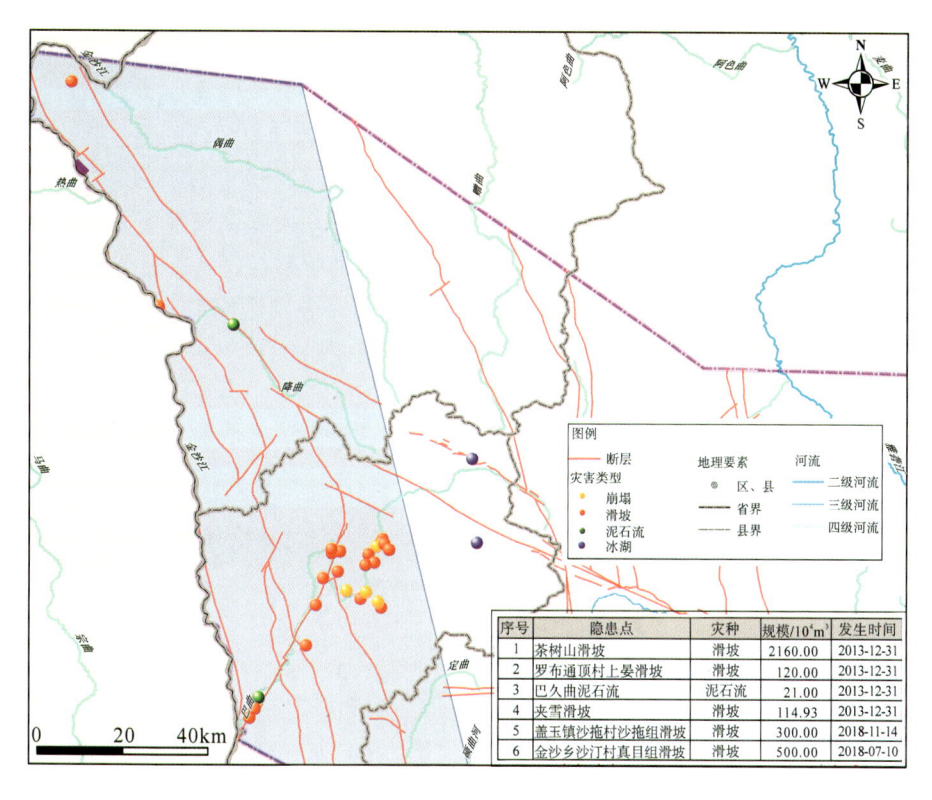

图 2.2-12　金沙江流域大型(特大型)地质灾害分布

第三节　小　　结

（1）川西山区地质灾害点多、面广、危害严重。川西山区 66 县在册及已销号的地质灾害隐患点有 16426 处，地质灾害类型以滑坡、泥石流、崩塌、不稳定斜坡为主，发育数量分别为 6411 处、5505 处、2562 处、1933 处，分别占地质灾害总数的 39.03%、33.51%、15.60%、11.77%。不稳定斜坡主要演化为滑坡和崩塌，分别为 1447 处、402 处，占不稳定斜坡总数的 74.86%和 20.80%。灾害规模上以中小型为主，其中，小型 10998 处、中型 4702 处、大型 628 处、特大型 98 处，分别占地质灾害总数的 66.95%、28.63%、3.82%、0.60%。威胁川西山区 100.67 万人的生命财产安全，其中，险情为特大型地质灾害达 92 处、大型 299 处、中型 3638 处。

（2）川西山区滑坡中以土质滑坡为主，达 5458 处，占滑坡总数的 85.13%，岩质滑坡 953 处，占 14.87%。发育于岷江中游理县—汶川—黑水、大渡河上游丹巴—小金县、大渡河中游泸定—石棉、雅砻江中游新龙—雅江段、金沙江上游白玉—德格高山峡谷段、下游会东—宁南段攀西红层地区等高山峡谷易滑地层。泥石流以沟谷型和坡面型为主，密集发育于岷江中游的理县至黑水，大渡河上游的丹巴—金川段、中游的泸定—石棉段，雅砻江中游的雅江—九龙段、支流安宁河流域，金沙江上游的巴塘—得荣段等高山峡谷强地震区。崩塌危岩体集中发育于川西山区茂县的东部和北部地区、汶川震区及理县周边、大渡河中下游、雅砻江中游等高山峡谷区。

(3) 川西山区地质灾害分布规律受孕灾条件控制显著，如受地形地貌、地层岩性、地质构造、岩土体类型、斜坡结构、降雨以及人类工程活动等孕灾条件的控制作用。地质灾害数量最多的为中山高山地貌，达9984处，大渡河断裂从数量、密度上均为最高，数量达930处，5km范围内分布密度达0.3279处/km^2，为地质灾害高易发区。以较硬的以变质砂岩、板岩或砂板岩互层为主的岩组、较弱-较坚硬的中厚层层状千枚岩、片岩、砂岩岩组、软弱的薄层状泥、页岩岩组中地质灾害最为发育，分别达5214处、2159处和1448处，分别占总数的31.74%、13.14%和8.81%。降水量等值线自川西山区西北向东南逐渐增大，地质灾害发育密度也逐渐增高。

第三章　川西高原山区典型地质灾害成灾机理

川西山区属青藏高原向东北延伸部分，北部为巴颜喀拉山脉，南部为横断山脉北段，河谷深切，岭谷高差向南逐渐增大，川西南的凉山一带，山间平地和宽谷较多。孕灾条件与地质灾害形成机理区域差异性大。本书围绕川西深切峡谷古滑坡、震区泥石流、重点城镇周边高位崩塌等地质灾害的成灾机理进行系统分析。

第一节　典型古滑坡复活特征与成因机制

(一) 滑坡概况

滑坡位于丹巴河段大金川河右岸河谷区，地形总体西高东低，滑坡后缘高程为2400m，前缘高程为1920m，相对高差为480m（郑万模等，2007；李明辉等，2014）。滑坡平面形态呈不规则"M"形（图3.1-1），其南侧边界和后缘中部为破碎的基岩山脊。剖面形态呈

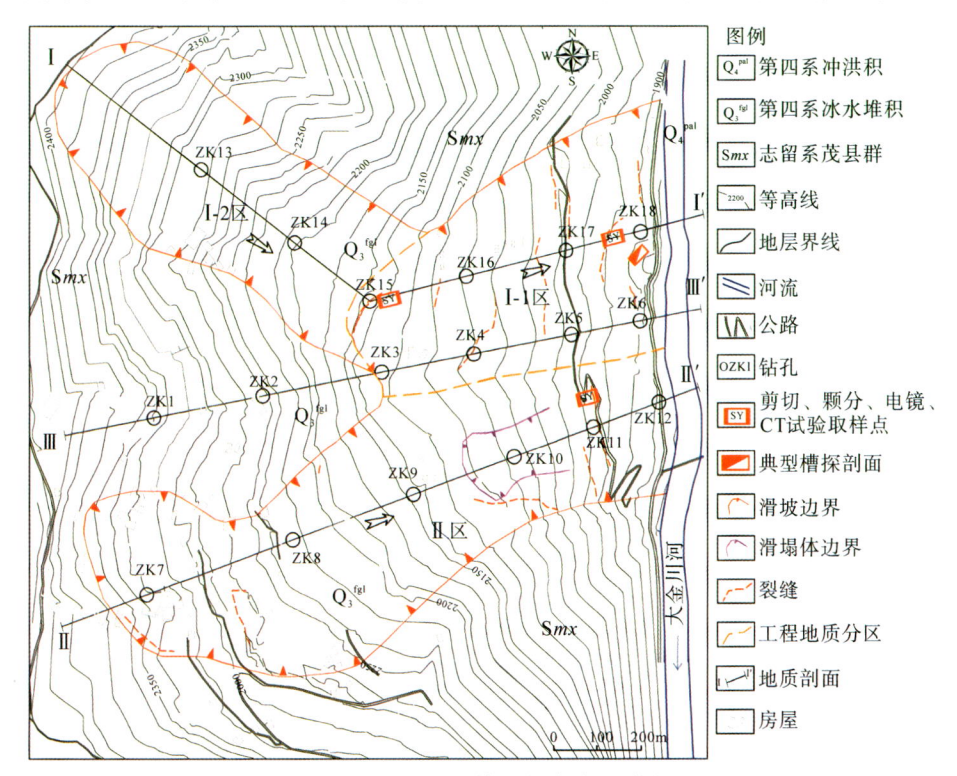

图 3.1-1　甲居滑坡工程地质平面图

阶梯状，坡体上发育多级台坎，前后陡，中部缓，平均坡度为21°，较滑前降低2°～5°。纵向(东西方向)长900～1200m，横向宽400～1000m，滑体厚22～140m，面积约为1.2km²，体积约为2640×10⁴m³，为一以大型牵引式堆积层古滑坡(白永健等，2011)。

(二) 滑坡早期识别

在对丹巴河段滑坡发育特征、分布规律、灾变特征、宏观空间结构特征和细观物质结构及力学特性进行研究的基础上，选取典型土石混合体滑坡甲居滑坡进行"空-天-地"多源影像早期识别及实例分析(图 3.1-2)。通过对历史多期次(2005 年、2013 年、2018 年)高精度遥感影像进行分析发现，滑坡经历多年累积变形破坏，其边界特征和变形破坏迹象逐渐清晰直观，滑坡体面积逐渐增大，滑坡体上人类活动(房屋、公路等设施)逐渐活跃，对滑坡扰动作用逐渐增强。

图 3.1-2　甲居滑坡遥感影像早期识别(1∶10000)

1. 遥感影像早期识别

滑坡体要素特征识别，滑坡在历史上发生过大规模滑动失稳，变形破坏迹象明显，滑坡体平面形态和几何要素在高精度影像上均可以进行识别。滑坡区植被发育，遥感影像颜色为深绿色，平面形态呈不规则"M"形。滑坡边界颜色浅，主要为灰色(老变形迹象)、灰白色(新近变形迹象)、黄褐色(最新变形迹象)；从地形上，滑坡体后缘至前缘可分为三个大平台，从变形破坏迹象可分为北侧和南侧两部分(图 3.1-3)。综合地形和变形迹象，滑坡体南侧可分为四级滑坡台阶，北侧可分为六级滑坡台阶。滑坡边界、滑坡壁、反倾洼地、滑坡体、滑坡台阶、滑坡舌(前缘)、冲沟等滑坡要素均可以有效识别，滑坡各要素遥感影像特征标志见表 3.1-1。

表 3.1-1　甲居滑坡滑坡体要素早期识别标志

编号	滑坡要素	影像标志位置	遥感影像识别特征
1	滑坡体边界	图 3.1-3A	老滑坡与复活滑坡都呈不规则状"M"形，后缘宽、前缘窄，地形整体呈"沙漏状"。后缘边界在遥感影像上可以从地形和数字高程模型(digital elevation model, DEM)直接识别，以斜坡陡缓相接处为界；两侧边界以微地貌凸出山脊为界，遥感影像清晰直观；前缘直抵大金川河
2	滑坡壁	图 3.1-3B	后缘滑坡壁由多条断续发育，且呈羽列状的拉张裂缝组成。影像上可见弧形、蛇形、陡坎状分段羽列状排列，颜色呈浅灰白色、褐色，棱状或带状阴影，长度为5～20m不等。两侧滑坡壁为高1～28m的陡坡，影像上呈深灰色，植被不发育，局部可见浅白色新近溜滑破坏现象

续表

编号	滑坡要素	影像标志位置	遥感影像识别特征
3	滑坡体	图 3.1-3C	整体呈不规则状"M"形,植被不发育处颜色为灰白色、黄褐色;植被发育处呈青灰色;主要由南侧和北侧两部分组成,南侧、北侧主滑方向分别为 53°和 83°。前缘滑坡体较厚,从前缘至后缘滑坡体逐渐变薄,人类活动也更加活跃
4	滑坡前缘	图 3.1-3D	在影像上可见该段河床变窄,河水湍急。灰白色 S211 公路呈蛇曲状,长 730m。斜坡上建筑物较少,以植被为主,可见平行河流发育的条带状植被
5	滑坡台阶	图 3.1-3E	滑坡体北侧清晰可见五级台阶地,弧形分布,斜坡上以植被为主(颜色以青灰色为主),仅在第二级、第四级台阶地上可见村民房屋(颜色以灰白色为主)。滑坡体南侧可见发育四级台阶地,除第二级外其余三级以耕地和房屋为主
6	冲沟	图 3.1-3F	滑坡体可解译出冲沟 3 条,在影像上表现为深灰色条带状,且沿冲沟植被发育。北侧冲沟从后缘贯穿滑坡体,中上部顺直,下部弯曲流入大金川河,长约 2620m,宽 0.8~5m。南侧冲沟从后缘贯穿滑坡体,中上部顺直,高程 2060m 附近分流为两条冲沟,流入大金川河,长 1840~1650m,宽 0.8~4m
7	反倾洼地	图 3.1-3H	呈带状或不规则形分布,颜色为灰白色,分布在滑坡前缘、中部,多处被居民开垦为耕地或修建水池

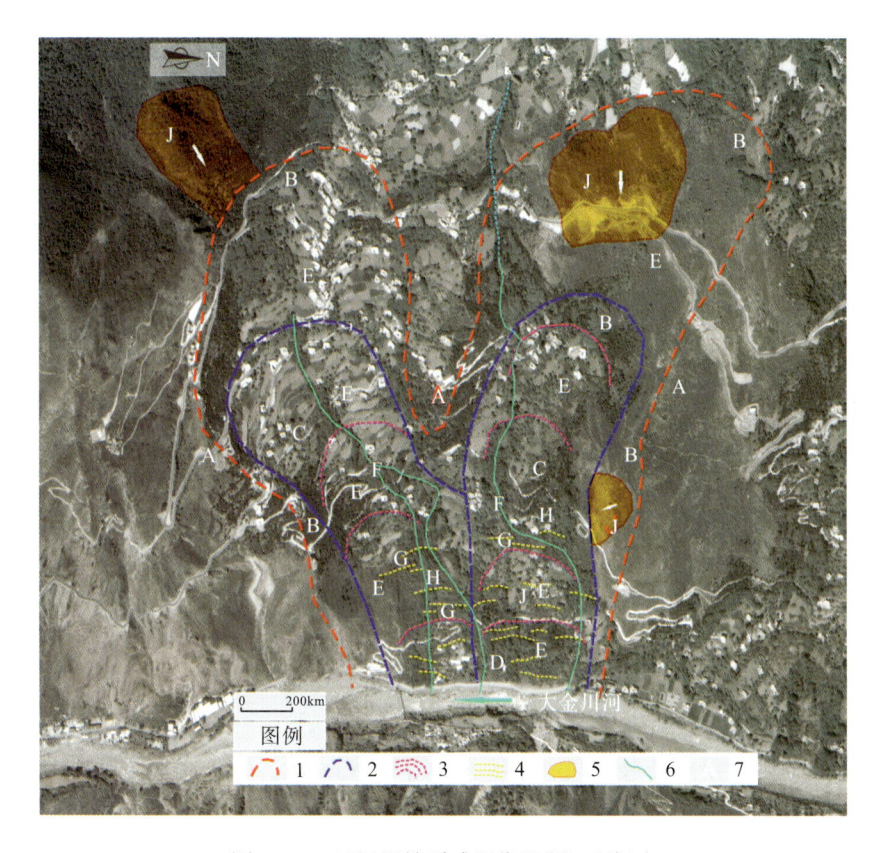

图 3.1-3 甲居滑坡遥感影像早期识别标志

1-滑坡边界;2-次级复活滑坡;3-多级台阶地边界;4-拉张裂缝;5-局部崩滑体;6-冲沟;7-识别标志

2. InSAR 早期识别

高分辨率合成孔径雷达(SAR)影像可以更好地对深切河谷地表细节进行精细刻画,在空间上获取更多的有效点目标进而充分反映土石混合体滑坡的空间形态和范围。通过小基线集合成孔径雷达干涉测量(small baseline subet InSAR，SBAS-InSAR)技术，利用2017年9月至2018年12月C波段Sentinel-1升轨卫星数据，在数据处理过程中还使用了精密轨道(precise orbit determination，POD)数据对轨道信息进行纠正，同时采用日本宇宙航空研究开发机构(Japan Aerospace Exploration Agency，JAXA)制作的ALOS 3D 30m空间分辨率的DEM。对大渡河丹巴县甲居镇至格宗镇段深切河谷段开展了InSAR早期识别，对研究区内形变异常区域中心下滑速率大于60mm/a的位置点进行聚类提取，共得到42个滑坡隐患点，变形较为明显的滑坡为甘海子滑坡、甲居滑坡群、五里牌社区滑坡、宋达村滑坡等，具体空间分布如图3.1-4所示。

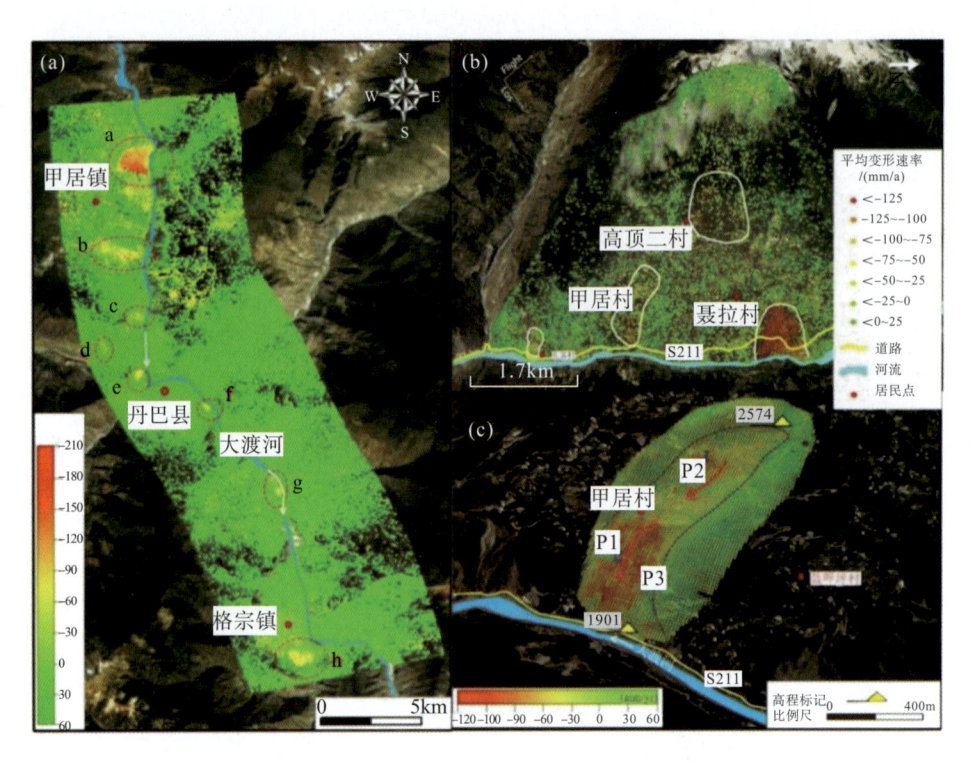

图3.1-4 大渡河丹巴河段滑坡InSAR早期识别

注：左侧图例表示坡体形变速率，mm/a

InSAR识别出甲居滑坡群强形变区有三处，分别为甲居滑坡、高顶二村滑坡、聂拉村滑坡，最大形变速率达125mm/a，如图3.1-5所示。甲居滑坡形变集中区可分为后缘弱形变Ⅰ区和中下部强形变Ⅱ区，强形变区形变速率在80～100mm/a，而Ⅱ区最大形变速率达120mm/a，集中在斜坡坡肩附近区域，如图3.1-1所示。同时，也有学者分别采用永久散射体InSAR(permanent scatter InSAR，PSI)、小基线集InSAR(SBAS-InSAR)、相干散射体InSAR(coherent scatterer InSAR，CSI)三种时序InSAR分析方法对PALSAR数据集进行处理(张路等，2018)，得到的平均形变速率图如图3.1-6所示。甲居滑坡变形区相对于2006年现场勘查实地调查滑坡边界(图中黑色线)有明显扩大趋势(图3.1-6)。

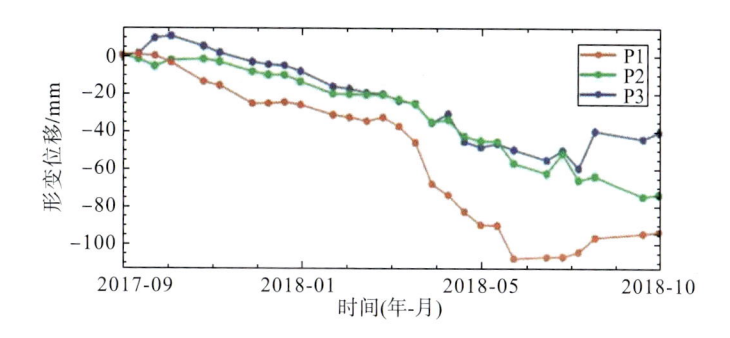

图 3.1-5 甲居滑坡形变特征点及形变时序

注：P1～P2 为 InSAR 形变观测点

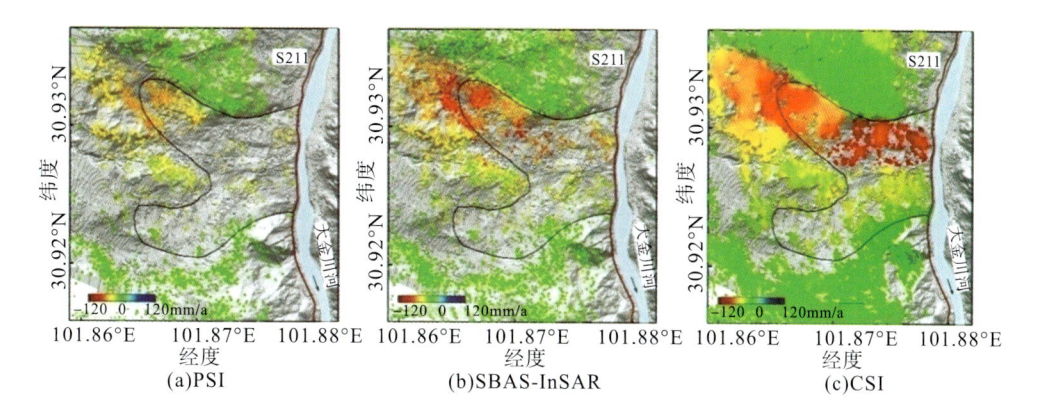

图 3.1-6 InSAR 技术对深切河谷的早期识别（据张路等，2018）

(a)、(b)、(c) 三种时序 InSAR 分析方法得到的甲居滑坡平均形变速率

（三）滑坡变形特征

根据滑坡体变形破坏特征、滑移运动过程及监测资料分析可将滑坡区划分为北部强变形区（Ⅰ）和南部弱变形区（Ⅱ）两个区域（图 3.1-1）。

Ⅰ区为滑坡北侧强变形区，该区前缘直抵大金川河，后缘以滑坡失稳形成的拉裂下错陡坎及影响带为界，滑体地形呈阶梯状，前缘陡后缘缓，自然坡度为 15°～20°，前缘宽约 583m，后缘宽约 331m，纵长 1562m，厚 25～71m，体积约为 1440×10⁴m³，主滑方向为 83°。Ⅰ-1 区受前缘修建公路开挖和河水侵蚀作用形成高 15～30m 的陡坎，坡度为 35°～40°，滑坡产生大规模向下滑动失稳后，阻塞大渡河过水断面。滑坡体上可见多处延伸 3～5m 的拉张裂缝和高 3～6m 的错落陡坎，后缘形成高 3～15m 的滑坡壁（白永健等，2011）。受Ⅰ-1 区向下滑移牵引，变形继续向后部坡体扩展，产生大量的裂缝并逐渐贯通，形成Ⅰ-2 区次级滑体，主滑方向为 127°。

Ⅱ区为滑坡南侧弱变形区，平面形态呈不规则长方形，前缘直抵大金川河，后缘为上部通村公路，前缘和后缘较陡，中部为缓坡状，自然坡度为 18°～32°。该区前缘宽约 384m，后缘宽约 362m，纵长 1080m，滑体厚 18～26m，体积约为 1200×10⁴m³，主滑方向为 53°。滑坡在变形破坏过程中产生多条拉张裂缝，缝宽 5～15cm、长 10～30m、深 30～60cm（白永健等，2011)。在滑坡体上多处房屋墙壁发育裂缝及深 0.3~2m 的塌陷坑道。

(四) 滑坡体结构特征

滑坡体为上更新统冰碛堆积和第四系滑坡堆积、冲洪积等堆积体构成的混杂堆积体，在剖面上具有自下而上的层次性和厚度由后缘向前缘递增的变化(图 3.1-7)。堆积体内部结构已基本解体，呈破碎岩块堆积状，上部以细颗粒碎石土为主，透水性弱；下部以块石土和碎石土为主，透水性强。物质成分从新到老依次为：$Q_3^①$中细砂层，夹少量的碎块石，主要矿物为二云英片岩及粉砂质黏土，稍密；$Q_3^②$块石夹中细砂土层；$Q_3^③$碎块石夹中砂土层；$Q_3^④$块石夹中粗砂土层。其中 $Q_3^②$ 与 $Q_3^④$ 块石土层，块石含量为 30%~45%，块径为 5~15cm，架空现象明显，易构成滑坡失稳的潜在软弱层带。

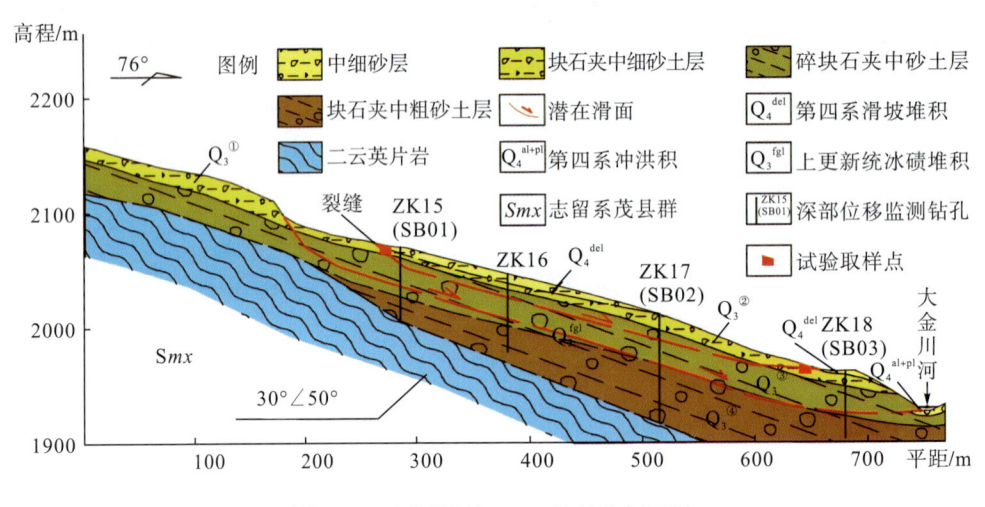

图 3.1-7 甲居滑坡 III-III′体结构剖面图

据钻探揭示，滑坡体前缘厚，最厚达 100m，可以分为上部和下部两大类。上部以碎石土、细砂土及粉砂质黏土为主，厚 22~45m，透水性弱；下部以块石土和巨块石土为主，透水性强。上部浅表层受地形地貌控制和人类工程活动的影响，碎石土中产生多级多期次圆弧状滑动；深部受滑坡体物质结构差异性和大金川河水汛期升降影响，碎石土和块石土之间产生多级多期次圆弧形滑动。滑坡后缘土石混合体厚 15~25m，前缘土石混合体发生大规模滑动，而牵引后部土石混合体沿基覆界面滑动。滑坡两侧及中部山脊基岩出露，以志留系茂县群(Smx)二云英片岩夹大理岩为主，夹薄至中厚层变粒岩及大理岩，产状以北东、北西倾向为主，倾角为 35°~60°，强风层厚为 8~13m。

研究区甲居滑坡、莫洛滑坡的滑体为典型层状土石混合体，该类土石混合体坡体结构在剖面上具有自下而上的层状叠置和由后缘向前缘厚度递增的变化。浅表层主要为碎石夹粉砂质黏土，中下部为块石土，块石粒径从地表至基覆界面逐渐增大，具有多层结构，架空现象明显，局部有黏土填充，形成软弱结构面。根据堆积体内似层理面与临空面倾向的关系，可分为顺倾层状、反倾层状、斜交层状等多种坡体结构型式斜坡。坡体结构特征可表述为"上软—中较软—下硬"三层类均质岩土体斜坡(Indrawan et al., 2006)。

(五)滑坡灾变过程分析

1. 古滑坡形成演化过程分析

深切河谷大型土石混合体滑坡的形成是多种因素耦合作用的结果，其发育与地表隆升、河谷演化、新构造运动、暴雨洪水及长期的地质作用等密切相关(Deyanova et al., 2016)。依据滑坡变形破坏特征和演化过程，灾变过程可划分为 4 个阶段(图 3.1-8)。

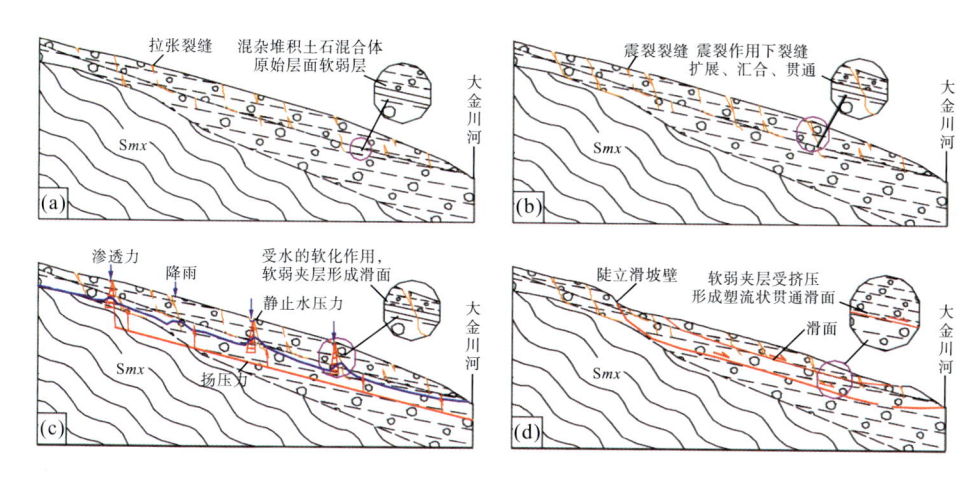

图 3.1-8　甲居滑坡形成演化过程示意图

1) 原始土石混合体斜坡

如甲居斜坡，主要由冰川及冰雪融水、冲洪积、崩滑流堆积物混杂堆积组成，由块碎石和砂土混合构成，土石混合体在重力作用下因差异性蠕变，致使其浅表层甚至坡体内形成主要沿斜坡走向发育的裂缝。这些裂缝以及不同时期不同成因堆积体原始堆积层面构成土石混合体内软弱不连续层面雏形。现场调查斜坡发育两组优势裂缝：①陡倾坡外 28°～60°∠45°～70°；②顺层缓倾坡外 18°～55°∠25°～40°。在长期地质作用下，斜坡后缘及坡肩带产生陡倾裂缝—拉张裂缝—陷落槽的演化过程，坡肩带逐步形成应力集中区[图 3.1-8(a)]。

2) 土石混合体结构卸荷劣化

深切河谷在演化过程中，斜坡受地震作用和河水侵蚀，侧向应力解除，应力状态发生变化，应力量值自内部至表部逐渐降低，在浅表部出现应力降低区，甚至出现拉应力集中区。随着河谷不断下切，斜坡土石混合体最大主应力方向逐渐转变为平行斜坡面，在土石混合体中发育多组与斜坡面平行的陡倾裂缝(40°～65°∠45°～60°)。在自重应力作用下，斜坡浅表部出现新的拉张裂隙，拉张裂隙向深部土石混合体中延伸、扩展、汇合、贯通。斜坡原始稳定结构发生裂解劣化，软弱层面初步形成[图 3.1-8(b)]。

3) 土石混合体遇水软化蠕滑

地表水和地下水对土石混合体产生物理化学作用。①区域内土石混合体主要为高渗透性土石混合体，水对土石混合体内微裂隙扩展、聚集和破裂的渗透作用明显。渗透作用导致裂隙扩展力加大，裂隙间相互作用导致滑坡体内部结构自行调整，同时，致使裂隙扩展所需的远场应力和形变减小，从而加剧破坏速度并改变扩展部位和方向(张磊等，2016)。②水增加地表松散土石混合体重度，在土石混合体中形成孔隙动静水压力，软化初期存在不连续软弱层面。③地下水位上升，形成渗透压力，承压水沿破碎滑带形成浮托力；并且，土石混合体结构在劣化后，后缘及坡肩带拉陷槽和拉张裂缝在降雨和地下水位升降作用下，使上部土石混合体经历饱水—失水多次交替循环后发生软化、泥化，强度降低。拉张裂缝在重力作用下产生应力集中，与土石混合体内原始堆积潜在的不连续层面追踪组合，形成层间剪切带。部分土石混合体软化、泥化为土，在长期蠕变作用下，层间剪切带逐渐演化为滑带，形成结构疏松、颗粒大小不均、定向排列、强度较低的泥化软弱夹层，形成多个深部潜在滑面[图 3.1-8(c)]。

4) 降雨诱发失稳

土石混合体斜坡在强降雨及前缘河水侵蚀作用下，已错位并相对被分割的土石混合体沿下部已完全贯通的软弱层面发生快速滑移、倒塌、解体直至失稳破坏。软弱层面完全泥化形成滑动带。特别是在暴雨后，斜坡对降雨响应过程中形成的暂态饱和区是滑坡体内易滑区，最先产生滑动失稳。在滑移过程中伴随倒塌、解体，后缘拉陷槽形成高陡滑坡壁。滑动过程中，滑体各部分存在速度差，导致滑体在薄弱部位产生拉裂，形成多级台阶地[图 3.1-8(d)]。经历过快速滑移变形的土石混合体块石叠置架空结构明显，有利于地下水入渗、径流、潜蚀，块石风化加速，块石在滑移变形的同时发生再解体、压密变形(Bogado and Francisca, 2019)。随着时间的延续，胶结性较好的土石混合体逐步解体为碎石、块石，大量碎石"挤入"滑带土中，改善滑带土强度，使滑床抗滑力增大，滑坡趋于稳定。

2. 复活滑坡灾变过程分析

2004 年，随着甲居藏寨旅游的开发，古滑坡体前缘 S211 公路的修建、大量修建房屋和通村公路开挖斜坡，增大了斜坡的坡度，形成了良好的临空条件，使斜坡原有应力条件改变，破坏了斜坡的极限平衡稳定状态，引起斜坡变形加剧，变形过程可分为以下两个阶段。

1) 滑坡加剧变形

古滑坡堆积体前缘受河水侵蚀和人类工程活动作用形成高陡临空面，产生局部滑动失稳。滑床基岩为志留系茂县群(Smx)二云英片岩夹大理岩为主，属于易发地层，滑坡两侧及后缘边界附近主要产生沿基覆界面的滑动失稳。而古滑坡体前缘土石混合体较厚，在前缘大金川河水位升降作用下，斜坡前缘土石混合体内潜在软弱层面在地下水作用下逐步演化为潜在滑带。松散的古滑坡堆积体在降雨、灌溉水入渗和房屋加载等作用下沿软弱层面发生蠕滑变形。

2) 河水位升降诱发

汛期滑坡前缘土石混合体坡脚被浸没，受浸泡的土石混合体内潜在滑带被软化、泥化，抗滑力降低。同时河水水位频繁升降，滑坡前缘(阻滑段)受浮托力和坡体内外地下水落差形成的动水压力作用，抗滑力减小，稳定性降低，岸坡失稳破坏，岸坡后移，诱发古滑坡大规模复活(图 3.1-9、图 3.1-10)。受诱发因素的影响，滑坡局部复活，处于浅表层快速变形失稳破坏和前缘深层蠕滑变形阶段,变形破坏表现为浅表层滑移—拉裂失稳破坏和深层蠕滑—拉裂缓慢变形的复合模式(白永健等,2011)。

图 3.1-9 甲居滑坡前缘汛期水位　　　　图 3.1-10 甲居滑坡前缘河水位

大渡河上游丹巴县位于青藏高原东缘地形急变带内,鲜水河和龙门山断裂的交会处。新构造运动活跃,地形切割强烈、地层岩性复杂,降雨集中,以及人类工程活动在漫长的地质演化过程中形成了多个大型、特大型古滑坡。丹巴县县城周边深切河谷存在诸多古滑坡,如丹巴县城、梭坡古碉群、甲居藏寨、中路乡藏寨分别坐落于丹巴县建设街滑坡、莫洛滑坡、甲居滑坡和中路滑坡等特大型滑坡体上(图 3.1-11),其稳定性是地质灾害防治中极为关注的重要工程地质问题(白永健等,2011)。因此,对丹巴县县城周边深切河谷发育的 23 处大型、特大型古滑坡的坡体结构和复活变形破坏特征进行了现场实地调查,分析了深切河谷演化过程、滑坡体成因及改造过程、滑坡复活灾变规律等。

图 3.1-11 大渡河上游典型古滑坡分布图

第二节　典型震后泥石流成因机制与活动性特征

一、强震区泥石流概况

强震区泥石流指强震发生后，在强震影响区内发生的泥石流事件。强震指震级大于或等于 6 级，是能造成严重破坏的地震。其中，震级大于或等于 8 级的又称为巨大地震。川西地区在 2008～2022 年共发生 5 次强震事件：2008 年"5·12"汶川 8.0 级地震、2013 年"4·20"芦山 7.0 级地震、2017 年"8·8"九寨沟 7.0 级地震、2022 年"6·1"芦山 6.1 级地震和 2022 年"9·5"泸定 6.8 级地震(图 3.2-1)。其中，2008 年 5 月 12 日后在汶川地区内发生的泥石流为典型的强震区泥石流。下面以汶川县强震区泥石流为例，重点介绍泥石流的成因机制与活动性特征。

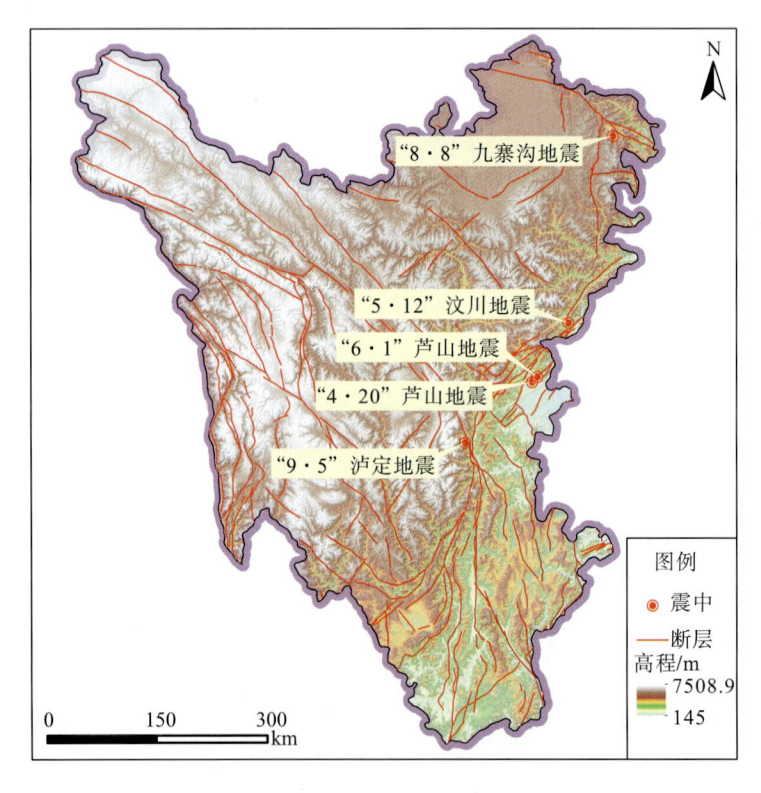

图 3.2-1　川西地区 2008～2022 年主要强震分布图

强震对泥石流的主要影响是同震崩滑体为泥石流提供了丰富的物源，这些松散物源极易在强降雨条件下发生失稳或被径流侵蚀，进而启动形成泥石流。2008 年"5·12"汶川地震共诱发同震崩滑体达 19.7 万个(Xu et al., 2014)，2008～2022 年间，汶川地区每年都发生泥石流事件，这些泥石流事件具有群发、溃决、急陡沟道和隐蔽的特征。

群发性是强震区泥石流的主要特征。2008~2022 年间，汶川地区共发生三次群发性泥石流事件，分别为 2010 年的"8·13"事件、2013 年的"7·10"事件和 2019 年的"8·20"事件。三次群发性泥石流事件中暴发泥石流的流域分布如图 3.2-2 所示。三次群发性泥石流事件对当地居民、交通、建筑等造成了严重的损害。

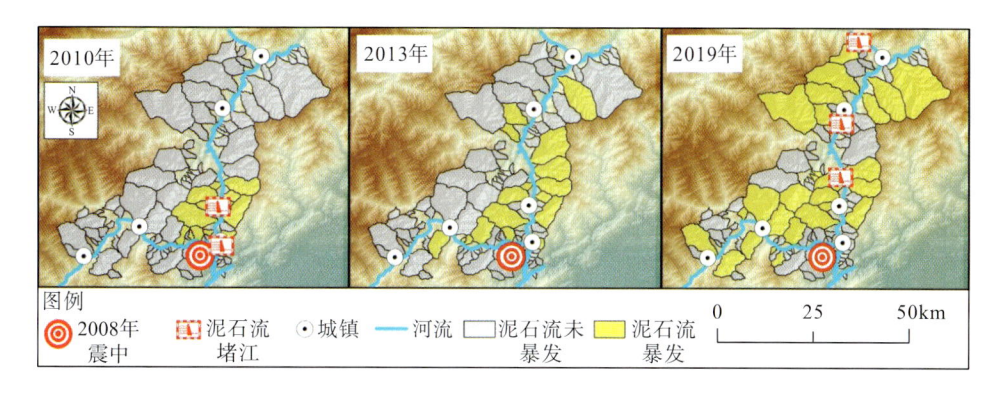

图 3.2-2　汶川县强震区群发性泥石流事件中暴发泥石流的流域分布图

溃决型泥石流是强震区常见的泥石流类型，它是由沟道内堰塞湖溃决洪水导致的泥石流。强震诱发的同震崩滑体堆积在沟道中，形成小型堰塞湖。在强降雨条件下，沟道径流流量增大，堰塞湖可能发生溃决，进而放大沟道径流量，启动灾难性泥石流事件。

2013 年 7 月 11 日汶川县威州镇七盘沟发生特大型溃决型泥石流，冲出固体物质总量约为 $78.2\times10^4\text{m}^3$（图 3.2-3），泥石流造成 8 人死亡，6 人失踪，经济损失达 4.15 亿元（方群生，2017）。七盘沟内共发现 4 处沟道堵溃点，其中一处沟道堵溃点的泥石流前后情况如图 3.2-4 所示。

图 3.2-3　汶川县七盘沟 2013 年"7·11"泥石流堆积区（Zhu et al.，2015）

图 3.2-4　汶川县七盘沟 2013 年 "7·11" 泥石流前后沟道堰塞湖对比图(Zhu et al., 2015)

急陡沟道泥石流是汶川震区常见的一种特殊泥石流,具有物源丰富、侵蚀强烈、冲出规模大的特点(李宁,2020),其平均纵坡降比通常大于 400‰(屈永平和肖进,2018)。也有学者称之为窄陡型泥石流沟。急陡沟道泥石流是介于沟谷型泥石流和坡面型泥石流之间的一种泥石流类型,既具有沟谷型泥石流明显的形成区、流通区和堆积区,又具有坡面型泥石流地形陡峻的特点。其自身表现为侵蚀搬运能力强、冲出规模大的特点。

汶川县绵虒镇瓦窑沟为急陡沟道泥石流的典型代表,其流域面积为 11.7km²,沟道平均纵坡降比为 646‰,流域全貌如图 3.2-5 所示。2013 年 7 月 10 日,在强降雨条件下,瓦窑沟暴发灾难性泥石流事件,约 14.1×10⁴m³ 的固体物质冲出沟口形成堆积扇。泥石流共淹没了 27 间房屋,并堵断了 213 国道。

图 3.2-5　汶川县瓦窑沟 2013 年 "7·10" 泥石流全貌图(Zhang et al., 2022b)
(a)流域全貌图;(b)沟道侵蚀;(c)沟口堆积扇

隐蔽型泥石流是在汶川震区一种危害性极大的泥石流类型，其隐蔽特征指泥石流沟在汶川震后泥石流高发期内未暴发泥石流，因此未对其进行重点的防治。但在汶川地震震后11年(2019年)暴发大型泥石流事件，对沟口的居民、房屋、道路等造成灾难性的损害。

汶川县板子沟、登溪沟、下庄沟、龙潭沟等是隐蔽型泥石流的典型代表。以登溪沟为例，2019年8月20日，在强降雨条件下，汶川县登溪沟在2008年"5·12"汶川地震后首次暴发灾难性泥石流事件，冲出固体物质总量达 $30×10^4m^3$(丰强等，2022)，导致下游沟口2处房屋被完全掩埋，8处房屋被部分损坏，沟口都汶高速被掩埋(图3.2-6)。

图3.2-6 汶川县登溪沟2019年"8·20"泥石流沟口灾损图

二、强震区泥石流成因机制

(一)启动机制

强震区泥石流启动方式主要分为两种：一种是坡面物源在降雨条件下失稳滑动，加入沟道后转化为泥石流，即坡面启动；另一种是沟道物源在强烈的径流条件下冲刷侵蚀，进而启动泥石流，即沟道启动。

在汶川地震后前几年，泥石流启动方式以坡面启动为主，其中典型代表为汶川县映秀镇红椿沟泥石流。2010年7月13日，在强降雨条件下，红椿沟流域上游滑坡堆积体被侵蚀破坏[图3.2-7(a)]，多处发生了浅层滑坡。这些浅层滑坡大多为土壤和碎石土，这些松散物质进入沟道，与沟道径流混合，进而启动形成泥石流。

在汶川地震约十年后，泥石流启动方式以沟道启动为主，其中典型代表为汶川县绵虒镇板子沟泥石流。在板子沟流域，汶川地震诱发了大量的同震崩滑体，一些崩滑体后缘为基岩裸露面，这些裸露基岩面为快速产流提供了有利条件。2023年6月26日，在强降雨条件下，裸露基岩面快速产流，冲刷侵蚀下部沟道内的堆积物源，进而启动形成泥石流。图3.2-7(b)展示了板子沟支沟沟道启动示意图。

(a) 2010年7月13日红椿沟泥石流上游滑坡侵蚀启动示意图(Tang，2011)

(b) 2023年6月26日板子沟泥石流支沟沟道启动示意图(张宪政等，2023)

图 3.2-7　强震区泥石流启动位置图

(二) 物源补给

强震区泥石流物源补给主要来源于同震崩滑堆积体。一部分同震崩滑堆积体堆积在坡面上，称为坡面物源，在强降雨条件下可能发生失稳，进入沟道参与泥石流的运动。在常遇降雨条件下，可能发生浅层侵蚀，进入沟道并沉积下来，转变为沟道物源。一部分同震崩滑堆积体堆积在沟道中，称为沟道物源，在强烈沟道径流侵蚀作用下，参与泥石流的运动。

在汶川地震后的前几年，泥石流的主要物源补给为坡面物源和沟道物源。原因如下：一是坡面物源结构松散，几乎无植被覆盖，抗侵蚀能力极差，因此在强降雨条件下，坡面物源极易被侵蚀或失稳滑动，参与泥石流的运动；二是沟道物源结构松散，且部分堵塞河道形成堰塞湖，在强烈沟道径流冲刷作用下，沟道极易侵蚀启动，参与泥石流的运动。

在汶川地震约十年后，泥石流的主要物源补给向沟道物源转变，以汶川县绵虒镇簇头沟为典型代表，2019 年 8 月 20 日在强降雨条件下，暴发灾难性泥石流事件。研究结果表明，泥石流在主沟道和沟口堆积的总体积为 $1.1×10^6 m^3$，泥石流在主沟道的侵蚀体积为 $6.5×10^5 m^3$，因此推测大约有 $4.5×10^5 m^3$ 的固体物质来源于支沟侵蚀和滑坡。这表明本次泥石流事件中，沟道物源为泥石流提供了一半以上的固体物质。沟道物源侵蚀速率如图 3.2-8 所示。

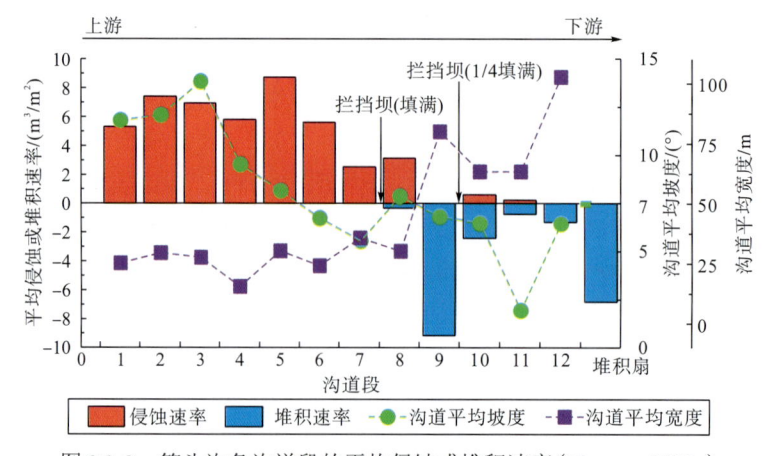

图 3.2-8　簇头沟各沟道段的平均侵蚀或堆积速率(Zhang，2022a)

注：图中标注了 2019 年泥石流暴发前拦挡坝的库容情况；平均侵蚀或堆积速率(m^3/m^2)由沟道段的侵蚀或堆积体积除以沟道面积得到

(三) 降水量阈值

汶川强震区泥石流属于降雨诱发型泥石流,因此泥石流降水量阈值是强震区泥石流预测预报的重要研究内容。目前确定泥石流降水量阈值的方法主要有两类:一是基于泥石流形成机理,通过建立泥石流形成过程物理模型,推算出泥石流暴发所需的降雨条件;二是利用统计学方法,基于历史诱发泥石流的降雨数据进行统计分析,建立泥石流降水量阈值经验公式(郭晓军,2015)。由于泥石流启动机理及其过程复杂,目前常采用统计学方法确定泥石流降水量阈值。

汶川强震区泥石流降水量阈值具有以下特征:一是地震后降水量阈值相比震前显著降低,而后逐渐恢复到震前水平,这与中国台湾集集地震影响区泥石流降水量阈值特征一致(图3.2-9)(Fan et al.,2019b);二是随着时间的推移,汶川强震区泥石流降雨具有短历时强降雨的特点,这在2019年群发性泥石流事件(Zhang et al.,2022a)和2022年板子沟泥石流(张宪政等,2023)事件中均有发现;三是学者通过对汶川强震区泥石流降水量阈值数据统计发现,流域面积较大的流域降水量阈值大于研究区全部流域降水量阈值(Guo et al.,2016)。

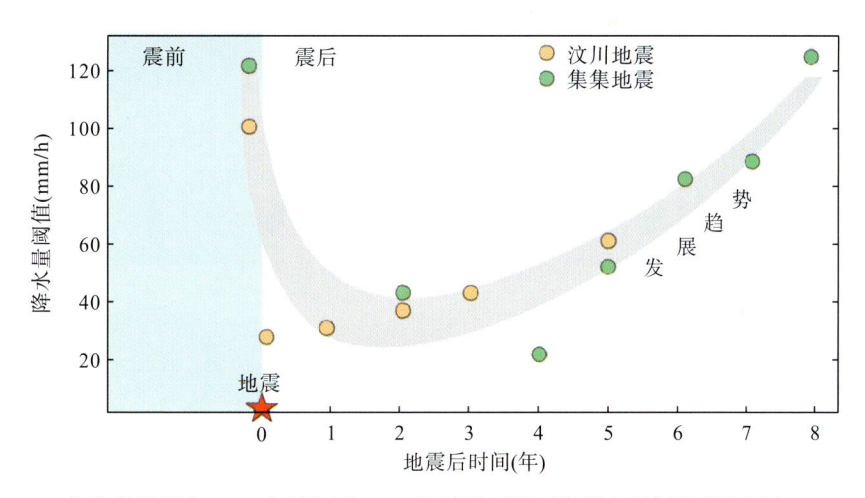

图3.2-9 1999年集集地震和2008年汶川"5·12"地震后泥石流降水量阈值变化图(Fan et al.,2019b)

三、强震区泥石流活动性特征

强震区泥石流活动性特征的两个主要研究方向为物源活动性演变特征和泥石流活动性演变特征。物源活动性演变特征研究主要以泥石流物源为研究对象,通过多期遥感影像分析物源活动性演变规律。泥石流活动性演变特征的主要研究对象为泥石流事件,主要通过统计学方法分析泥石流频率、分布和输沙量等活动性演变特征。

(一) 物源活动性演变特征

物源活动演变特征研究方法主要基于多期遥感影像。早期有关汶川震区泥石流物源活动性的研究为基于多期光学遥感影像,通过人工解译划定物源活动等级,然后统计得到区域泥石流物源活动性演变规律(Tang et al.,2016; Zhang and Zhang,2017; Fan et al.,2019a)。

后来学者基于多期多光谱影像，通过自动计算归一化植被指数(normalized differential vegetation index，NDVI)，然后统计得到区域泥石流物源植被恢复规律(图 3.2-10)，进而推测泥石流物源(滑坡)活动性演变规律(Yunus et al.，2020；李明威等，2023)。

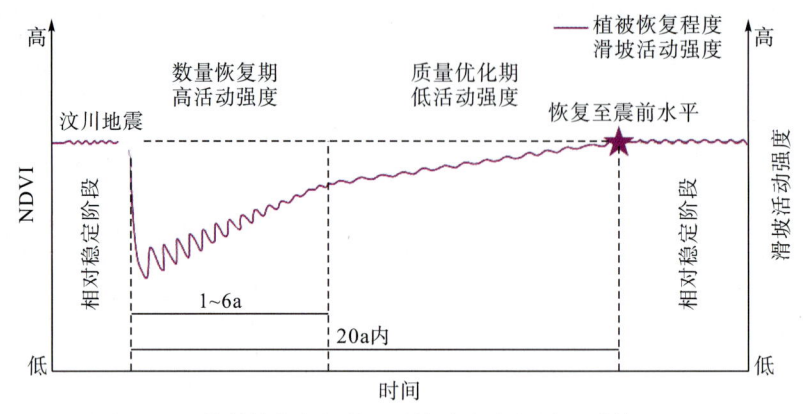

图 3.2-10　植被恢复与滑坡活动性动态响应(李明威等，2023)

汶川强震区泥石流物源活动性整体呈现震荡衰减趋势。虽然研究方法不同，但多数研究表明，汶川强震区泥石流物源活动性整体呈现震荡衰减趋势。物源活动性演变同研究区岩性、气候、降水量、植被种类等多种因素相关，多种因素导致泥石流物源活动性存在时空差异性特征。图 3.2-11 展示了汶川县泥石流物源活动性演变规律，由于汶川县南北气候差异较大，其平均年降水量较大的南部泥石流物源活动性衰减速度明显高于平均年降水量较小的北部。

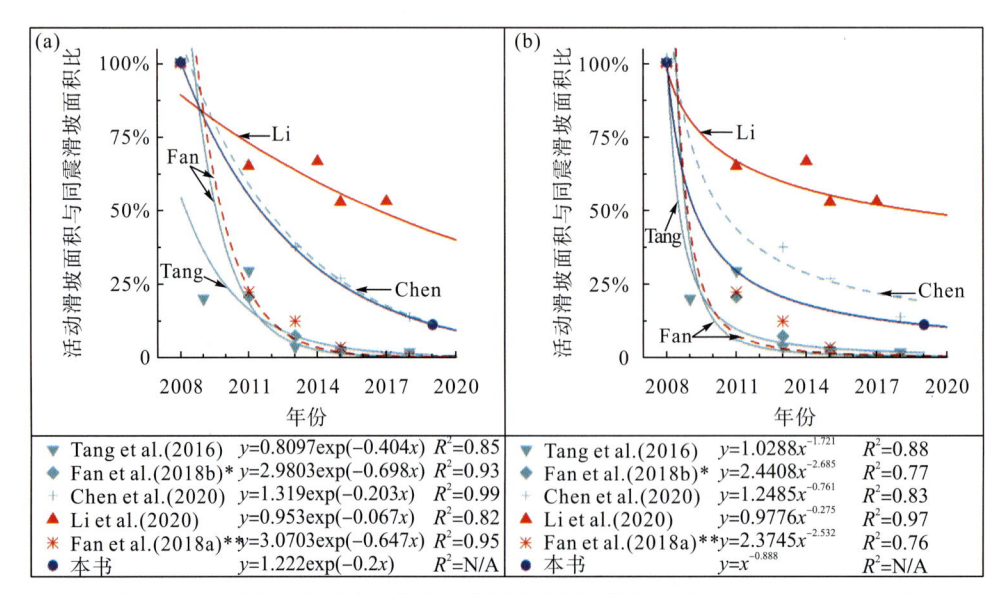

图 3.2-11　同震滑坡活动衰减指数函数拟合和幂函数拟合图(Zhang et al.，2022a)
(a)指数函数拟合图；(b)幂函数拟合图；*表示该地区的平均年降水量超过 800mm；**表示该地区的平均年降水量少于 800mm；R^2=N/A 表示样本量不足导致模型不可靠

(二)泥石流活动性演变特征

汶川强震区泥石流活动性按照研究区域可分为单沟泥石流活动性和区域泥石流活动性。单沟泥石流活动性是以某一条强震区泥石流沟为研究对象，基于多期历史详细调查数据，分析泥石流的物源补给、降水量阈值、冲出规模等特征，总结其活动性演变规律。区域泥石流活动性是以某一区域内的多条泥石流沟为研究对象，基于多期调查数据，从多种影响因子分析强震区泥石流活动性演变规律。

强震区单沟泥石流活动性演变特征主要包括：①泥石流物源补给由坡面物源向沟道物源转变，冲出固体物质粒径级配有粗化趋势，频率和规模有减小趋势(Fan et al.，2018；Li et al.，2021)；②触发泥石流降水量阈值正逐步恢复到震前水平，这与物源耗竭、植被恢复和沟道物源表层颗粒粗化有关(Domènech et al.，2019)。

区域泥石流活动性整体呈现震荡衰减趋势。学者通过统计汶川震区 2000~2020 年泥石流事件发现，强震区泥石流总冲出量呈现震荡衰减趋势(图 3.2-12)，影响泥石流活动性的因素包括岩性、降雨、坡度、地形起伏度等，且随着时间的推移，各影响因素的权重发生了明显的变化，其中强降雨对泥石流总冲出量具有显著影响作用(Yang et al.，2023)。

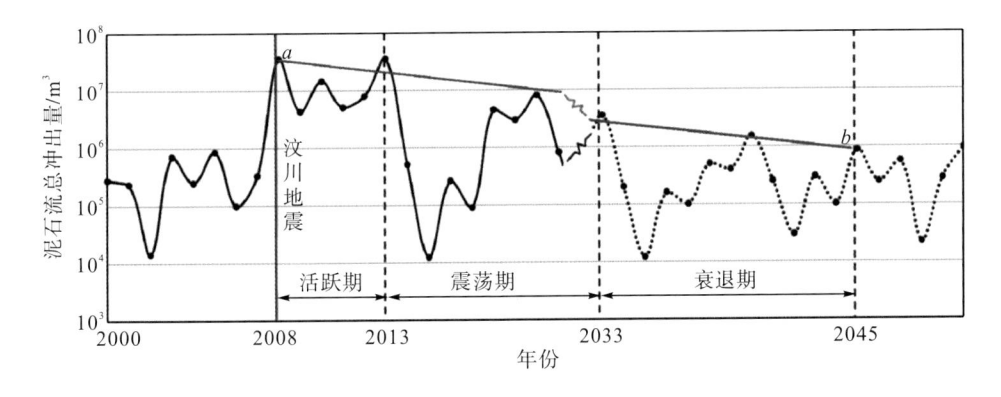

图 3.2-12 汶川震区泥石流总冲出量的变化趋势(Yang et al.，2023)

注：实黑线是泥石流体积的实际变化趋势；实灰线 ab 为地震后峰值体积的回归线；黑色虚线为泥石流流量的推测趋势

区域泥石流活动性分布具有时空差异性。学者通过统计汶川震区 3 次群发性泥石流事件发现：①震后暴发泥石流流域的面积和高差呈现增长趋势，暴发泥石流的流域平均面积由 2010 年的 12km² 增长为 2019 年的 25km²，流域平均相对高差由 2010 年的 1900m 增大到 2019 年的 2600m；②震后平均年降水量和同震滑坡面积密度较小的区域更易暴发泥石流，2010~2019 年期间，暴发泥石流流域的平均年降水量和同震滑坡面积密度的平均值呈现下降趋势，数据逐渐呈现一种双峰分布(Zhang et al.，2022a)(图 3.2-13)。

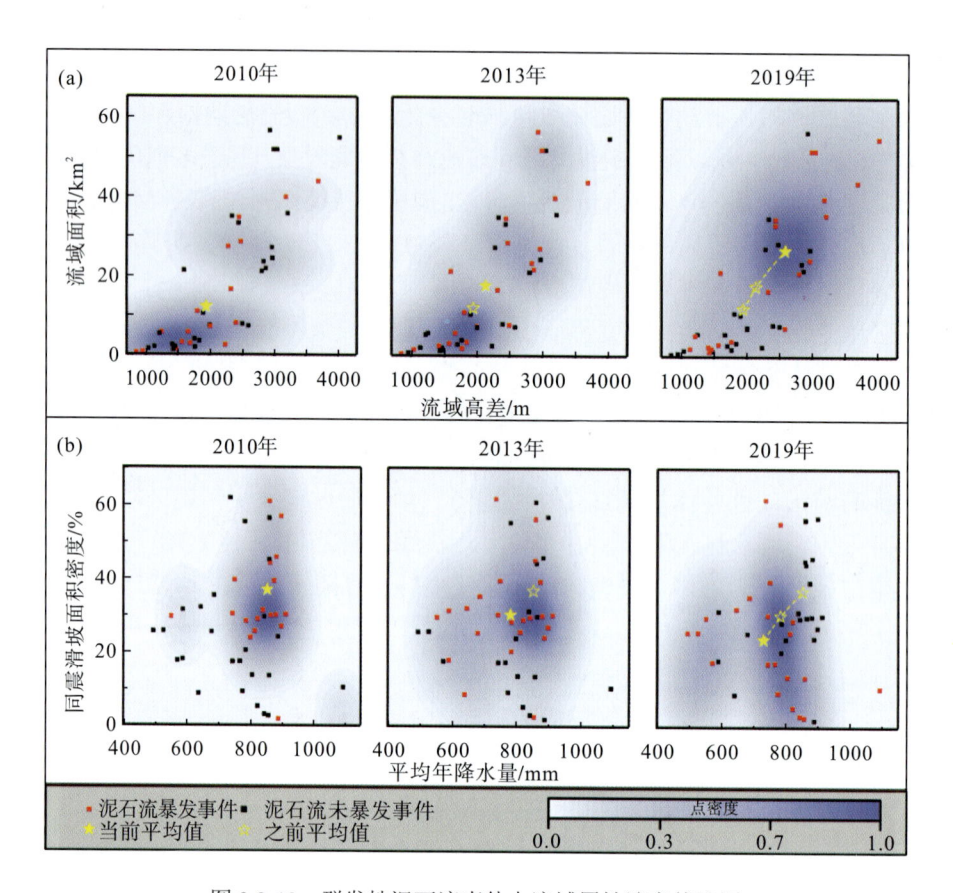

图 3.2-13　群发性泥石流事件中流域属性演变统计图

(a)暴发泥石流的流域面积和高差的演变图；(b)暴发泥石流的流域中同震滑坡面积密度和平均年降水量的演变图

第三节　典型崩塌特征与成因机制

一、崩塌概况

川西高原山区的崩塌受汶川地震影响显著，崩塌高密度区主要分布于汶川地震震中及周边区域，受地形地貌控制显著，均位于研究区的地形急变带，岩体破碎裂隙发育。加之，人类工程活动频繁（开挖边坡，水库蓄水），规模较大的崩塌常成灾于此处，崩塌的威胁也因此增大。按成因将川西地区崩塌分为坠落式、倾倒式、滑移式三大类，其中以坠落式崩塌最为发育。

（一）坠落式崩塌

川西红层地区的反向坡和斜向坡常发生坠落式崩塌，受构造节理的一系列浅表生改造过程所产生的陡倾节理面控制，常见的成灾模式为软岩崩解剥落-硬岩剪切滑移坠落。主要发生在反向高陡斜坡,陡倾节理面倾向坡外的临空面处,主要发育的灾害类型为局部小型的崩塌落石,隐蔽性较强,危害较大。

以川西某公路边一处逆斜向边坡为例。地层岩性为中侏罗统遂宁组 J_2s 紫红色泥岩、钙质泥岩、粉砂质泥岩夹细砂岩及泥灰岩。如图 3.3-1 所示,由于泥岩和砂岩的差异风化,泥岩崩解剥落形成凹槽,砂岩悬空,陡倾节理的岩桥被剪断形成贯通性结构面。

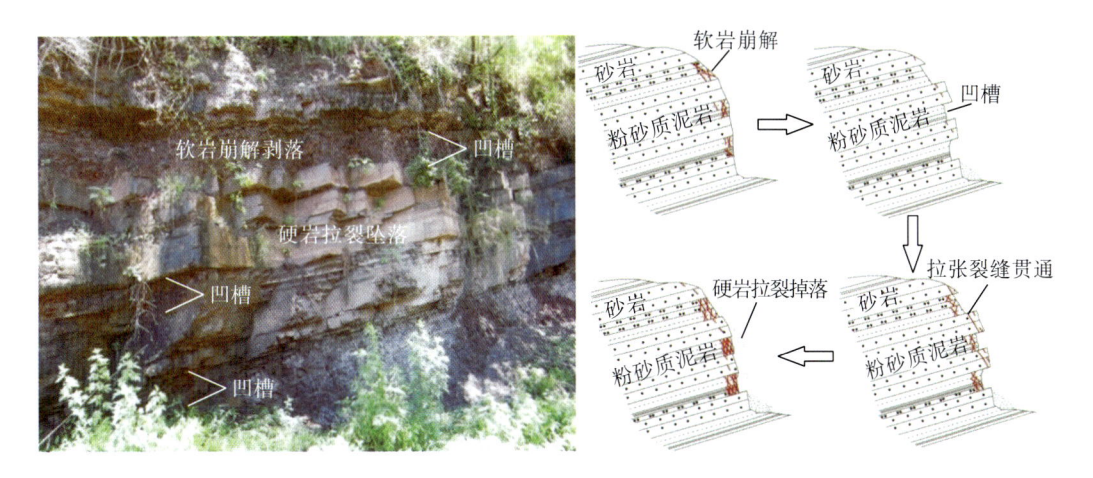

图 3.3-1　差异风化形成的凹槽　　图 3.3-2　反向、斜向红层边坡的破坏过程

反向边坡、斜向边坡的成灾模式大多为软岩崩解剥落-硬岩卸荷拉裂坠落,如图 3.3-2 所示,其演化过程为:①在降雨、冻融、温度、阳光、生物等的综合作用下,特别是长期反复的干湿效应、气温波动、阳光交替,泥岩、砂岩抗风化性能有所差异,风化作用将泥岩崩解剥蚀后,形成向岩体内部的凹槽;②随着深度不断加大,导致上部砂岩悬空,形成危岩,砂岩中的陡倾节理或拉张裂缝的岩桥被剪断形成贯通性结构面;③变形体在自重应力作用下,发生坠落,形成落石或崩塌。

(二)倾倒式崩塌

雅江县城北危岩体位于雅江县县城北部,雅砻江右岸,老川藏公路内侧,危岩体所在斜坡顶部建有大量民房和影剧院等公共设施,下部为进出县城的主要公路(老川藏公路),公路外侧修建有大量民房和商铺等建筑。城北危岩体曾于 2008 年发生过块石崩落,属于典型的倾倒式崩塌。目前,危岩体节理裂隙极其发育,曲破碎等变形强烈,大量块石临空而重力前移现象明显,大有一触即崩之势。城北危岩体斜坡高差为 26m,坡度为 65°~70°,局部位置可达 85°,近乎直立,属于典型的岩质陡崖地貌。主要发育上三叠统雅江组中段地层(T_3y^2),岩性为灰色中厚层粉砂质板岩夹岩屑石英砂岩,薄-中厚层状;产状为 165°∠67°,在危岩体中部可见花岗岩脉侵入体。

危岩体发育斜坡,整体宽度为 145m,纵向长约为 28m,坡面面积约为 $4.1\times10^4\text{m}^2$,坡脚高程为 2639~2641m,后缘高程为 2664~2666m,相对高差约为 26m,整体坡向为 75°。由于公路修建切坡影响,斜坡坡度较陡,坡度为 65°~75°,局部位置则可达 85°。依据危岩体变形破坏特征，可将其划分为 4 个危岩带，分别为 Wy1、Wy2、Wy3 及 Wy4。各危岩带位置、形态、规模和特征见图 3.3-3 与表 3.3-1。

图 3.3-3 危岩体整体特征及危岩带分布示意图(陈绪钰等，2014)

表 3.3-1 城北危岩体危岩带规模及形态特征

编号	规模 厚度/m	规模 分布面积/m²	规模 体积/m³	岩性	主崩方向/(°)	破坏模式	岩体结构
Wy1	1.0～1.5	1200	1500	粉砂质板岩	80	拉裂-倾倒式	镶嵌碎裂结构
Wy2	1.8～2.2	300	600	粉砂质板岩	60	拉裂-倾倒式	碎裂结构
Wy3	2.0～2.5	600	1400	粉砂质板岩夹岩屑石英砂岩	60	倾倒式	碎裂结构
Wy4	1.0～1.5	800	1000	粉砂质板岩	75	拉裂-倾倒式	镶嵌碎裂结构

以 Wy1 危岩带为例，发育于城北危岩体最北段，危岩带宽约为 50m，纵向长约为 28m，面积约为 1200m²，坡向为 80°，其平均坡度为 85°；危岩带所处斜坡坡脚高程为 2639～2640m，高差约为 26m。主要发育有两组节理裂隙面：①产状为 75°∠85°，裂隙间距为 0.3～0.5m，延伸长度约为 1.5m；②产状为 0°∠35°，裂隙间距为 0.05～0.1m，延伸长度约为 0.3m。裂隙将岩体切割成碎裂状，表层岩体受降雨等作用易沿不利结构面或组合面发生卸荷、崩塌破坏，且易发生块石崩塌(图 3.3-4)，岩块块径较小，为 10～20cm，其风化松动带的发育厚度为 1.0～1.5m。

可将 Wy1 危岩带变形破坏过程分为拉裂变形和倾倒破坏两个阶段(图 3.3-4)。在初始阶段，层面-裂隙面②组合形成不稳定的楔形体，为崩塌形成提供了软弱底座。在重力作用下，沿结构面向下有一个分力，这个分力的方向大致与裂隙面①相垂直，因而岩体较易沿裂隙面①被拉开；同时在风化、重力及雨水下渗等作用下，岩体裂隙面①不断被拉张，一旦结构面相互贯通，则会形成危岩体。危岩体形成后，由于重力、雨水以及人为因素等外力的作用，危岩体中心不断外移、倾倒和坠落，从而产生崩塌。

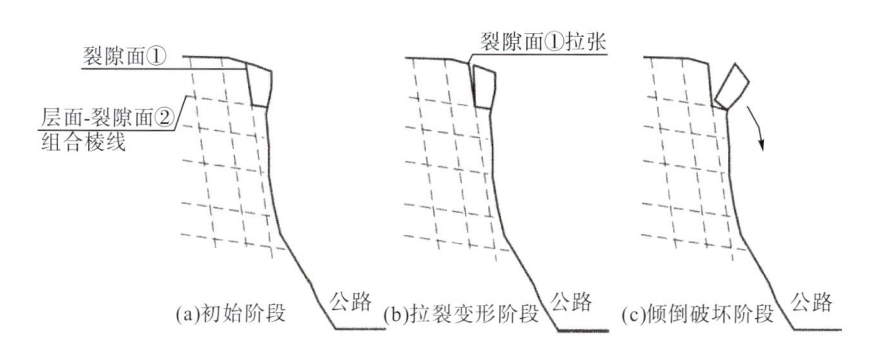

图 3.3-4　Wy1 危岩带变形破坏过程示意图(陈绪钰等，2014)

(三) 滑移式崩塌

红军山危岩崩塌属于典型的滑移式崩塌(图 3.3-5 和图 3.3-6)，位于川西高原巴塘县县城右侧巴久曲上游 3.35km 处红军山陡峭斜坡上。该斜坡自 1997 年 11 月 9 日发生局部失稳堵塞巴久曲，坡面存在大量的危岩体，在地质营力作用下继续产生大规模的崩塌破坏，而堆积于河道内形成堰塞体，威胁下游巴塘县水厂、鹦歌嘴电站、县城近 1500 人，3 座桥梁和上千亩耕地、果园，资产数千万元以上。崩塌位于横断山脉北段金沙江东岸河谷地带，构造侵蚀高山峡谷区，山势陡峻，地形复杂，岩土体裸露。巴久曲从危岩崩塌区坡脚流经，深切河谷呈"V"形，崩塌区斜坡中下部为陡坡，坡度为 40°～60°；上部及后缘呈陡崖，坡度为 60°～80°；左岸斜坡呈陡崖，坡度为 60°～80°，河宽 25～40m。地层由二叠系冰峰组(P_1b)灰岩、片岩、火山岩和第四系松散堆积物(Q_4^{col+dl})组成，岩层产状为 42°～50°∠30°～51°，为斜向结构斜坡。

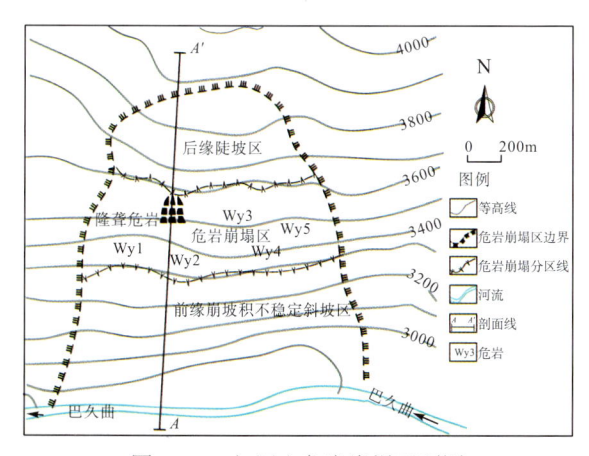

图 3.3-5　红军山危岩崩塌平面图 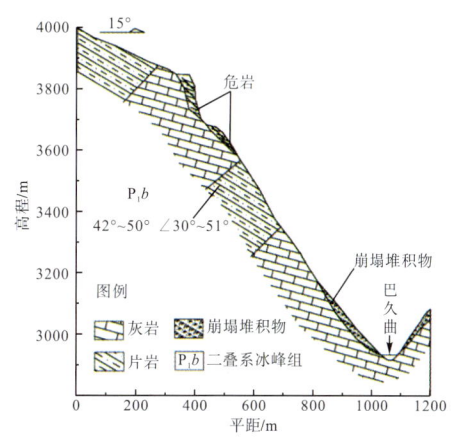　　　图 3.3-6　红军山危岩崩塌剖面图

崩塌区平面形态呈圈椅状，后缘高程为3880m，前缘高程为2980m，高差为900m，纵向长1200m，宽1100m，斜坡坡向为200°~220°。坡体后缘陡崖坡度为60°~80°，坡体中下部为陡坡，坡度为40°~60°。后缘陡坡区，以片岩夹灰岩为主，岩体完整性较好，呈次块状-块状结构，岩块镶嵌紧密，结构面发育，间距一般为50~120cm；危岩崩塌区，以灰岩与片岩为主，岩体主要发育5组结构面，分别是242°∠27°、168°∠55°、260°∠75°、194°∠15°、16°∠52°，结构面相互切割形成失稳块体，沿着物理力学性质相对较差的片岩层面滑动，产生失稳破坏；前缘不稳定斜坡区，长约218m，宽92m，厚15m，主要物质为崩坡积块石、碎块石土，结构松散，胶结程度差，块石架空现象明显，堆积于斜坡上，斜坡坡脚受巴久曲的冲刷侵蚀作用，局部产生失稳破坏。

崩塌变形破坏模式：①块体失稳，斜坡在演化形成过程中，受河流侵蚀，风化卸荷作用强烈，岩体内各级结构面发育，结构面和坡面的相互组合切割岩体形成大量潜在失稳块体，稳定性差，局部块体受诱发因素的影响，产生失稳，失稳后形成陡坡或凹岩腔，为其他潜在失稳块体提供有利的临空条件，而导致更大规模的块体失稳；②阶梯状滑动，在崩塌危岩区内，陡、缓倾坡外的节理裂隙相互组合，在浅表层岩体内形成阶梯状滑动。

二、复合型崩塌危岩带

郭达街后山危岩带是川西高山峡谷区典型岩质崩塌的代表，直接威胁康定市区近2000人的生命财产安全，开展相关研究工作具有紧迫性和必要性。在详细现场调查的基础上，对该崩塌进行了基本特征分析，采用颗粒流离散元软件PFC^{2D}模拟危岩带不同部位崩塌源（坡顶孤石、坡体上部碎裂岩体、坡体中部老崩塌堆积体、坡体下部块状危岩）在M_s8.0级地震作用下的运动特征和破坏过程。

（一）基本特征

郭达街后山危岩带位于康定市主城区郭达街后山山腰，瓦斯沟左岸，其经纬度为东经101°57′58.57″，北纬30°03′22.43″。危岩带两面临空，全貌及分区图如图3.3-7所示，高程约2491m往上至2822m之间危岩体较集中，基岩为震旦系灯影组的白云岩，该套岩体坚硬，但易脆，易形成崩塌。岩层产状为275°∠42°，危岩卸荷带宽度为10~20m，危岩带顺坡长度为350m，最大宽度约为800m。斜坡坡度为53°~58°，局部大于60°，危岩的主崩方向为150°。基岩中主要发育有三组节理裂隙，产状分别为100°∠70°、353°∠49°、154°∠68°。岩层将岩体切割成大小不等的块体，岩体破碎，为崩塌形成创造了条件。裂隙将基岩切割成大小不一的岩块，最大岩块根据测量约为10m×5m×2.5m，受裂隙切割，有的岩块已脱离母岩。

将郭达街后山危岩带分为三个区域：崩塌Ⅰ区、崩塌Ⅱ区、崩塌Ⅲ区。剖面图如图3.3-8所示。崩塌Ⅰ区为三角形、Ⅱ区为扇形、Ⅲ区为多边形；崩塌Ⅰ区和Ⅱ区的临空面走向为205°，崩塌Ⅲ区的临空面走向为135°。在崩塌Ⅰ区和Ⅱ区交界处，出露有一斜坡，长约144m，宽约40m，高差约65m，斜坡坡度为40°，主要组成为第四系崩积物，崩塌堆积物呈锥状，具有一定的分选，锥尖指向上部山体沟槽，具有明显的溯源性，显示Ⅰ区和Ⅱ区交界处的崩塌落石大都沿此沟槽而下，并堆积于斜坡面和坡脚。该斜坡的存在就像"倾斜的挡板"一样改变了从崩塌Ⅱ区右侧崩落的岩块，改变了其崩落路径，许多崩落的岩块也在斜坡上滚动并堆积于坡面及坡脚，这也是将崩塌Ⅰ区和Ⅱ区的界线定于斜坡右侧的原因。

图 3.3-7　郭达街后山危岩带全貌及分区图

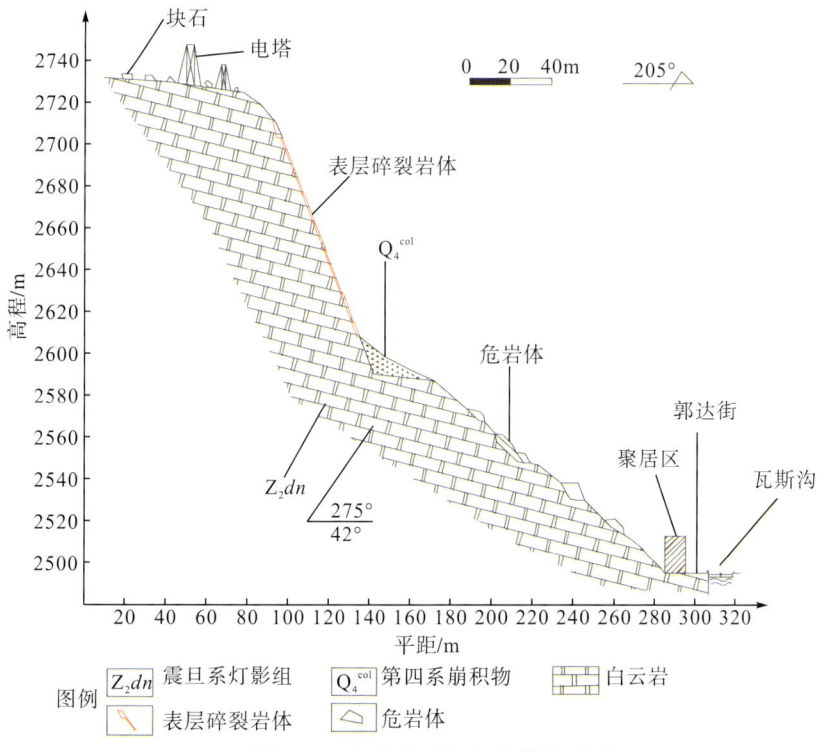

图 3.3-8　郭达街后山危岩带剖面图

(二) 数值模拟

采用二维颗粒流离散元软件 PFC^{2D} 进行数值模拟，采用实际尺寸建模，模型高 240m，宽 300m。基岩面上有三种类型的危岩体：一是位于坡顶和坡下缘的孤立块石 (R1～R11)；二是位于坡体中部的老崩塌堆积体 (A12)；三是坡体中上部的浅表层强风化碎裂岩体 (ⅰ段、ⅱ段)，在上述崩塌源上选取 27 个观测点 (P1～P27)，如图 3.3-9 所示。根据表层碎裂岩体厚度的不同划分为两段，厚度约为 3m 的上段 (ⅰ段) 和厚度为 1m 的下段 (ⅱ段)。在 PFC^{2D} 的模型中随机植入虚拟节理裂隙，其长度介于 0.5～2m，倾角服从高斯分布，平均值为 30°，标准差为 15°，节理裂隙的数量假定为 50 条。

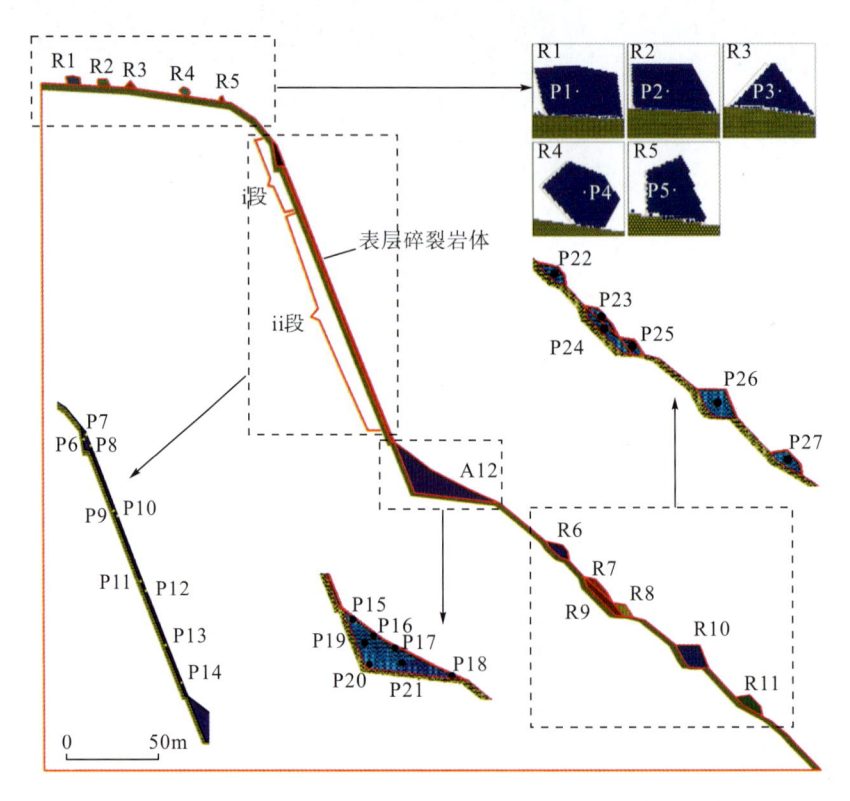

图 3.3-9　郭达街后山危岩带二维离散元模型及观测点位置示意图

基岩与所有危岩体均由半径为 0.05m 的圆盘 (disc) 构成。采用 Clump 功能模块，将构成基岩的所有颗粒组合成块，在水平方向震动，竖直方向不震动。采用线性平行黏结模型将组成岩块的小球黏结在一起，通过模拟岩体的压裂试验，标定相关细观参数。完整的岩块具有类似白云岩的强度，在达到极限强度时会开裂。松散堆积物采用线性接触黏结模型，圆形颗粒会导致强度弱化，采用弱黏性来等效颗粒不规则形状的影响。局部风化岩层采用线性平行黏结模型，但在岩层中随机加入结构面 (DFN)，结构面上的接触为光滑节理模型，用于模拟结构面力学性质。岩块与基岩面之间设置了贯通的结构面，结构面上的接触模型为光滑节理模型。松散堆积物与基岩接触面采用赫兹模型。模拟过程中产生的新接触均默认采用赫兹接触模型。颗粒之间新的接触设置了阻尼，颗粒的局部阻尼设置为0。提取27个观测点在地震作用 120s 过程中的水平位移数据，得到各点的水平位移-时间曲线，见表3.3-2。通过 PFC^{2D} 的轨迹追踪功能，得到各点的运动轨迹，对不同类型崩塌源的运动特征进一步深入分析。

表3.3-2　各观测点运动特征统计表

观测点号	水平位移/m	平均速率/(m/s)	主要运动类型	观测点水平位移-时间曲线图
P1	1.6	0.013	滑动	
P2	0.3	0.003	滑动	
P3	2.3	0.019	滑动	
P4	152	1.267	滚动→坠落→沿临空面碰撞弹跳→落地碰撞→滚动堆积	
P5	155	1.292	滚动→坠落→沿临空面碰撞弹跳→落地碰撞→滚动堆积	
P6	229	1.908	坠落→沿临空面碰撞弹跳→滚动堆积	
P7	124	1.033	坠落→沿临空面碰撞弹跳→滚动堆积	
P8	132	1.100	坠落→沿临空面碰撞解体→滚动堆积	
P9	269	2.242	坠落→沿临空面碰撞弹跳→滚动→坠落、弹跳→滚动堆积	
P10	93	0.775	坠落→滚动→堆积	
P11	73	0.608	坠落→滚动→堆积	
P12	77	0.642	坠落→滚动→堆积	
P13	42	0.350	坠落→滚动→堆积	
P14	28	0.233	坠落→滚动→堆积	
P15	27	0.225	块石挤压碰撞→匀速前移→堆积	
P16	24	0.200	块石挤压碰撞→匀速前移→堆积	
P17	26	0.217	块石挤压碰撞→匀速前移→堆积	
P18	192	1.600	碎屑流启动→滚动→块石挤压碰撞→堆积	
P19	17	0.142	块石挤压碰撞→匀速前移→堆积	
P20	22	0.183	块石挤压碰撞→匀速前移→堆积	
P21	0.7	0.006	块石挤压碰撞→匀速前移→堆积	

续表

观测点号	水平位移/m	平均速率/(m/s)	主要运动类型	观测点水平位移-时间曲线图
P23	48	0.400	滑动→挤压→堆积	
P24	40	0.333	滑动→挤压→堆积	
P25	83	0.692	滑动→挤压→滑动→堆积	
P22	110	0.917	滑动→块石挤压→滑动→挤压堆积	
P26	63	0.525	滑动→解体→沿坡面滑动→挤压堆积	
P27	50	0.417	滑动→块石挤压→堆积	

(三)坡顶孤石的运动过程分析

不同几何形态和质量的孤石在地震作用下的运动特征是不同的，原因在于孤石能否启动取决于底面静摩擦力的大小，启动后运动距离的远近取决于滑动摩擦力或滚动摩擦力的大小。在地震力相同的情况下，孤石质量越大，提供的正压力越大，摩擦力越大。孤石的质量越小，或与地面接触面积越小，摩擦力越小。在郭达街后山坡顶选取不同几何形状和质量的孤石为研究对象，选取孤石的中心点P1～P5为观测点，如图3.3-9所示。

坡顶孤石观测点P5的运动路径如图3.3-10所示。郭达街后山坡顶区域坡面较平缓，在地震力作用初期，孤石受自身重力、底面摩擦力和地震力共同作用，R1～R5在水平方向做往复的摆动，产生的水平位移量较小。在地震力的持续作用下，孤石因形状和质量不同，运动特征差异明显，长方形的R1、R2以及三角形的R3以滑动为主，R3水平位移最大，为2.3m；而六边形的R4、不规则四边形R5由于摆动幅度过大，其重心不稳发生倾覆，向前滚动，在坡顶端部飞出坠落，并沿陡立的碎裂岩体表面发生碰撞-再坠落，最终堆积在斜坡中部的老崩塌堆积体上。R4、R5最终水平位移分别为152m、155m。P4、P5观测点坠落过程的平均速度为11.8m/s、10m/s。

(四)坡体上部碎裂岩体的运动过程分析

坡体上部碎裂岩体观测点P8的运动路径如图3.3-11所示。由于表层碎裂岩体范围较大，截取部分上段和部分下段进行观察。表层碎裂岩体的破坏过程为节理裂隙由外向内延伸，微裂隙增多—裂隙贯通形成独立岩块—岩块掉落，碎裂解体(图3.3-12、图3.3-13)。

分析各观测点的运动特征，可归纳为裂隙延伸贯通、启动坠落、碰撞解体、滚动堆积四个运动过程。

裂隙延伸贯通阶段：地震波通过结构面时，会发生不同程度的反射和折射，节理裂隙处易形成应力集中，应力被放大，由于岩体的抗拉强度低，会造成岩体沿原有结构面由外向内不断延伸或产生新的结构面，岩体中岩桥断裂，裂隙贯通后形成独立岩块。观测点P6～P8的水平位移-时间曲线上可明显看出，该阶段分别持续了49s、16s、16s。

启动坠落阶段：地震荷载对岩石块体也起到了推动作用，在潜在滑移面产生较大的剪应力，当其大于软弱结构面的抗剪强度时，岩块失稳启动以一定初速度发生坠落。随着地震力的持续作用，表层碎裂岩体上震落的岩块越多。岩块在空中做自由落体运动。

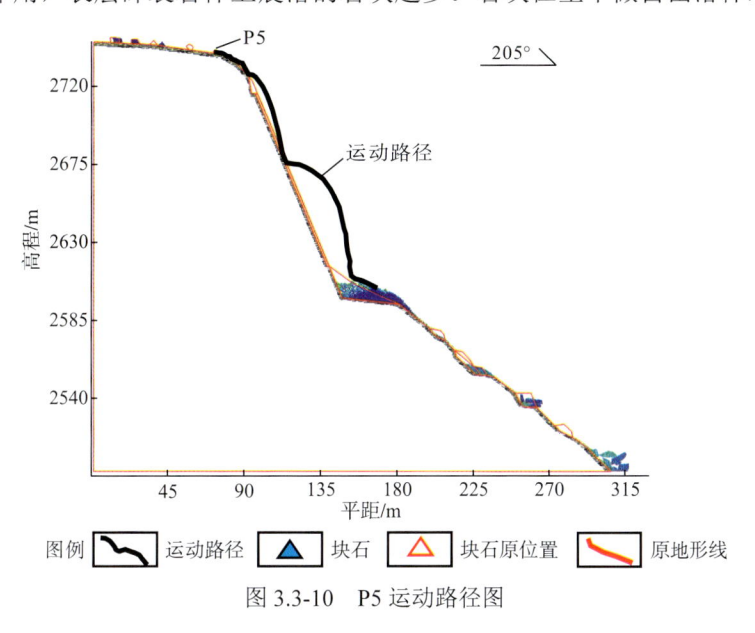

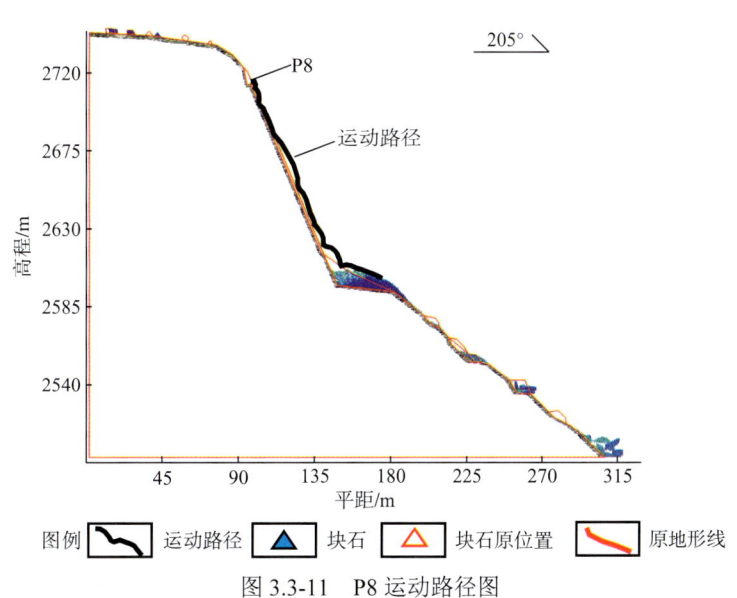

图 3.3-10　P5 运动路径图

图 3.3-11　P8 运动路径图

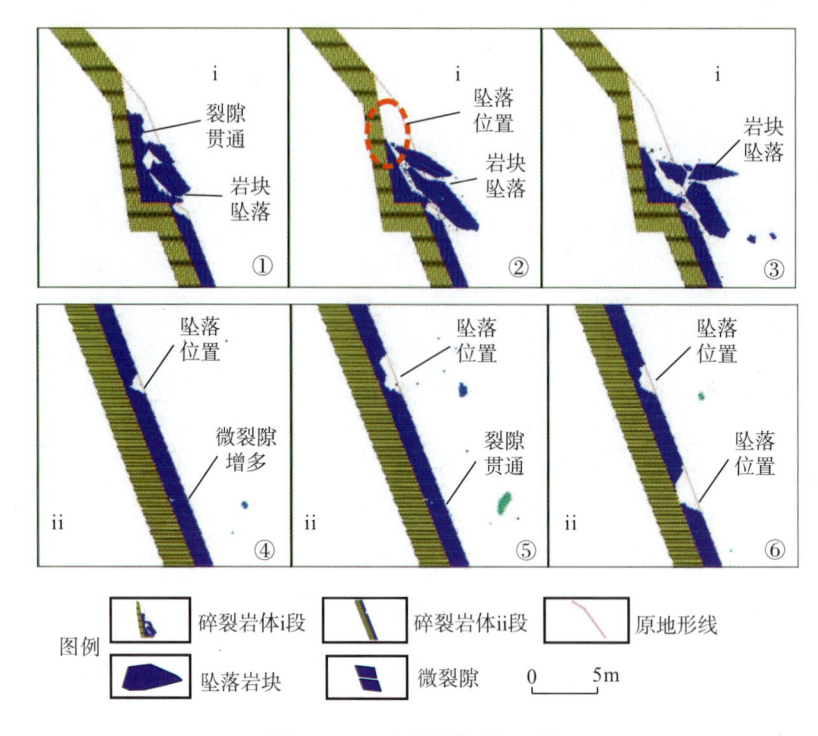

图 3.3-12　碎裂岩体破坏过程

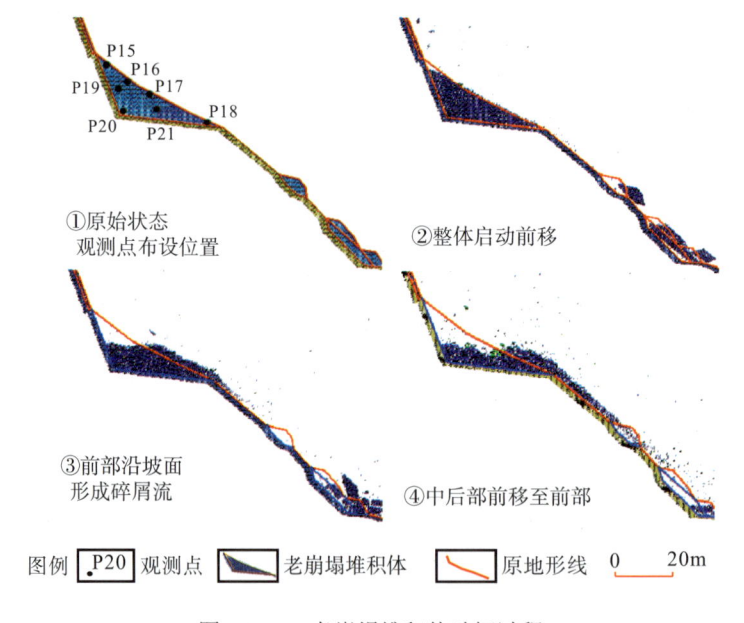

图 3.3-13　老崩塌堆积体破坏过程

碰撞解体-滚动堆积阶段：由图 3.3-12 可知，岩块在坠落的过程中会与坡面或者其他岩块发生碰撞、弹跳甚至解体，并且坠落的过程是快速的，用时很短。观测点 P6 在 49～67s 时间段内发生坠落，短短 18s 时间内，水平位移增量为 207m，平均速率达 11.5m/s。

观测点 P9 在 0~8.3s 时间段内沿碎裂岩体陡坡段坠落，水平位移增量为 92m，平均速率达 11.1m/s，然后在 8.3~24.6s 时间段内沿老崩塌堆积体上发生滚动，在 24.6~56s 时间段内，向坡脚方向继续坠落，水平位移增量为 156m，平均速率达 5.0m/s，最终撞击坡脚建筑物，并解体堆积于坡脚处。

（五）坡体中部老崩塌堆积体的运动过程分析

老崩塌堆积体呈锥状，体积约为 12100m³，主要物质组成为块石、碎石，老崩塌堆积体破坏过程如图 3.3-13 所示。其变形破坏过程为：在地震作用下，堆积体内部块石相互摩擦和滚动碰撞，整体向临空面启动前移，堆积体前部块碎石最先沿坡面滚下形成碎屑流，由于地形变陡，碎屑流向下运动的动能增大，并与斜坡下部块状危岩碰撞，碎屑流部分撞击坡脚房屋，部分停留于坡面上；中后部碎块石至地震结束时已整体前移至前端。

分析老崩塌堆积体各观测点运动特征可知：P18 位于堆积体前端，地震作用下最先形成碎屑流，快速沿坡面滚动，在 0~26.5s 时间段内，水平位移增量达 192m，速度达 7.2m/s，最终撞击并堆积在坡脚处。观测点 P15~P17、P19~P21 位于堆积体中部和后部，在地震力开始作用时，有短暂的加速过程，随着地震力的持续，转为接近于匀速运动的前移，最终地震结束时，前移至堆积体的前部，水平位移最大的为 P15，水平位移增量为 26.8m。

（六）坡体下部块状危岩的运动过程分析

下部块状危岩的单个体积多在 100~320m³ 范围内，如图 3.3-14 所示。其变形破坏过程为：小块危岩先启动，大块危岩后启动，沿坡面滑动—块石间相互挤压、解体，动能迅速释放—继续沿坡面滑动，块石间相互挤压、堆积。下部块状危岩观测点 P22 的运动轨迹如图 3.3-15 所示。

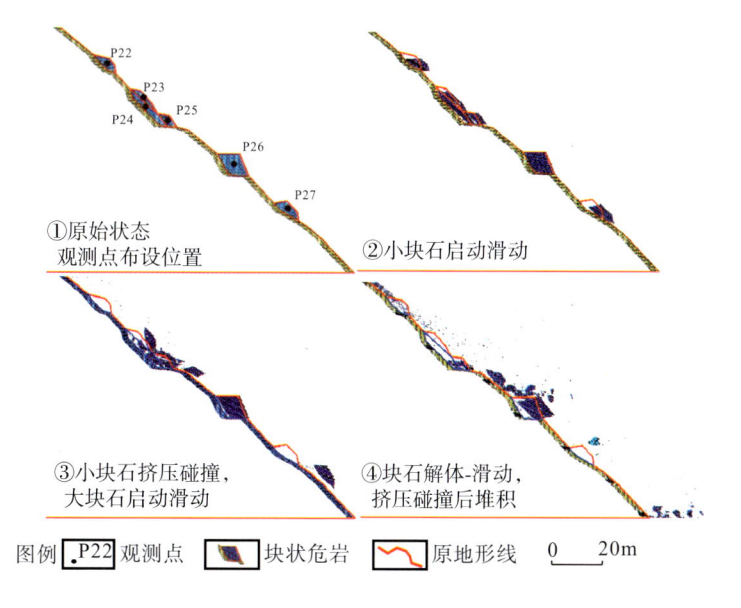

图 3.3-14 下部块状危岩破坏过程

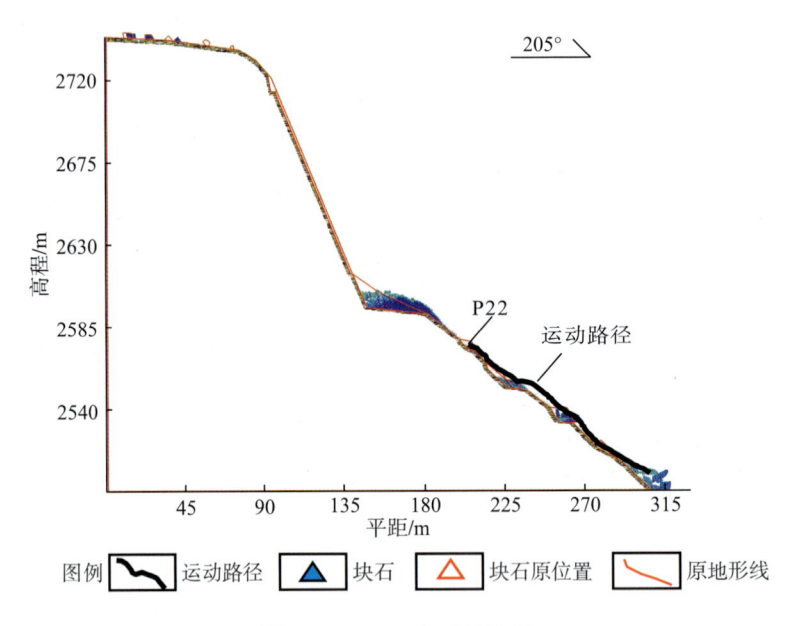

图 3.3-15　P22 运动轨迹图

以 P22 为例，整个运动过程先后经历了启动—沿坡面滑动—块石挤压—沿坡面滑动—挤压堆积。两次沿坡面滑动过程的平均速率分别为 2.25m/s、1.86m/s，块石挤压过程的平均速率为 0.85m/s，速率受块石挤压影响下降幅度约为 62%，可以看出块石的互相挤压对于自身动能的损耗明显。以 P26 为例，由于该观测点对应危岩的质量大于其他危岩，所以启动时间较其他危岩明显滞后，地震持续作用 55s 后才启动，整个运动过程为启动—沿坡面滑动—解体—沿坡面滑动—挤压堆积。

第四节　小　　结

(1) 川西山区位于青藏高原东缘地形急变带内，在深切河谷中形成了多个大型、特大型古滑坡。例如，丹巴县县城以及著名的藏寨碉楼风景区均坐落于特大型滑坡体上，其稳定性直接关系到丹巴县县城、大渡河沿岸城镇居民生命财产和重大工程建设安全。古滑坡的地质模型主要包括坡体空间和物质结构，以及岩土体的物理力学性质。研究区古滑坡体空间结构可分为敞口型、锁口型、条带型和哑铃型；物质结构主要有层状、块石土粗粒、碎石土细粒混合体。各类型均有独特的宏观坡体结构、细观颗粒结构和地质力学模型。古滑坡复活演化规律与坡体结构特征、下伏基岩面形状、产状等密切相关。层状哑铃型表现为顺层产生多期次不同深度多滑面滑动；块石土锁口型为后缘圆弧形推移式和前缘沿基覆界面牵引式滑动；块石土条带型表现为多级多个圆弧状沿下伏顺层基覆界面大规模长距离滑动；碎石土敞口型整体稳定性较好，多表现为局部中小型规模圆弧形和浅表层滑塌。

(2) 川西山区新构造运动强烈、地震频发，特别是震后泥石流频发。通过室内实验，研究了地震区泥石流的松散砾石土强度恢复过程，进而分析震后泥石流活跃期问题。可以得出结论,在泥石流活跃周期,宜采用高频泥石流的统计法;活跃期之后,宜采用传统的雨洪法进行计算。总体而言,随着震后松散土体的固结,土体的颗粒级配发生变化,细颗粒流失;土体的干密度增大,孔隙比降低。土体的内摩擦角 φ 与黏聚力 c 均随固结增大,土体的抗剪强度也随之增大。泥石流物源减少,启动难度增加。从土体强度恢复的速率来看,震后泥石流的活跃周期为 15~25 年,按震后龙门山区域龙溪—白水河流域的剥蚀速率衰减规律计算为 26 年。土体固结和剥蚀导致松散物源变少,二者满足任何一种条件,泥石流即由高频率转为中低频率,活跃期结束,所以可以得出结论,地震区的泥石流活跃周期为 25 年。在强烈地震后的 25 年之内,应该采用统计公式法计算泥石流的规模与频率;25 年之后,可以采用配方法计算。

(3)川西山区受构造作用和大江大河的侵蚀作用,深切河谷发育,高山峡谷区崩塌严重威胁峡谷区城镇安全。本书以康定市郭达街后山危岩带为研究对象,采用二维颗粒流离散元软件 PFC^{2D} 模拟了 M_s 8.0 级地震作用 120s 时,坡顶孤石、坡体上部碎裂岩体、坡体中部老崩塌堆积体、坡体下部块状危岩 4 类崩塌源的运动特征和破坏过程。

第四章　川西深切河谷区地质灾害隐患识别体系

第一节　概　　述

深切河谷地质灾害识别技术方法主要有三种：①野外实地调查；②卫星遥感技术，又分为光学卫星遥感技术和成像雷达卫星遥感技术；③航空遥感技术，又分为航空摄影测量遥感技术和机载激光雷达(light detection and ranging，LiDAR)遥感技术。

滑坡早期识别包括滑坡编目和易发性评价，是滑坡灾害评价的基础和前提，主要是指在不同尺度上发现和识别潜在滑坡的位置、范围以及滑坡发生的可能性，即滑坡空间预测，通过识别滑坡发生的空间可能性就可以实现滑坡的早期识别。

滑坡早期识别从数据和方法上可以分为定性识别和定量识别：定性识别主要是研究者根据以往工作经验和区域环境背景条件判断某个区域发生滑坡的可能性；定量识别主要是利用数值估计和模拟手段，计算出滑坡发生的概率。在空间尺度上可以分为区域识别和单点识别：区域识别主要是基于区域专题地图和数学模型对区域上某个位置发生滑坡的可能性进行评价；单点识别则是利用边坡稳定性评价方法对特定的斜坡发生滑坡的可能性进行分析。徐邦栋和邓庆芬(1992)详细阐述了根据地形地貌、地层岩性、结构构造及水文地质等条件判别潜在滑坡的依据和方法。邵铁全(2006)提出了滑坡超前预判的基本方法，即单要素预判法和综合要素预判法。何满潮等(2003)针对巨型滑坡难以识别的问题，提出了利用宏观地质特征和微观结构特征相结合确定"滑坡岩体"的新方法。褚宏亮(2016)运用三维激光扫描技术和机载激光雷达扫描技术进行了地质灾害早期识别的研究。

高位滑坡早期识别可分为三个层次：①在对深切河谷地形地貌、地层岩性、地质构造、新构造运动等区域孕灾地质环境进行归纳总结的基础上，结合河谷形态、坡体结构、灾变迹象，借助多期次不同精度遥感影像、InSAR等技术手段，采用"孕灾地质条件分析+空天识别"技术从区域上对深切河谷高位滑坡进行早期快速识别，初步圈定孕育高位滑坡潜在斜坡。②对潜在斜坡做大比例尺现场调查，对其边界、变形历史、水文地质、变形破坏前期征兆等进行详细调查。辅助三维激光扫描仪、机载LiDAR、工程地质类比等手段分析潜在斜坡失稳破坏模式，建立地质结构概化模型，定性识别潜在高位滑坡。③对潜在高位滑坡的灾变过程，时空演化特征，潜在多期次变形配套特征、多滑带分区变形特征，辅助多期次变形时序特征、形成条件和成灾模式进行全面分析，定性判定高位滑坡；同时，在早期定性识别过程中，采用大比例尺现场调查复核和地质力学模型分析等进行定量分析，验证识别的高位滑坡。综上所述，可以基于高精度遥感解译、现场详细调查，通过对深切河谷高位滑坡从"孕灾-诱灾-成灾"角度出发采用"地质过程机制分析-量化评价"

的方法，对区域地质环境、河谷演化、斜坡演化以及深切河谷高位滑坡体成因、变形破坏演化过程进行深入研究，构建深切河谷高位滑坡早期识别指标体系。

随着研究者对滑坡破坏机制理解的深入、GIS(geographic information system，地理信息系统)技术的出现和各种评价模型的快速发展，滑坡灾害早期识别技术方法开始细化和完善，总体上可以分为五类(唐亚明等，2011)。①基于经验的定性评价方法，该方法是专家在广泛野外调查的基础上，利用经验知识，基于区域已有滑坡地形、地貌、地质和水文等特征，分析研究区已有各种专题地图，评价区域上滑坡发生的空间可能性，该方法主观性较强，且结果非定量。②基于历史滑坡数据的滑坡空间发生概率分析方法，这是通过分析总结已有滑坡与滑坡影响要素和诱发因子之间的关系，对滑坡可能发生的敏感区进行推测，即了解过去，推测未来。该方法结果的精度取决于对滑坡发生机制的研究程度和历史滑坡编目数据的详尽程度。③统计模型法，该方法将 GIS 空间分析技术和数学模型相结合，基于历史滑坡数据对滑坡发生的控制要素和诱发因子进行分析和筛选，给最为主要的影响因子赋以权重然后进行加权空间运算，获取区域滑坡稳定性或易发性指标。④确定性模型方法，该方法是基于对滑坡发育和破坏过程物理力学机制的理解，利用岩土力学参数建立的数学模型，对研究对象的稳定性进行评价，该方法得到的评价结果较为可靠。但是由于区域岩土性质的复杂性和差异性，参数获取成本较高、周期较长，难以在大区域尺度上开展。⑤不确定性模型方法，是基于可靠度的概率模型优化的评价方法。

第二节　基于综合遥感技术的典型深切河谷区地质灾害隐患识别

一、地质+遥感综合识别方法体系

在遵循指标选择原则的基础上，根据已发生的川西山区深切河谷崩塌、滑坡的共性特征的指标分析，考虑到识别方法的简便及野外调查中识别的可操作性，重点集中在崩塌、滑坡的孕灾背景上。选择川西深切河谷典型崩塌、滑坡获取孕灾环境识别指标，斜坡空间几何结构识别指标，崩塌、滑坡灾变过程识别指标等，采用"地质过程机制分析-量化评价"的方法，构建深切河谷崩塌、滑坡早期识别指标体系(图 4.2-1)。

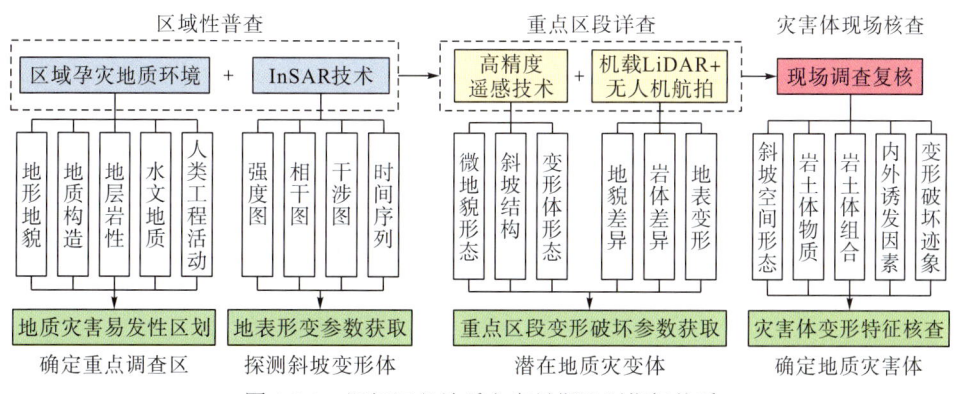

图 4.2-1　深切河谷地质灾害早期识别指标体系

二、基于地质背景的地质灾害识别指标

(1) 地形地貌指标。斜坡地质灾害弱变形识别指标主要表现为斜坡形态出现异常，如顺直斜坡平面形态出现圈椅状地形、环谷状洼地、双沟同源地形、爪形细沟地形等标志；台阶地平面形态出现菱形转折、台地后部发育洼地、构造原因形成异常台地，基岩陡坡区域内发育局部缓坡、反坡地形和坡面台坎、坡面裂缝等标志；深切河谷出现河谷、沟谷中异常凸出地形、河流凹岸中局部凸出、河流阶地变位等标志。强变形活动指标，主要为滑坡体在滑移过程中产生多种地面裂缝、台阶地、褶皱、镜面擦痕、积水洼地、醉汉林、马刀树和房屋倾斜、开裂等滑动变形破坏迹象。

(2) 地层岩性指标。深切河谷局部区域地层及地层产状异常、与周围不连续，岩土体结构松弛破碎、凌乱、架空现象明显，与周围无关系的飞来地层或老地层覆盖新地层，孤立岩体混杂于崩塌、滑坡中，变位岩土体上游出现新近湖相沉积而下游无识别标志。

(3) 地质构造指标。主要根据遥感影像和区域地质资料识别，重点识别崩塌、滑坡与地质构造相对位置，如发育在地质构造破碎带内、转折、交叉、突出山体等部位的岩土体变形破坏迹象。

(4) 水文地质指标。斜坡后缘有反倾台地或贯通性拉张裂缝等汇水地形；斜坡前缘突然有泉水出露、泉点呈线面状分布。坡脚出现渗水层或近水平成排泉水，坡面或台坎下出现呈排状分布的出水点或泉水，喜水植物呈水平带状分布等。

(5) 人类工程活动指标。深切河谷已建、在建大量的水电站、公路、房屋等工程活动密集区，由于开挖斜坡形成高陡边坡，以及工程活动堆积于河谷区形成弃碴边坡，而产生明显变形破坏迹象。

(6) 地物指标。坡面建筑物出现裂缝、歪斜，树木歪斜、产生马刀树，古树木、古建筑被掩埋等。

三、基于综合遥感技术的地质灾害识别指标

斜坡变形空间几何指标主要包括斜坡坡度、高程、坡形、坡体结构。

(1) 斜坡坡度指标。深切河谷斜坡的坡体形态、坡体松散堆积体发育分布特征、岩体的风化卸荷带的划分、斜坡岩土体应力分布特征都与斜坡坡度密切相关。斜坡坡度可分为平直顺坡、上陡下缓、上缓下陡、陡缓陡等，根据斜坡坡度变化识别崩塌、滑坡，判定其稳定性。

(2) 斜坡高程指标。深切河谷斜坡受历史河谷演化过程的影响，河谷演化过程为下切—停歇—下切，伴随着河谷崩塌、滑坡的发育。

(3) 斜坡坡形指标。斜坡形态主要有凹形、直线形、阶梯形和凸形 4 种。凹形斜坡主要产生在古滑坡体上，滑坡滑动后滑坡体后缘及两侧边界与原始斜坡割裂开并产生一定的位移变形，坡度较小，形成凹地形，斜坡整体呈前缘及中部地形较缓和后缘陡的地形，前缘缓坡对整体斜坡起阻挡和加载作用，有利于斜坡整体稳定。凸形斜坡整体呈前

第四章　川西深切河谷区地质灾害隐患识别体系　　91

缘和后缘陡及中部缓的地形，前缘临空条件好，且势能大，有利于斜坡上高位老滑坡或古滑坡的复活。

（4）斜坡坡体结构指标。深切河谷斜坡结构是滑坡形成的必要地形与物质条件，根据地质灾害与下伏基岩组合关系、物理力学特性关系，判定地质灾害斜坡的稳定性。

四、典型深切河谷区地质灾害识别应用实践

（一）孕灾环境条件地质灾害早期识别

1. 雅砻江典型高山峡谷区

雅砻江典型高山峡谷区雅砻江雅江—新龙段，地处青藏高原东南缘横断山区，地貌上跨越川西高原与川西中高山深切峡谷区，可分为5个地貌区：峡谷区、剥蚀侵蚀中山区、构造侵蚀中山区、侵蚀剥蚀丘状高原区、构造剥蚀丘状高原区（图4.2-2）。该区位于川西高原气候区，受高空西风环流和西南季风影响，干湿季节分明，每年5~10月为雨季，气候湿润，降雨集中，占全年降水量的90%~95%。水系主要有雅砻江及其支流，鲜水河为雅砻江左岸一级支流，经道孚县至雅江县以北的两河口处汇入雅砻江。受构造和岩性制约，地形切割强烈，山高谷深，河水湍急，多为侵蚀中高山峡谷地貌，河谷呈"V"字形；山体岩石破碎，抗侵蚀能力弱，风化强烈，易造成滑坡、崩塌等地质现象（图4.2-2）。

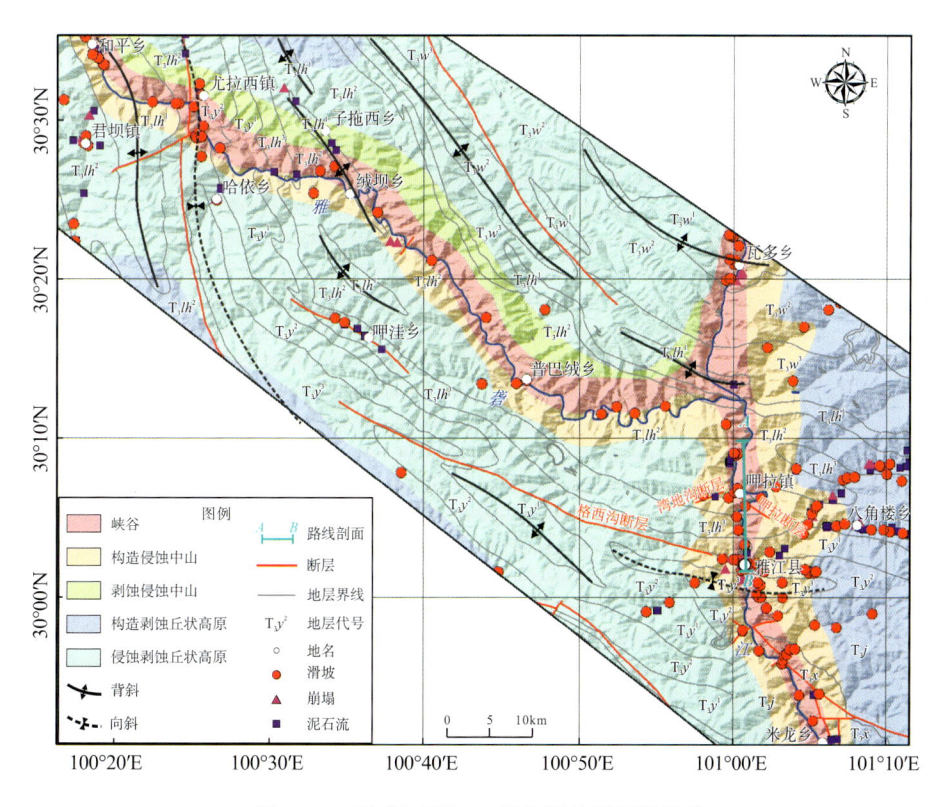

图4.2-2　雅砻江雅江—新龙段地质环境条件

研究区出露地层主要为三叠系复理石沉积,统称为西康群,自下而上分为瓦多组、两河口组、雅江组(图 4.2-3)。研究区属松潘—甘孜褶皱带,分布巨厚的中-上三叠统浅变质岩、砂岩、板岩构成北西—南东向紧密褶皱,褶皱轴部及断层带中有少量二叠系灰岩分布,并有零星燕山期花岗岩出露,位于鲜水河断裂带与理塘—德巫断裂带之间(图 4.2-4)。研究区位于鲜水河地震带、盐源地震带和理塘地震带三大地震带内,流域及周边地区地震活动频繁,据地震数据统计结果,自 1736 年四川道孚 5.5 级地震记录,至 2019 年 8 月 1 日,雅砻江流域内共发生 4.0 级及以上地震 521 次。雅砻江流域地震动峰值加速度多为 0.15g、0.2g,仅康定一带为 0.4g(图 4.2-5)。

根据研究区地质灾害发育的主控地质环境要素,选取地形地貌、地质构造、岩土体类型、活动断裂、地震、河流水系、降雨这 7 类影响因素作为评价指标。采用信息量法,根据要素自身属性和空间分布特征,利用 ArcGIS 软件对研究区滑坡地质灾害易发性进行分区评价(图 4.2-6)。

根据计算得到雅砻江铁路段滑坡地质灾害易发性分布特征,将全区划分为高易发区、较高易发区、中易发区和低易发区 4 个不同等级的区域。高易发区面积约为 248km²,占研究区总面积的 19.08%。研究区新构造运动作用明显,深切峡谷区主要为构造侵蚀高山峡谷地区,山高、坡陡、谷深,斜坡坡度普遍在 30°以上,局部地段可达 60°以上甚至呈悬崖。根据高易发性分区圈定 11 个大比例尺调查靶区,进行高精度遥感解译,以及 InSAR 探测和现场调查等早期识别工作。

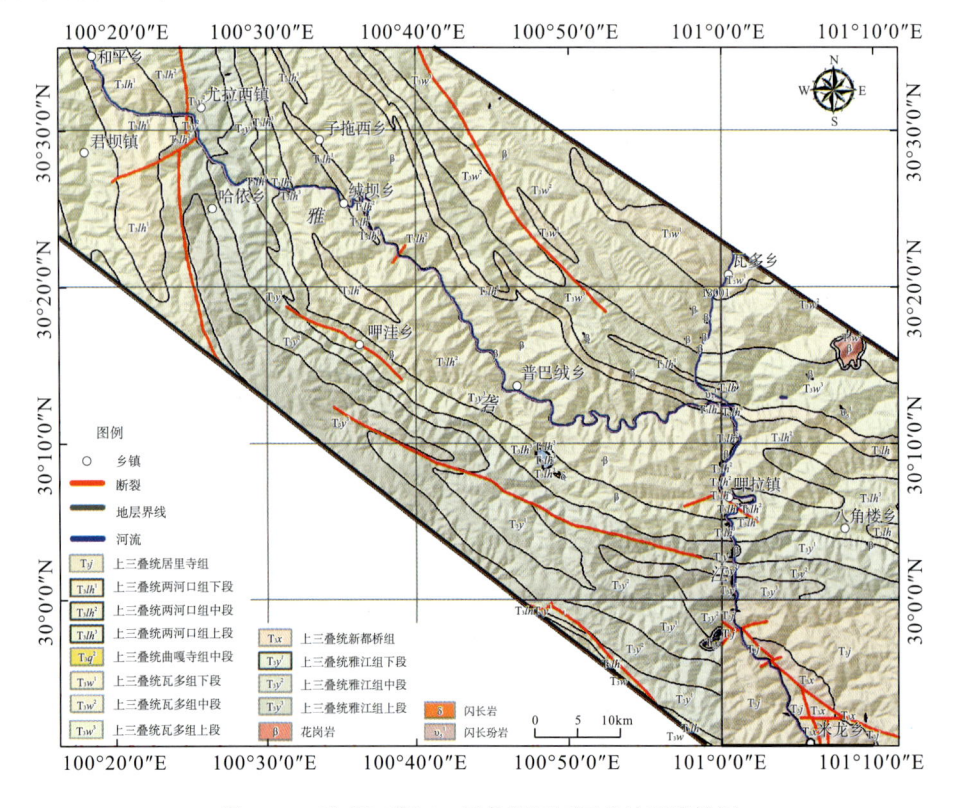

图 4.2-3 雅砻江雅江—新龙段深切河谷地层岩性图

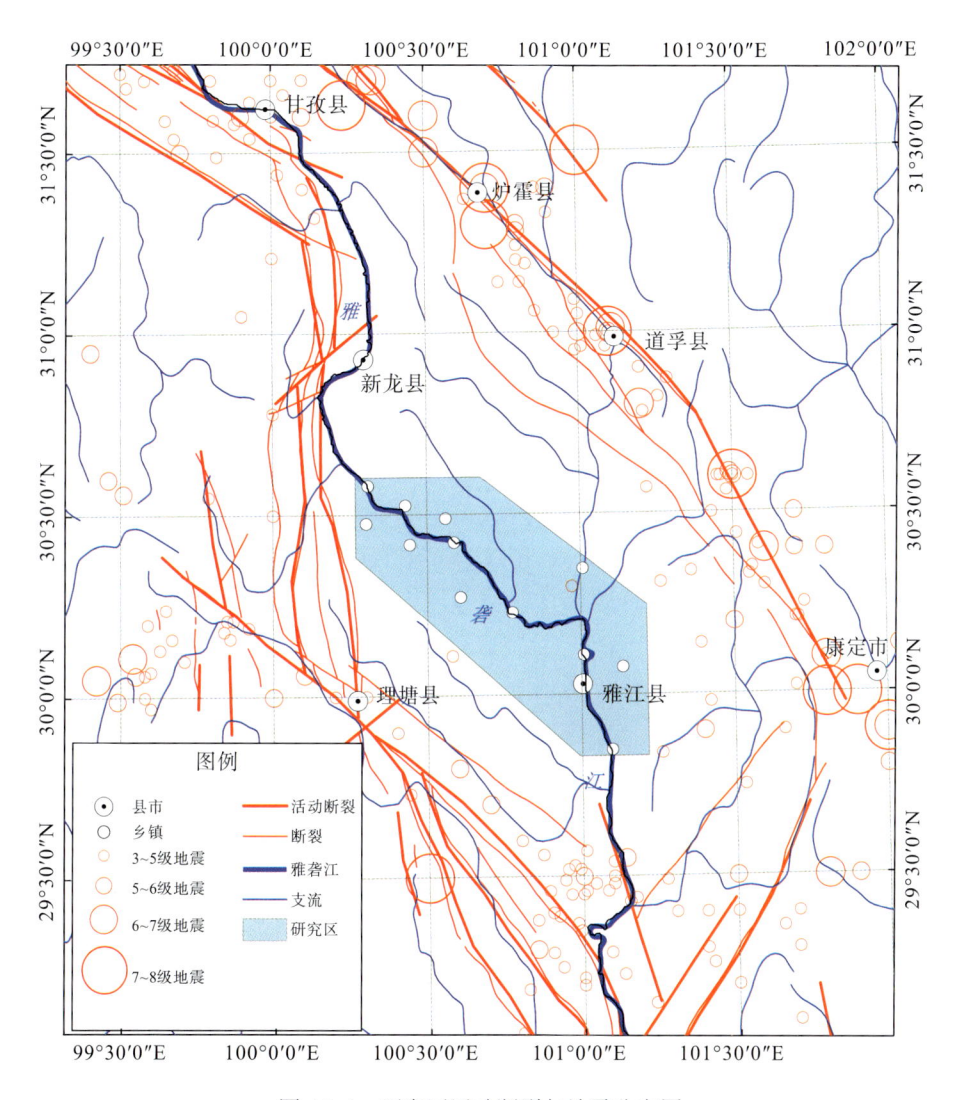

图 4.2-4　研究区活动断裂与地震分布图

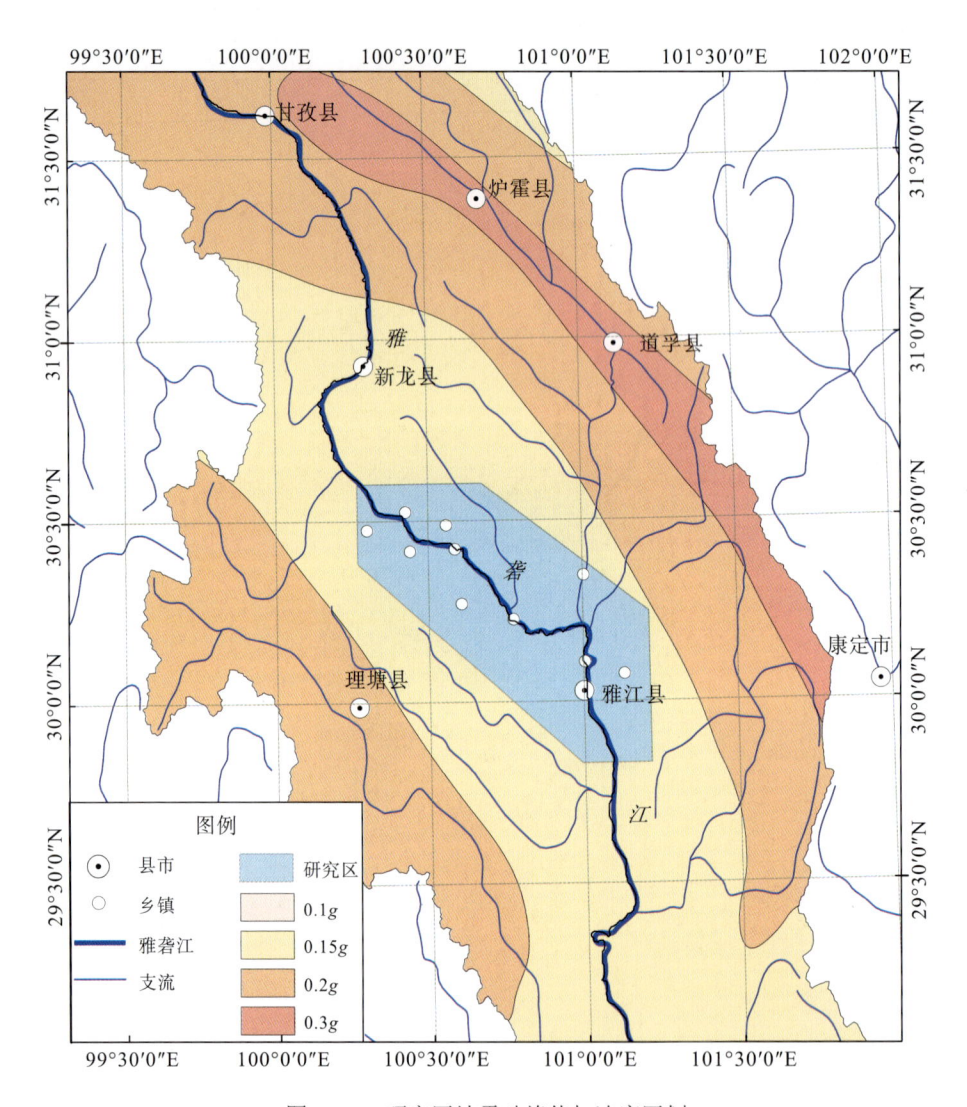

图 4.2-5　研究区地震动峰值加速度区划

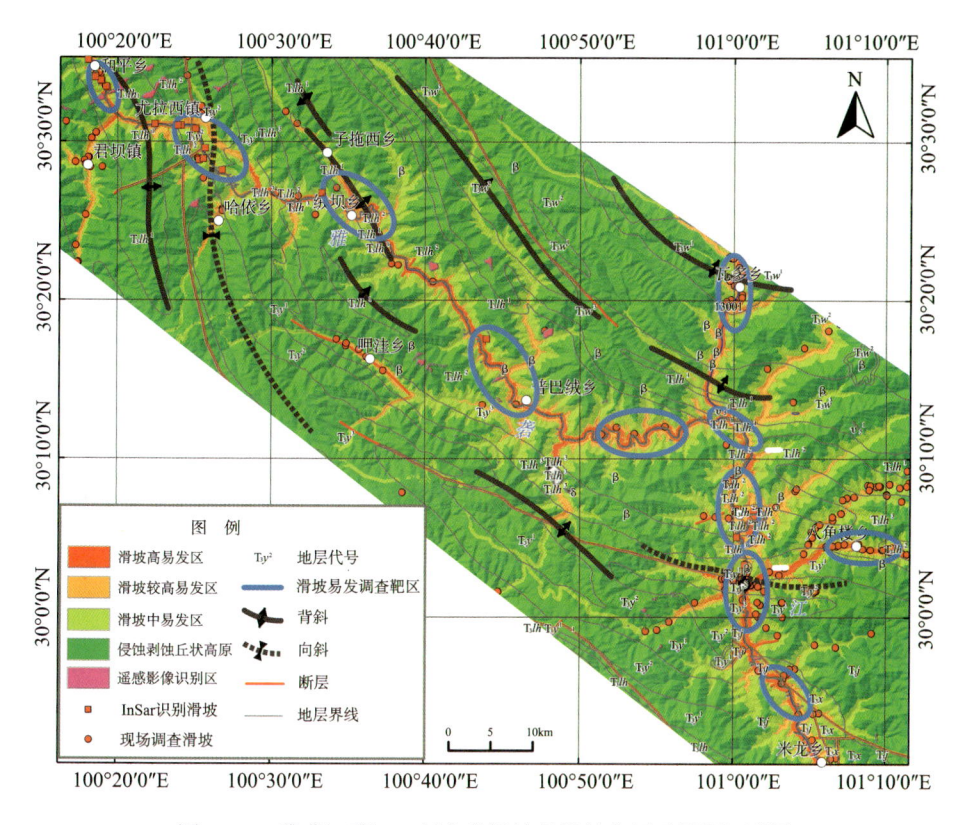

图 4.2-6　雅砻江雅江—新龙段滑坡易发性分区及早期识别图

2. 金沙江典型高山峡谷区

金沙江典型高山峡谷区白玉—德格段地处青藏高原东南缘横断山区,南北向岭谷纵横分布,地势起伏大,新构造强烈运动造成地形地貌的强烈反差(图 4.2-7)。受青藏高原高空强西风气候控制,形成独特的大陆性季风高原气候,区内降水量等值线多呈南北向展布,平均年降水量为 604.4~773.5mm。每年 5~9 月为雨季,平均降水量占全年总降水量的 88.91%。

研究区主要受构造和岩性制约,地形切割强烈,山高谷深,河水湍急,多为侵蚀中高山峡谷地貌,河谷呈"V"字形,山体岩石破碎,抗侵能力弱,风化强烈,坡地易造成滑坡、崩塌等地质现象。区内山原地貌广布,特别是雅江县东西两侧尤为典型,古夷平面发育。研究区可分为 4 个地貌区:①峡谷区,②剥蚀侵蚀中山区,③构造侵蚀中山区,④侵蚀剥蚀丘状高原区。

金沙江白玉—德格段深切河谷地层岩性如图 4.2-8 所示。研究区出露地层主要为三叠系砂板岩互层加中基性火山岩,自下而上分为曲嘎寺组(T_3q)、图姆沟组(T_3t)、拉纳山组(T_3l)。曲嘎寺组上部为结晶灰岩夹板岩、玄武岩,下部为砂砾岩;图姆沟组上部为结晶灰岩夹酸性火山岩,下部为砂砾岩,底部为砾岩、灰岩;拉纳山组为砂岩、板岩。

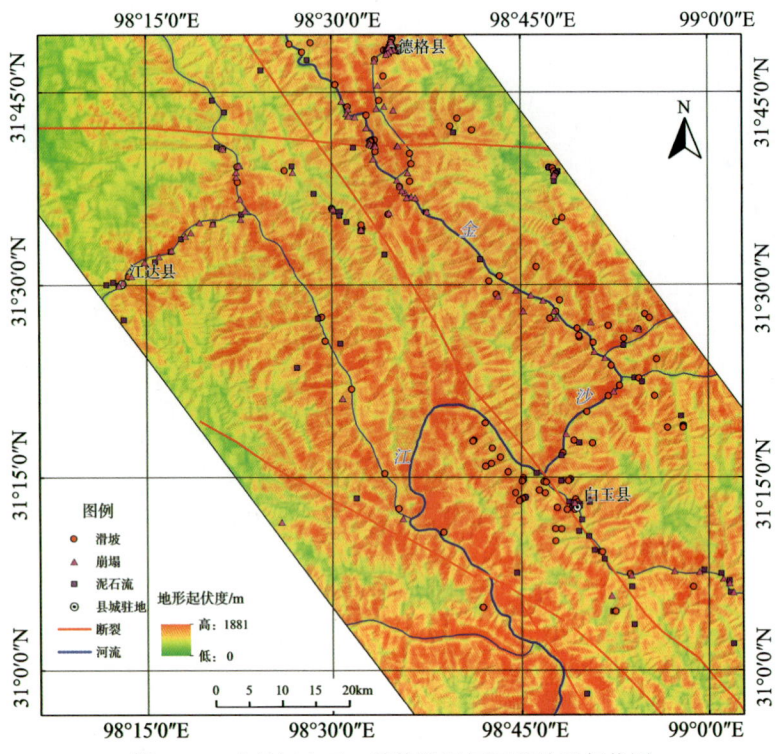

图 4.2-7　金沙江白玉—德格段深切河谷地形起伏图

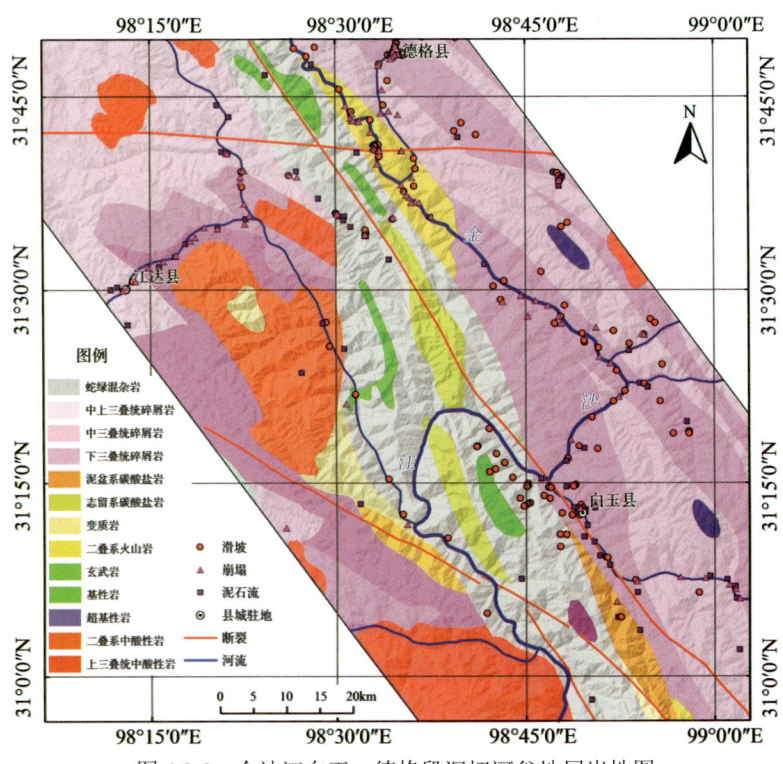

图 4.2-8　金沙江白玉—德格段深切河谷地层岩性图

调查区地处青藏滇缅印尼"歹"字形构造头部转折部位的三江弧形构造带。研究区位于金沙江地震带，呈南北向展布，与金沙江断裂带及德来—定曲断裂带走向一致。据地震数据统计结果，历史上发生 6 级以上的地震 4 次，均对调查区造成不同程度的波及和危害。其中 1870 年巴塘 7.3 级地震、1973 年炉霍 7.9 级地震、1989 年巴塘 6.7 级地震、2006 年白玉 4.5 级地震，均对白玉县造成不同程度的波及和危害。调查区地震动峰值加速度多为 0.1g。

根据研究区地质灾害发育的主控地质环境要素，选取地形地貌、地质构造、岩土体类型、活动断裂、地震、河流水系、降雨这 7 类影响因素作为评价指标。采用信息量法，根据要素自身属性和空间分布特征，利用 ArcGIS 软件对研究区崩滑流地质灾害易发性进行分区评价（图 4.2-9）。

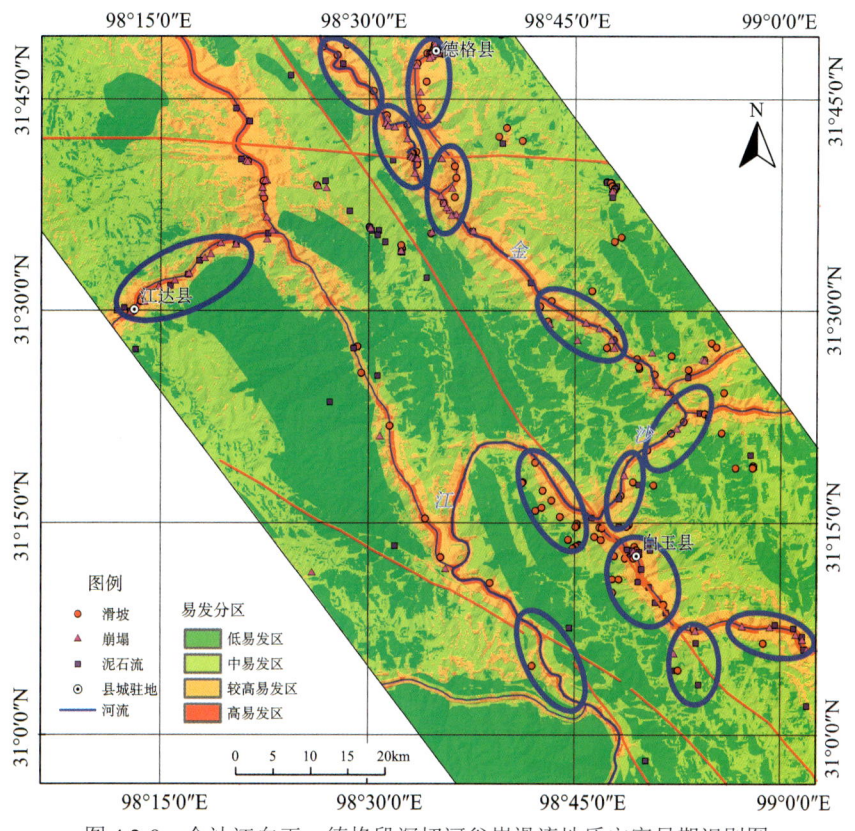

图 4.2-9　金沙江白玉—德格段深切河谷崩滑流地质灾害早期识别图

根据计算得到金沙江铁路段滑坡地质灾害易发性分布特征，将全区划分为高易发区、较高易发区、中易发区和低易发区 4 个不同等级的区域。高易发区面积约为 325km^2，占研究区总面积的 13.75%。研究区新构造运动作用明显，深切峡谷区主要为构造侵蚀高山峡谷地区，山高、坡陡、谷深，斜坡坡度普遍在 30°以上，局部地段可达 60°以上甚至呈悬崖。出露地层主要为上三叠统曲嘎寺组、图姆沟组、拉纳山组，局部有多期岩脉发育，岩性以灰、深灰色砂板岩互层夹中基性火山岩、砂板岩为主，沿江崩坡积、滑坡堆积及冰水堆积台地较为发育。研究区地处金沙江断裂带之间，有多次地震记录。根据高易发性分区圈定 13 个大比例尺调查靶区，进行高精度遥感解译，以及 InSAR 监测和现场调查等识别工作。

(二)高精度遥感地质灾害早期识别

1. 雅砻江典型高山峡谷区

斜坡体前缘河道变窄向外凸出。深切河谷区斜坡体前缘有河流通过时,根据河道的形态来对崩塌、滑坡进行早期识别是有效的。发现河道曲率突变并向外凸出,河道明显变窄,伴随大块孤石、漂石堆积岸坡,河道凸出变窄部分对应的斜坡体极有可能就是老滑坡或古滑坡体(图 4.2-10、图 4.2-11)。老滑坡或古滑坡滑动过程是陡坡变缓的位能释放过程,斜坡体前缘对河道形成挤压,在长期的挤压作用下,河道沿着斜坡变形体前缘逐渐变窄向外凸出。

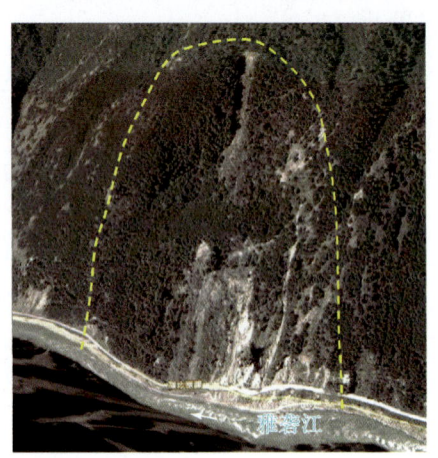

图 4.2-10　昂姜滑坡　　　　　　图 4.2-11　哈几冲滑坡

拉陷槽或洼地。拉陷槽和洼地均为斜坡体上的负地形,是崩塌、滑坡早期识别的有效指标,在遥感影像图上也有其一定的特征。拉陷槽为崩塌、滑坡的一个典型标志,为斜坡体发生变形拉开后,坡体物质下沉形成的局部相对较低的凹槽(图 4.2-12、图 4.2-13)。拉陷槽为斜坡提供了良好的储水条件,强降雨导致地表水迅速灌入拉陷槽内,槽内水头迅速上升,产生静水压力与扬压力,并软化下覆软弱夹层,在两者综合作用下,斜坡失稳发生大规模变形。所以,拉陷槽也是深切河谷区平缓岩层滑坡的一个典型识别标志。拉陷槽在遥感影像图上也有其一定的识别特征,滑坡拉陷槽为一条切开斜坡体的直线。

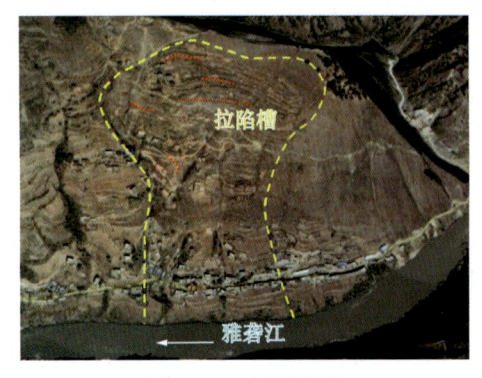

图 4.2-12　西地滑坡　　　　　　图 4.2-13　甲西滑坡

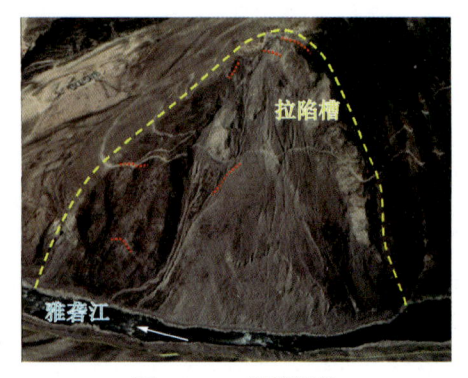

植被高低界限或疏密界限围成圈椅状。在深切河谷区斜坡体的缓倾面，斜坡体发生轻微的变形下错，坡体的表层植被也跟着下错，导致沿着坡体变形边界的植被在遥感图上产生由高变低的界线（图 4.2-14、图 4.2-15）。同时，深切河谷区斜坡体上的冲沟或陡崖通常沿着植被由密变疏的界线发育，冲沟和陡崖为斜坡体的变形启动提供了优越的临空条件。

图 4.2-14　雅江县中学河对面滑坡　　　　图 4.2-15　白玛滑坡

阶梯型斜坡易发生浅表层土质滑坡。浅表层土质滑坡在遥感影像上的平面形态有弧形、圈椅形、马蹄形、新月形、梨形、漏斗形、葫芦形、舌形等（图 4.2-16、图 4.2-17）。在深切河谷区，居民多居住在斜坡的阳坡面，即缓坡面。在缓坡面，斜坡多被居民开垦为耕地和水田，这样斜坡自上而下就形成了多级田坎，田坎高度多在 0.6~1.4m，因而形成阶梯型斜坡的阳坡面存在许多阶梯型斜坡。

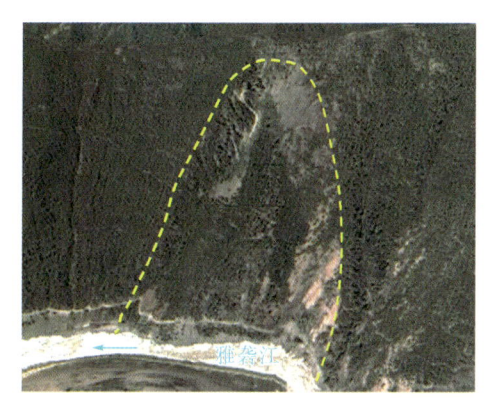

图 4.2-16　鱼洼河滑坡　　　　图 4.2-17　母哈滑坡

2. 大渡河典型高山峡谷区

深切河谷滑坡，其早期直接识别宏观标志斜坡结构，在遥感影像上呈圈椅形、半圆形、舌形、马蹄形、双沟同源等明显的可直接识别的边界条件，微地貌上斜坡结构一般呈上陡下缓型，岸坡临空条件发育，多为高陡岩质岸坡，或挤压河道且被河水侵蚀后多次失稳，坡体结构零乱的土石混合体缓坡。例如，莫日滑坡（图 4.2-18），在遥感影像上呈圈椅状地形，后缘及两侧弧形滑坡壁清晰可见，前缘有明显挤压河道特征，野外调查发现，滑坡后缘形成高 5~40m 的滑坡壁，滑坡体前缘表现为多期次小规模的滑动失稳，挤压大金川河，呈现出不同程度复活迹象。又如，丹巴县红军桥滑坡，从地形上看土石混合体堆积边界清晰，具有侧边界双沟同源特征，前缘大金川河水流湍急，下蚀和侧蚀等侵蚀作用强烈，加之人类削坡修建公路和房屋，导致其临空条件更好，更有利于大规模滑动失稳(图4.2-19)。

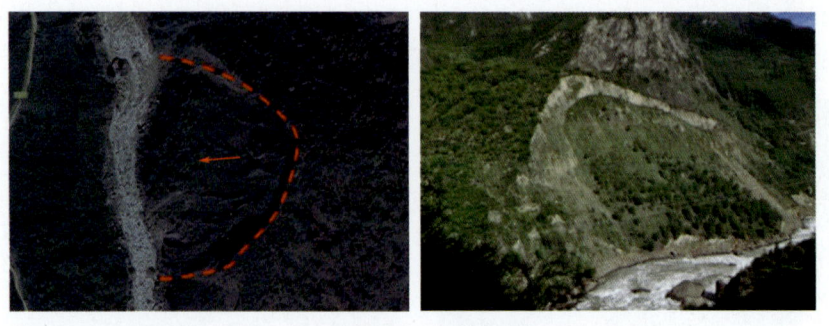

图 4.2-18　大渡河莫日滑坡遥感影像及野外照片

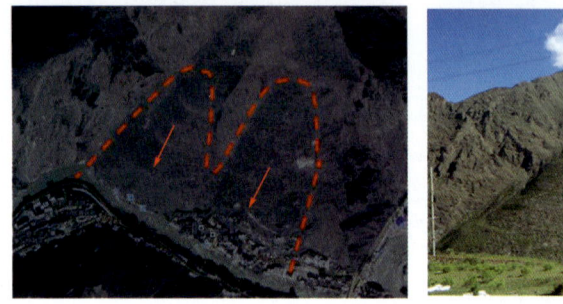

图 4.2-19　大渡河红军桥崩塌、滑坡遥感影像及野外照片

针对大渡河高精度遥感影像和 DEM，采取小、中、大不同比例尺(1∶250万、1∶20万、1∶10000)，从地形地貌、植被发育、人类活动等识别标志，进行深切河谷滑坡早期识别，并逐步增大识别比例尺聚焦变形破坏迹象显著的滑坡，圈定滑坡边界。基于1∶250万遥感影像对大渡河泸定—丹巴段进行早期识别，识别出深切河谷滑坡298处(图4.2-20)。基于1∶20万遥感影像对大渡河丹巴段进行早期识别，识别出土滑坡65处。基于1∶10000现场调查识别出丹巴河段滑坡45处(图4.2-21)。

(三) InSAR 监测地质灾害早期识别

1. 雅砻江典型高山峡谷区

InSAR 监测区域位于川西山区甘孜州雅砻江木里—雅江段深切河谷区(表 4.2-1)。雅砻江木里—雅江段深切河谷平均海拔为2500~2567m，研究区内地形复杂，地势陡峭，不利于人工实地踏勘调查。利用 Sentinel-1A 卫星升轨数据并基于 SBAS-InSAR 技术识别该地区沿河坡体活动性，确定显著的形变区域，并提取在监测时段内的形变速率，确定形变区域在时间和空间上的变化。该区域形变速率分布如图 4.2-22 和表 4.2-2 所示，负值(红色)表示监测对象在视线方向(LOS)远离卫星，正值(绿色)表示靠近卫星。共探测到10处明显正在变形坡体，主要位于麻郎措镇、八衣绒乡、雅砻江镇和三桷垭乡，最大形变速率达到-95mm/a。其他区域无明显形变信号，坡体表面较为稳定。

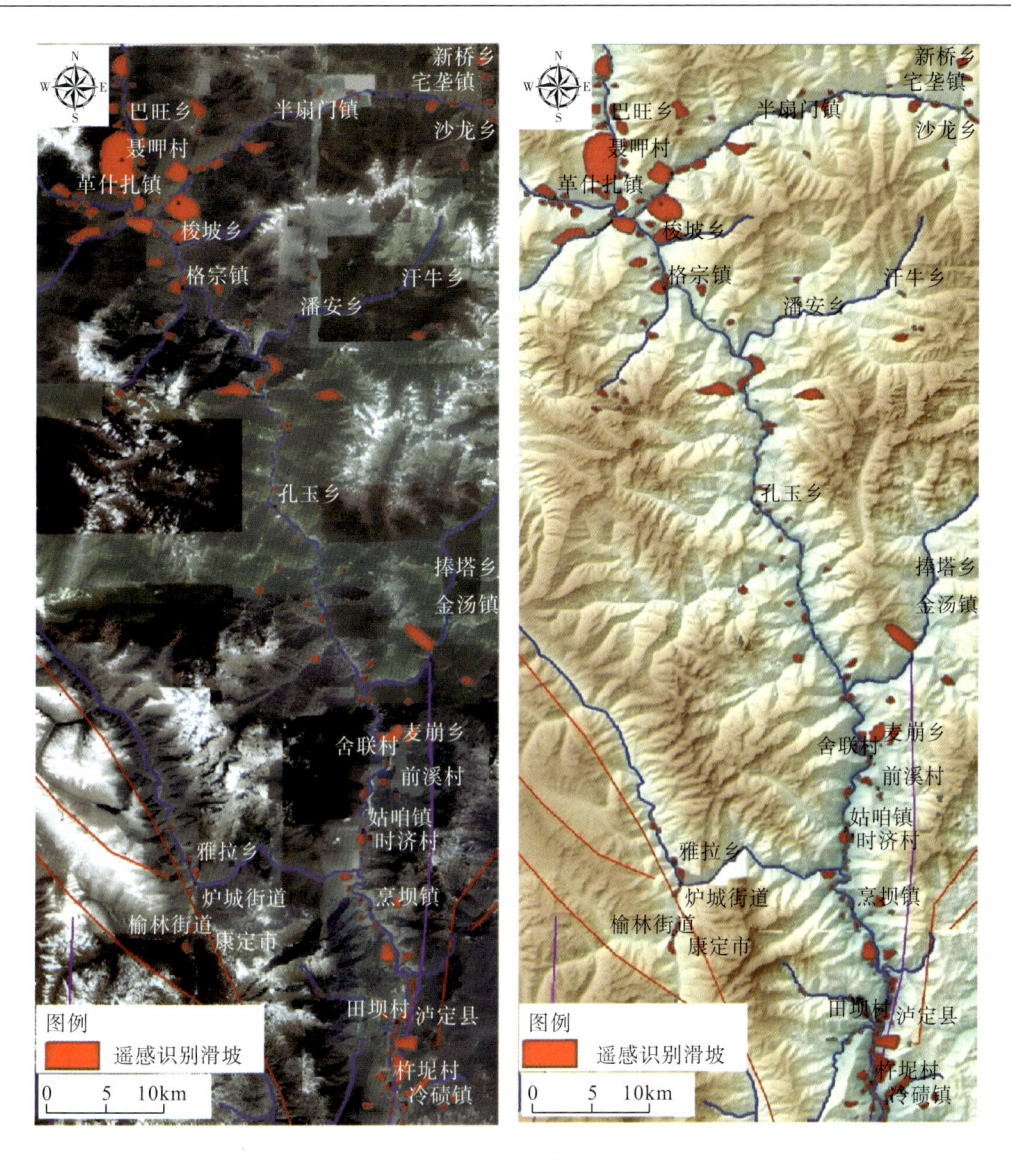

第四章 川西深切河谷区地质灾害隐患识别体系

图 4.2-20 大渡河泸定—丹巴段滑坡遥感影像早期识别（1∶250万）

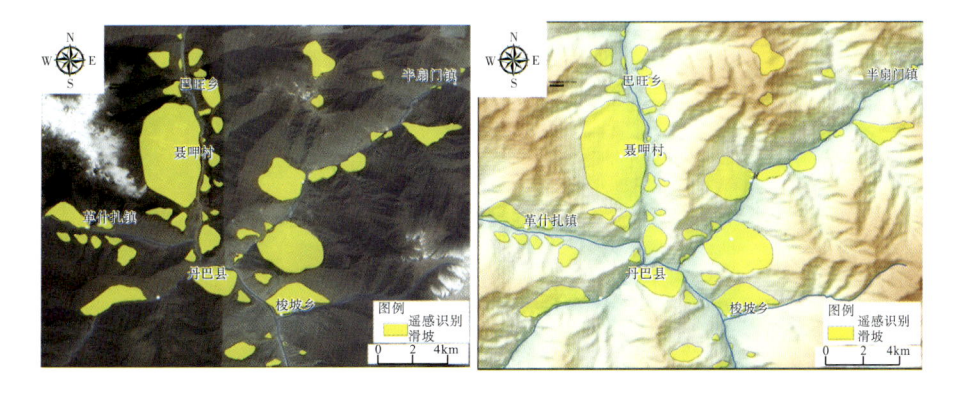

图 4.2-21 大渡河丹巴段滑坡遥感影像早期识别（1∶20万）

表 4.2-1 雅砻江木里—雅江段深切河谷 InSAR 监测成果

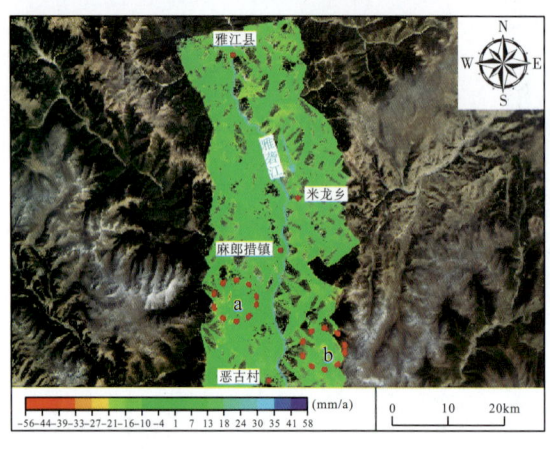

监测分段	地势地貌	最大形变速率/(mm/a)	监测成果
A 监测段（雅江县—恶古村）	平均海拔约 3530m，段内高山林立，地形复杂，地势陡峭	−45~−33	2 处明显正在缓慢变形坡体[图 4.2-22(a)中区域 a、b]
B 监测段（恶古村—牙衣河乡）	平均海拔 3543m，高差大，地形复杂	−95~−57	4 处明显正在缓慢变形坡体[图 4.2-22(b)中区域 a~d]
C 监测段（牙衣河乡—三岩龙乡）	平均海拔约 3782m，段内高山林立，地形复杂，地势陡峭	—	无明显变形坡体[图 4.2-22(c)]
D 监测段（雅砻江镇—田镇村）	平均海拔约 3200m，段内高山林立，地形复杂	−73	2 处明显正在缓慢变形坡体[图 4.2-22(d)中区域 a、b]
E 监测段（卡拉乡—三桷垭乡）	平均海拔大于 2500m，河流深切，岭谷相对高差很大	−53	2 处明显正在缓慢变形坡体[图 4.2-22(e)中区域 a、b]

(a)A监测段

(b)B监测段

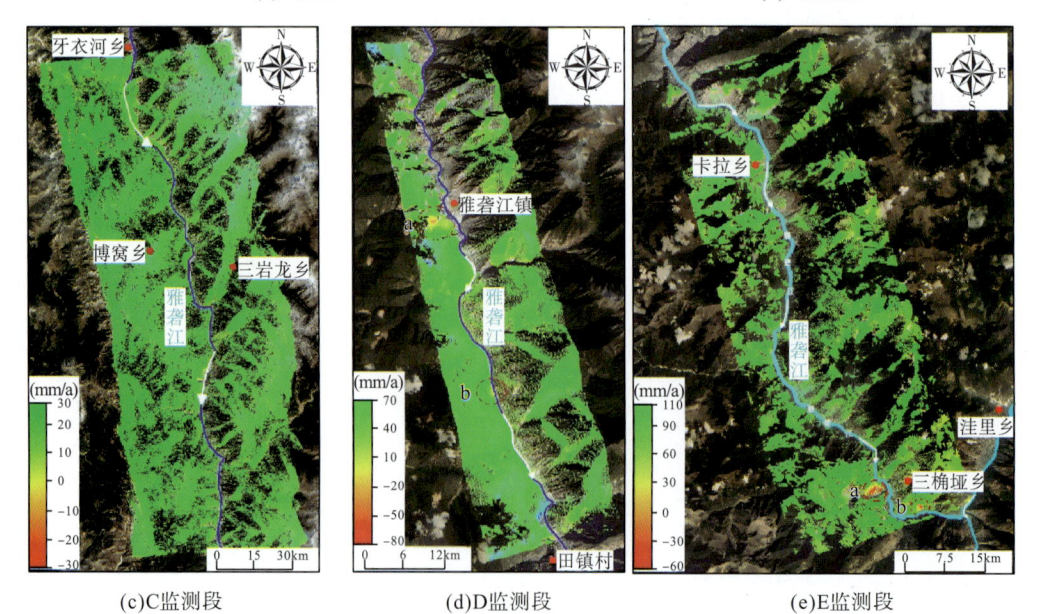

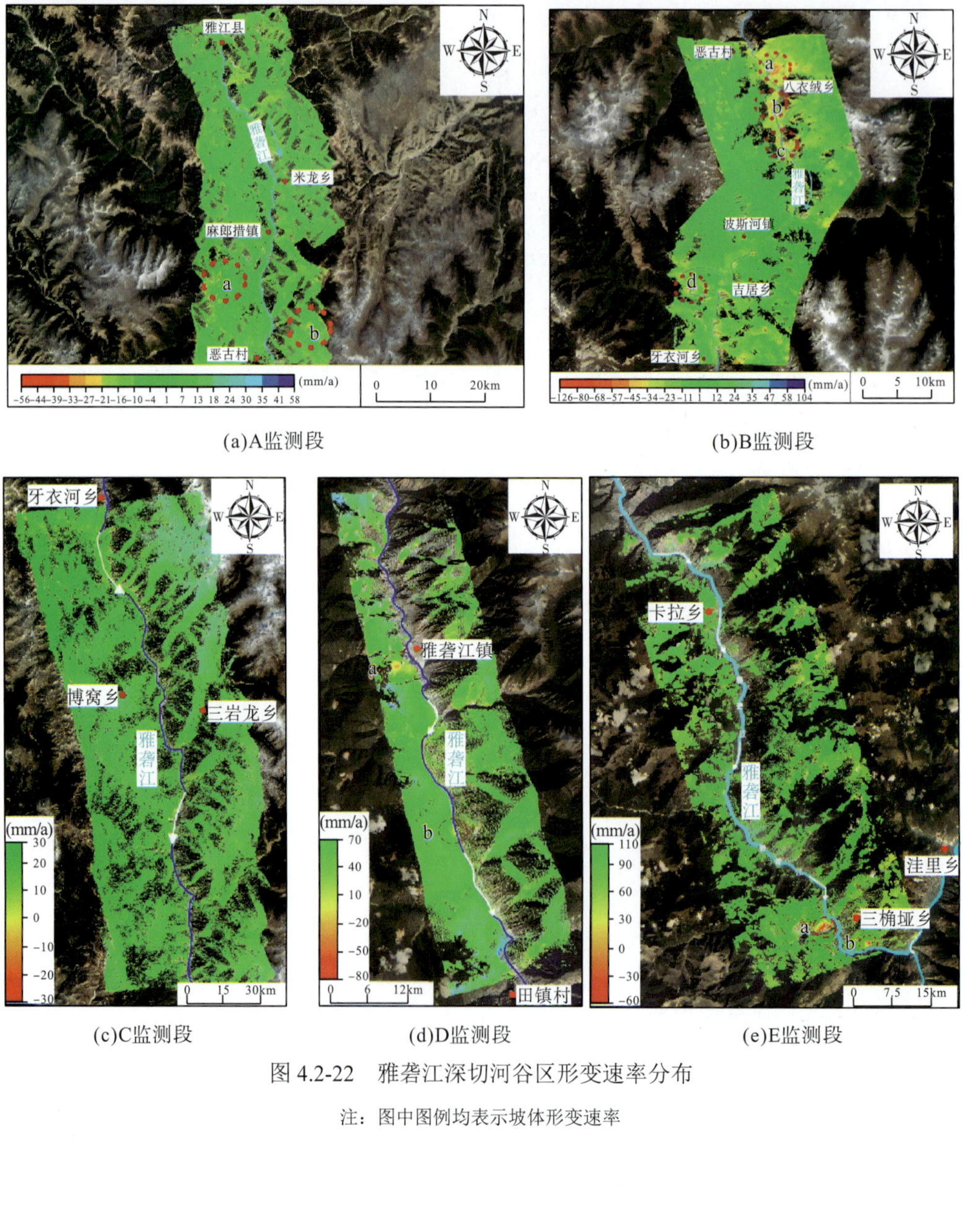

(c)C监测段

(d)D监测段

(e)E监测段

图 4.2-22 雅砻江深切河谷区形变速率分布

注：图中图例均表示坡体形变速率

表 4.2-2　雅砻江木里—雅江段深切河谷 InSAR 监测典型滑坡早期识别

编号	标注代号	早期识别基本特征	形变速率分布	特征点形变时序
1	图 4.2-22 (a)-a	雅砻江西岸，高程为 4195～4600m，平均坡度为约 28°，高位坡体。坡体海拔高，植被覆盖较少，坡体两侧为裸露的岩石。坡体上有大量比较好的松散堆积物。坡体区中部和上部存在少量相干性比较好的区域，坡体整体相干性较好，监测结果表明坡体存在明显的形变信号。坡体的形变速率主要位于坡体的中部与下部，形变速率可达−48～−38mm/a		
2	图 4.2-22 (a)-b	雅砻江东岸坡肩带，高程为 4471～4810m，高差为 339m。平均坡度约为 44°，属于高位陡峭坡体。坡体海拔高，植被覆盖较少，坡体受侵蚀风化严重，存在大量的松散物质。坡体相干性较好，监测结果表明坡体存在明显的形变信号。坡体的形变速率呈现出明显的漏斗状，形变速率可达−33～−24mm/a		
3	图 4.2-22 (b)-a	雅砻江东岸，高程为 2463～3085m，高差为 622m，平均坡度约为 30°。坡体植被较少，整体相干性较好，变形区在此地形地貌上呈现阶梯状特征，其中鲁日村位于海拔 2986～3085m，上方存在高位坡体的下方。次哨村、下次哨村位于鲁日村坡体的下方。形变监测结果表明，形变主要位于鲁日村以及鲁日村至下次哨村之间的坡体，形变速率可达−76～−41mm/a		

续表

编号	标注代号	早期识别基本特征	形变速率分布	特征点形变时序
4	图4.2-22(b)-b	雅砻江西岸，南侧形变高程为2462～2858m，高差为396m，平均坡度约为54°。北侧形变顶高程为2464～3140m，高差为676m，平均坡度约为59°。两侧坡体植被较少，相干性较好。由于坡体中上部植被较密，相干性差造成部分区域失相干，因此坡体整体中上部区域相干点的数量相对较少。主要形变区形变速率可达-95～-36mm/a。其余部分整体形变速率不大，表面较为稳定		
5	图4.2-22(b)-c	雅砻江西岸，北侧形变顶高程为2452～2896m，高差为444m，平均坡度约为54°。南侧形变坡度平均坡度约为59°，两侧坡体植被较少，相干性较好。由于坡体中上部植被较为茂密，相干性差区域失相干，相干性较差区域失相干较多，此部分区域成部分区域的形变速率可达-66～-41mm/a		
6	图4.2-22(b)-d	雅砻江西岸，高程为2295～2853m，平均高差为558m，两侧坡体植被较少，其余部坡度约为58°，相干性较好，表面较为稳定。选取3个特征点，分整体形变速率不大，其中P1位于坡体上部，P2位于坡体中下部，P3位于坡体中部。P1点的累积形变最大，P2点累积形变次之，达到约-54mm；P3点累积形变约-47mm；P3点累积形变最小，达到约-42mm，可见坡体整体都存在明显的形变		

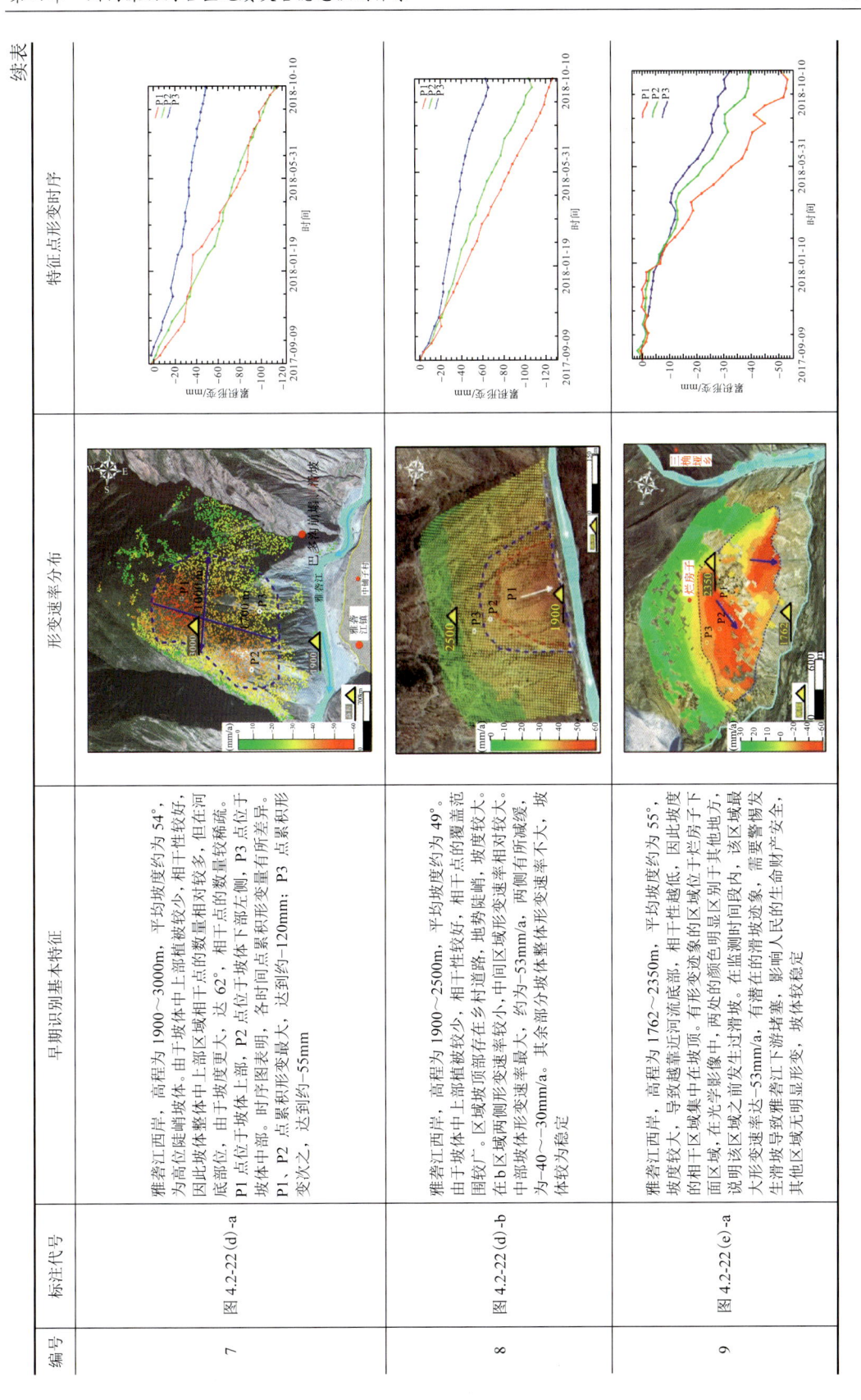

第四章 川西深切河谷区地质灾害隐患识别体系

续表

编号	标注代号	早期识别基本特征	形变速率分布	特征点形变时序
7	图4.2-22(d)-a	雅砻江西岸，高程为1900~3000m，平均坡度约为54°，为高位陡峭坡体。由于坡体中上部植被较少，相干性较好，因此坡体整体相干点的数量相对较多，但在河底部位，由于坡度更大，达62°，相干点的数量较稀疏。P1点位于坡体上部，P2点位于坡体左侧，P3点位于坡体中部。时序图表明，各时间点累积形变量有所差异。P1、P2点累积形变最最大，达到约-120mm；P3点累积形变次之，达到约-55mm		
8	图4.2-22(d)-b	雅砻江西岸，高程为1900~2500m，平均坡度约为49°。由于坡体中上部植被较少，相干性较好，相干点的覆盖范围较广。区域坡顶部存在乡村道路，地势陡峭，坡度较大，在b区域两侧形变速率较小，中间区域形变速率相对较大，中部坡体形变速率最大，约为-53mm/a，两侧有所减缓，为-40~-30mm/a。其余部分坡体整体形变速率不大，坡体较为稳定		
9	图4.2-22(e)-a	雅砻江西岸，高程为1762~2350m，平均坡度约为55°，坡度较大，导致越靠近河流底部，相干性越低，因此坡度的相干区域集中在坡顶。有形变速率迹象，但图像中在光学影像中，两坡位过滑坡，在监测时间段内，该区域最大形变速率达-53mm/a，有潜在的滑坡迹象，滑坡导致雅砻江下游堵塞，影响人民的生命财产安全。生滑坡导致雅砻江下游形变，其他区域无明显形变，坡体较稳定		

在雅砻江木里—雅江—新龙段潜在灾害点早期识别工作中，木里—雅江段深切河谷探测出 10 处潜在崩塌、滑坡(表 4.2-3)；雅江—新龙段共探测出 38 处正在发生蠕变的不稳定坡体，其中共有 5 处威胁等级高的区域，分布于恶古村—牙衣河乡与雅砻江镇—田镇村区域。

表 4.2-3　雅砻江潜在地质灾害早期识别结果列表

编号	滑坡名称	经纬度	变形范围 [宽×长(m×m)]	最大形变速率 /(mm/a)	平均坡度 /(°)	高程范围/m	植被	威胁对象	威胁等级
1	诺洛嘎	101°0′36″E, 29°43′5″N	1300×200	48	25	4195~4600	低	无	低
2	水嘎	101°8′56″E, 29°39′1″N	900×200	33	40	4471~4810	低	无	低
3	鲁日	101°7′35″E, 29°34′43″N	1800×1000	76	27	2464~3085	低	村落与雅砻江	高
4	日阿	101°7′2″E, 29°32′28″N	2200×900	95	51	2462~3140	低	村落与雅砻江	高
5	日衣	101°7′41″E, 29°30′29″N	2100×500	66	51	2452~2896	低	村落与雅砻江	高
6	木恩	101°0′37″E, 29°20′33″N	500×800	57	52	2295~2853	低	雅砻江	中
7	中铺子	101°12′30″E, 28°35′04″N	1320×700	73	54	1900~3000	中	村落与雅砻江	高
8	麻撒	101°14′21″E, 28°29′07″N	360×400	46	49	1900~2500	低	村落与雅砻江	高
9	阳山	101°27′32″E, 101°27′32″E	710×1000	53	56	1762~2350	低	雅砻江支流	中
10	独家	101°30′07″E, 28°03′31″N	630×700	60	50	1600~2200	低	雅砻江	中

2. 大渡河典型高山峡谷区

本次 InSAR 监测区域位于川西山区甘孜州大渡河泸定—金川段深切河谷区(表 4.2-4)。利用 Sentinel-1A 卫星升轨数据并基于 SBAS-InSAR 技术识别该地区沿河坡体活动性，确定显著的形变区域，并提取在监测时段内的形变速率，确定形变区域在时间和空间上的变化。该区域形变速率分布如图 4.2-23 和表 4.2-5 所示，负值(红色)表示监测对象在视线方向(LOS)远离卫星，正值(绿色)表示靠近卫星。共探测到 18 处明显正在缓慢变形坡体，主要位于曾达乡、巴旺乡、大渡河(聂呷村—格宗镇段)右岸、开绕村、干沟村和浸水村，最大形变速率达到-166~-70mm/a。其他区域无明显形变信号，坡体表面较为稳定。

表 4.2-4　大渡河泸定—金川段深切河谷 InSAR 监测成果

监测分段	地势地貌	最大形变速率 /(mm/a)	探测成果
A 监测段 (巴旺乡—诺里塘)	平均海拔约 2000m，段内高山林立，地形复杂，地势陡峭	-166	3 处明显正在缓慢变形坡体 [图 4.2-23(a)中区域 a~c]
B 监测段 (聂呷村—格宗镇)	平均海拔约 2567m，高差大，地形复杂	-180	8 处明显正在缓慢变形坡体 [图 4.2-23(b)中区域 a~h]
C 监测段 (马尔村—三黄寨)	平均海拔约 1800m，段内高山林立，地形复杂，地势陡峭	-132	2 处明显正在缓慢变形坡体 [图 4.2-23(c)中区域 a、b]

第四章　川西深切河谷区地质灾害隐患识别体系

续表

监测分段	地势地貌	最大形变速率 /(mm/a)	探测成果
D 监测段 (孔玉乡—舍联村)	平均海拔约 2000m，高山林立，地形复杂	−109～−70	3 处明显正在缓慢变形坡体 [图 4.2-23(d)中区域 a～c]
E 监测段 (杵坝村—赶羊村)	平均海拔约 1400m，段内高山林立，地形复杂，地势陡峭	−91	2 处明显正在缓慢变形坡体 [图 4.2-23(e)中区域 a、b]

(a)A监测段　　(b)B监测段　　(c)C监测段

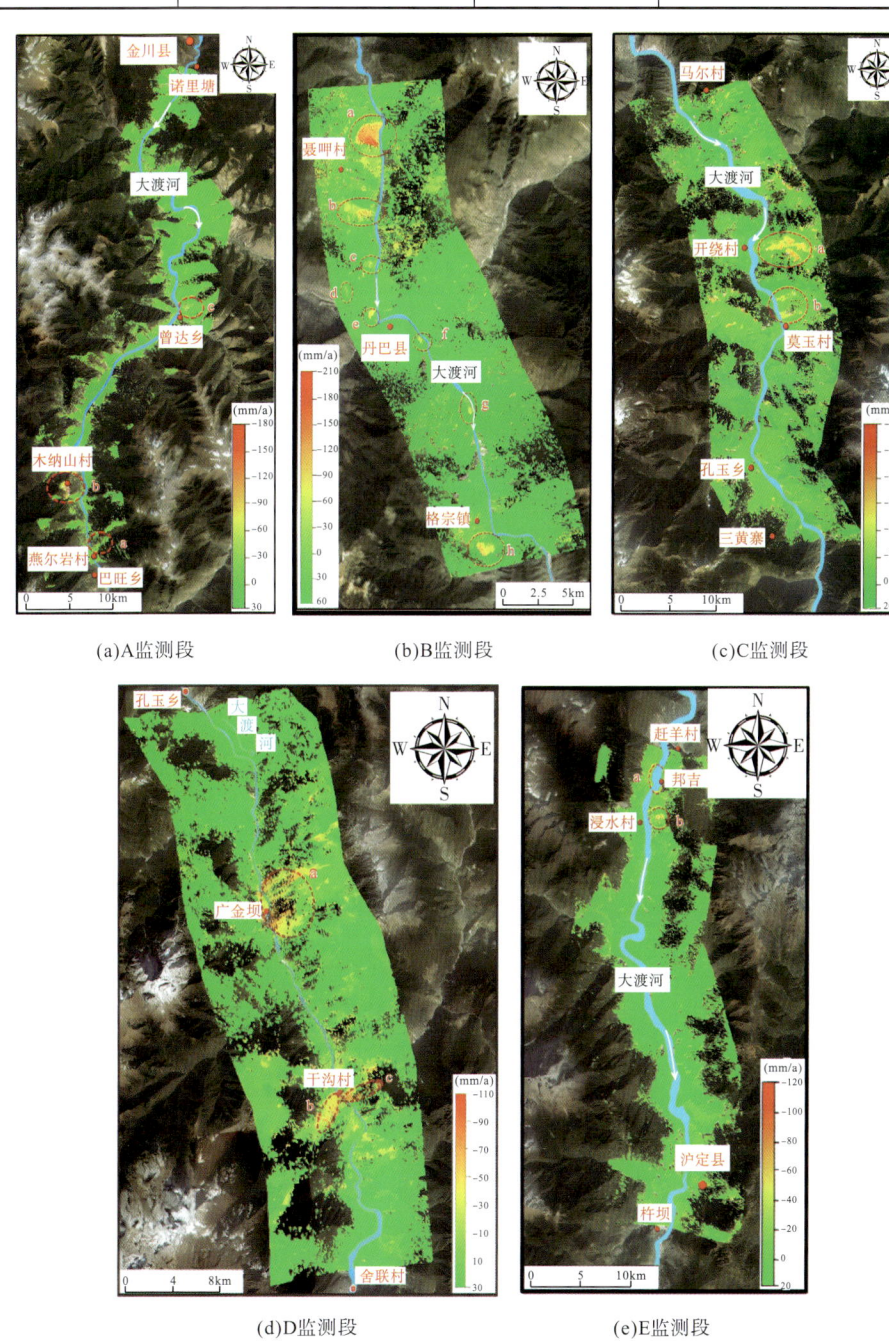

(d)D监测段　　(e)E监测段

图 4.2-23　大渡河深切河谷区形变速率分布

注：图例表示坡体形变速率

表 4.2-5　大渡河泸定—金川段深切河谷 InSAR 监测滑坡变形特征

编号	标注代号	监测基本特征	形变速率分布	特征点形变时序
1	图 4.2-23 (a)-a	大渡河东岸，高程为 2000~3100m，平均坡度约为 68°，植被较密，坡体整体中下部区域相对较少。发生大规模失稳可能造成大渡河堵塞，危及沿岸村民的生命以及财产安全。两侧形变速率较小，其次是坡体上的居民地及群地。中部南侧坡体形变速率较大，为 -160~-100mm/a，中部北侧形变速率有所减缓，为 -100~-60mm/a。整体形变速率不大，较为稳定		
2	图 4.2-23 (a)-b	大渡河西岸，高程为 2000~3100m，平均坡度约为 54°，为高位陡峭坡体，相干点的数量相对较少。发生大规模滑坡，危及木纳山村居民财产安全。极易阻断省道 S211 并堵塞大渡河。中间往上，往下区域形变速率较大，达 -166~-110mm/a。中偏右侧部分形变速率有所减缓，为 -110~-80mm/a。坡体整体形变速率不大，表面较为稳定		
3	图 4.2-23 (a)-c	大渡河西岸，高程为 2100~3200m，平均坡度约为 54°，为高位陡峭坡体，植被较为稀疏，相干性较好，中上部区域失相干点的数量相对较少。坡体发生滑坡，会对大渡河造成堵塞威胁，极易堵塞危及乡居民的生命及财产安全。斜坡两侧形变速率较小，中间形变速率较大。所在坡体中部存在明显形变现象，其中中部偏左侧部分形变速率有变化，表现较为稳定，达 -101~-80mm/a。除中间部分的其他区域没有形变		
4	图 4.2-23 (b)-a	大渡河东岸，高程为 1943~2429m，平均坡度约为 27°，长度为 1000m，形变平均宽度为 900m，属干大型塑滑坡。滑坡大部分区域植被较稀疏，相干性好。斜坡体形变主要集中在左侧，中偏右侧部分形变速率较小，但整个坡部形变速率较大，达 -200mm/a，左侧部分形变部分有所减缓，为 -90~-60mm/a。构造上比中部偏右侧几处断层合，断层合处断层左侧，即形变区域位于形变区左侧，几处严重区域		

108　　川西高原山区地质灾害监测预警与风险评价研究

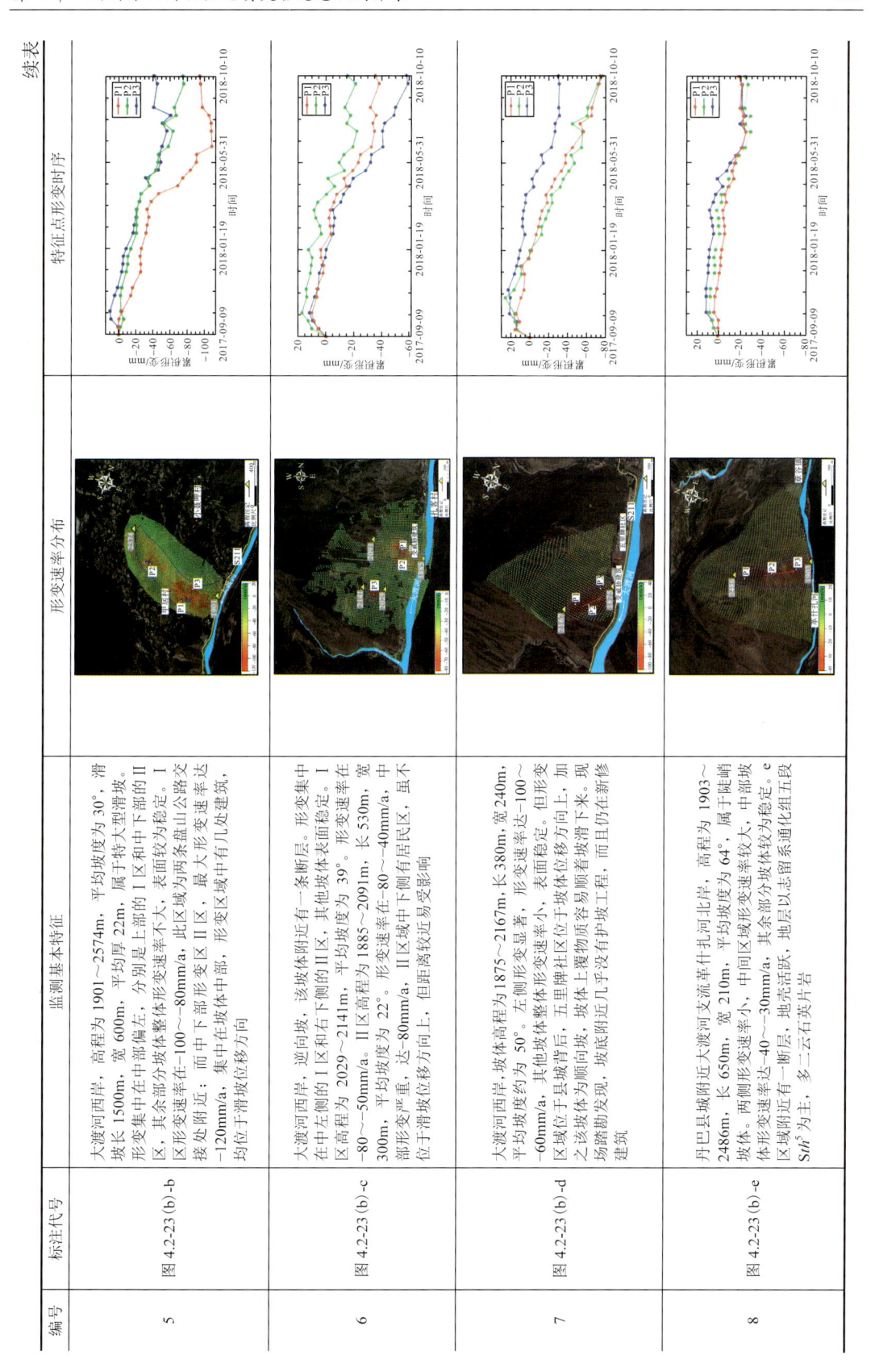

第四章　川西深切河谷区地质灾害隐患识别体系

续表

编号	标注代号	监测基本特征	形变速率分布	特征点形变时序
5	图4.2-23(b)-b	大渡河西岸，高程为1901～2574m，平均坡度为30°，滑坡长1500m，宽600m，平均厚22m，属于特大型滑坡。形变集中在中部偏左，分别是上部的Ⅱ区，Ⅰ区和中下部的Ⅱ区，其余部分坡体整体形变速率不大，表面较为稳定。Ⅰ区形变速率在-100～-80mm/a，此区域为两条盘山公路交接处附近；而中下部形变区Ⅱ区，最大形变速率达-120mm/a。集中在坡中部，形变区域中有几处建筑，均位于滑坡位移方向		
6	图4.2-23(b)-c	大渡河西岸，逆向坡，该坡体附近有一条断层。形变集中在中左侧的Ⅰ区和右下侧的Ⅱ区，其他坡体表面稳定。Ⅰ区高程为2029～2141m，平均坡度为39°。形变速率在-80～-50mm/a。Ⅱ区高程1885～2091m，宽300m，长530m，平均坡度为22°。形变速率在-80～-40mm/a。中部形变严重，达-80mm/a。Ⅱ区域中下侧有居民区，虽不位于滑坡位移方向上，但距离较近易受影响		
7	图4.2-23(b)-d	大渡河西岸，坡体高程为1875～2167m，长380m，宽240m，平均坡度约为50°。左侧形变显著，形变速率达-100～-60mm/a。其他区域形变整体形变速率小，表面稳定。但形变区域位于县城背后，五里牌社区位于坡体上覆物质容易顺着坡滑下来，加之该坡体为顺向坡，坡体上覆物质容易顺着坡滑下来，现场踏勘发现，坡底附近几乎没有护坡工程，而目前仍在新修建筑		
8	图4.2-23(b)-e	丹巴县城附近大渡河支流革什扎河北岸，高程为1903～2486m，长650m，宽210m，平均坡度为64°，属于陡峭坡体。两侧形变速率较大，中部坡体变形速率达-40～-30mm/a，其余部分坡体变形较为稳定。e区域附近有一断层，地壳活跃，地层以志留系通化组五段Sn⁵为主，多二云石英片岩		

续表

编号	标注代号	监测基本特征	形变速率分布	特征点形变时序
9	图 4.2-23 (b)-f	大渡河西岸，高程为1886~2014m，长200m，宽310m，平均坡度为39°。形变区域坡位于右下侧，形变速率在-80~-40mm/a。其余部分坡体较为稳定。坡体地层以志留系通化组六段(Sth^6)和更新统冲洪积层Q_p^{al+pl}为主，岩石常见云母片岩。坡体形变区域主要位于志留系岩体上，岩体位移方向上有密集的居民区（如白色区域）和乡道		
10	图 4.2-23 (b)-g	大渡河西岸，高程为1852~1938m，长100m，宽240m，平均坡度为58°。坡顶上侧存在泽公村，坡脚有道省道S211穿过形变区域。左下侧形变速度明显，表面较为稳定，形变速率达-80mm/a。其余部分坡体形变速率不大。大型古滑坡，地层以全新统残坡积层Q_h^{del}和志留系通化组三段(Sth^3)为主，岩石来少量二云石英片岩		
11	图 4.2-23 (b)-h	大渡河南岸，坡顶高程为2328m，坡底高程为1932m，长630m，宽510m，平均坡度为39°。坡底右上侧在格宗村，形变过区域有星居民区。区域两侧形变速率较小，中左侧区域坡形变速率较大，达-100~-40mm/a，中下侧部分形变速率有所减缓，其余部分坡体较为稳定		
12	图 4.2-23 (c)-a	大渡河东岸，高程为2300~3589m，平均坡度约72°，属于高位陡峭坡体。坡体整体植被较为茂密，坡体整体下部区域相对较小，甚至危及发生滑坡。若坡体发生滑坡，会造成大渡河堵塞，形变的数量相对较小，危及下游人民的生命及财产安全。两侧形变速率较小，中间及上部坡体形变速率相对较大，坡体上以岩石和植被为主。下部坡体形变速率有所减缓，达-120~-80mm/a。坡体整体形变速率不大，为-80~-60mm/a，较为稳定		

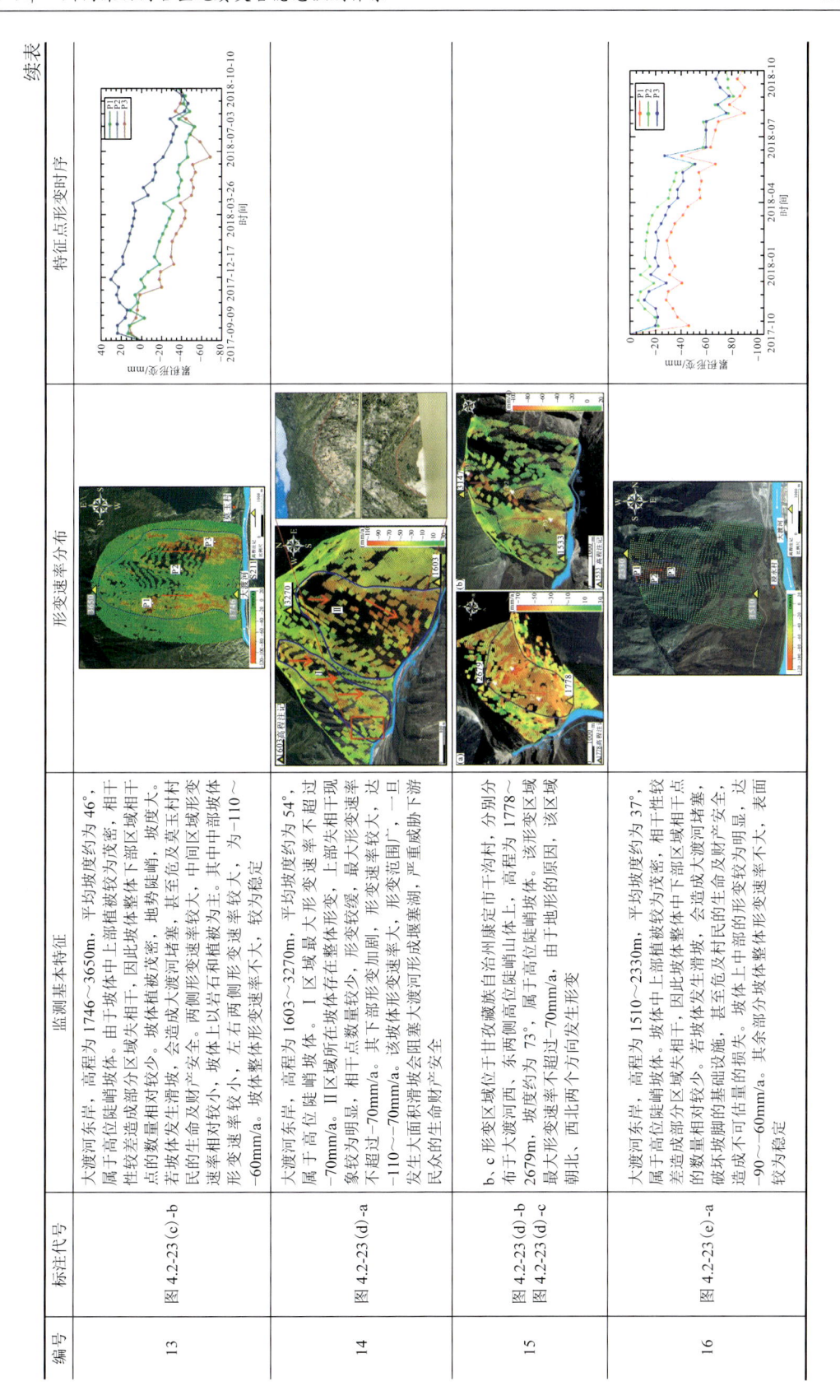

续表

编号	标注代号	监测基本特征	形变速率分布	特征点形变时序
13	图4.2-23 (c)-b	大渡河东岸,高程为1746~3650m,平均坡度约为46°,属于高位陡峭坡体。由于坡体中上部植被较为茂密,相干性较差造成部分区域失相干。因此坡体整体下部区域相干点的数量相对较少,坡体植被茂密,地势陡峭,坡度大。若坡体发生滑坡,会造成大渡河堵塞,甚至危及葵玉村村民的生命及财产安全。中间区域形变速率相对较为,坡体上以右侧和植被较为主,其中中部坡体形变速率较小,左右两侧形变速率较大,为-110~-60mm/a。坡体整体形变速率不大,较为稳定		
14	图4.2-23 (d)-a	大渡河东岸,高程为1603~3270m,平均坡度约为54°,属于高位陡峭坡体。I 区域最大形变速率不超过-70mm/a。II 区域所在坡体存在整体形变,上部失相干现象较为明显,相干点数量较少。形变较缓,最大形变速率不超过-70mm/a。其下部形变加剧,形变速率较大,达-110~-70mm/a。该坡体形变速率大,形变范围广,一旦发生大面积滑坡会阻塞大渡河形成堰塞湖,严重威胁下游民众的生命财产安全		
15	图4.2-23 (d)-b 图4.2-23 (d)-c	b、c 形变区域高位陡峭山体上,分别分布于大渡河西、东两侧高位陡峭山体上,高程为1778~2679m,坡度约为73°,属于高位陡峭坡体。最大形变速率不超过-70mm/a。由于地形地貌原因,该区域发生大面积滑坡可能性较小,西北、西南两个方向发生形变朝北		
16	图4.2-23 (e)-a	大渡河东岸,高程为1510~2330m,平均坡度约为37°,属于高位陡峭坡体。坡体中上部植被较为茂密,相干性较差造成部分区域失相干。因此坡体整体中下部区域相干点的数量相对较少,碎坡坡脚的基础设施,甚至危及村民的生命及财产安全。若坡体发生滑坡,会造成大渡河堵塞,破坏坡脚的基础设施。坡体上中部的形变速率较大明显,达-90~-60mm/a。其余部分坡体形变速率不大,表面较为稳定		

大渡河泸定—金川段潜在灾害点早期识别，共探测出 17 处正在发生蠕变的不稳定坡体，其中有 5 处威胁等级高的区域（表 4.2-6）。

表 4.2-6　大渡河泸定—金川段深切河谷潜在灾害点早期识别

编号	滑坡名称	经纬度	变形范围（宽×长）/(m×m)	最大形变/mm	坡度/(°)	高程/m	植被	威胁对象	威胁等级
1	曾达	102.0128°E, 31.2040°N	1830×2090	101	76	2100～3200	中部稀疏	大渡河、村落	高
2	木纳山	101.8523°E, 31.0658°N	2050×1290	113.78	68	2000～3100	中部稀疏	大渡河、村落	高
3	燕尔岩	101.8721°E, 31.8721°N	2310×2090	160	68	2000～3100	植被茂密	大渡河、村落	高
4	聂拉	101.8770°E, 30.9615°N	370×970	198.17	45	1944～2429	植被茂密	大渡河、省道	高
5	甲居	101.8755°E, 30.9283°N	560×1720	112.73	34	1901～2574	植被茂密	大渡河、村落	高
6	扎客	101.8796°E, 30.9069°N	1270×740	67.32	73	1885～2091	植被稀疏	村落、公路	中
7	五里牌	101.8777°E, 30.8853°N	380×330	101.38	53	1875～2167	植被茂密	城镇	高
8	麻索寨	101.8638°E, 30.8957°N	200×700	40.04	88	2484～2742	植被稀疏	公路	低
9	八家寨	101.9041°E, 30.8746°N	380×330	85.71	49	1851～2093	植被稀疏	城镇	中
10	泽公	101.9317°E, 30.8440°N	360×100	75.83	60	1852～1938	中部稀疏	省道	低
11	格宗	101.9430°E, 30.7845°N	610×800	89.79	72	1932～2328	植被稀疏	村落、公路	高
12	开绕	102.0740°E, 30.6727°N	1320×2000	120	70	2300～3589	植被茂密	大渡河	低
13	莫玉	102.0761°E, 30.6280°N	3500×2125	110	47	1746～3650	植被茂密	大渡河	高
14	广金坝	102.1270°E, 30.3917°N	2094×3083	105.03	52	1604～3270	上部密下部疏	大渡河	中
15	干沟	102.1774°E, 30.2825°N	1890×2390	80.3	73	1534～3147	上部密下部疏	大渡河	低
16	邦吉	102.1745°E, 30.1656°N	500×800	90	55	1510～2330	植被稀疏	大渡河	低
17	浸水	102.1838°E, 30.1355°N	500×230	90	37	1450～1830	底部稀疏	大渡河	低

3. 金沙江典型高山峡谷区

川西金沙江典型高山峡谷区 2017 年底至 2019 年初的两幅 RADARSAT-2 卫星超精细（extra fine，XF）模式影像，对中心下滑速率大于 30mm/a 的滑坡位置点进行聚类提取，图幅 1 共提取到超过 5000 个滑坡隐患点，总面积为 169.39km^2；图幅 2 共提取到超过 6000 个滑坡隐患点，面积为 142.40km^2（图 4.2-24）。面积超过 0.1km^2 的滑坡数为 200 个左右。

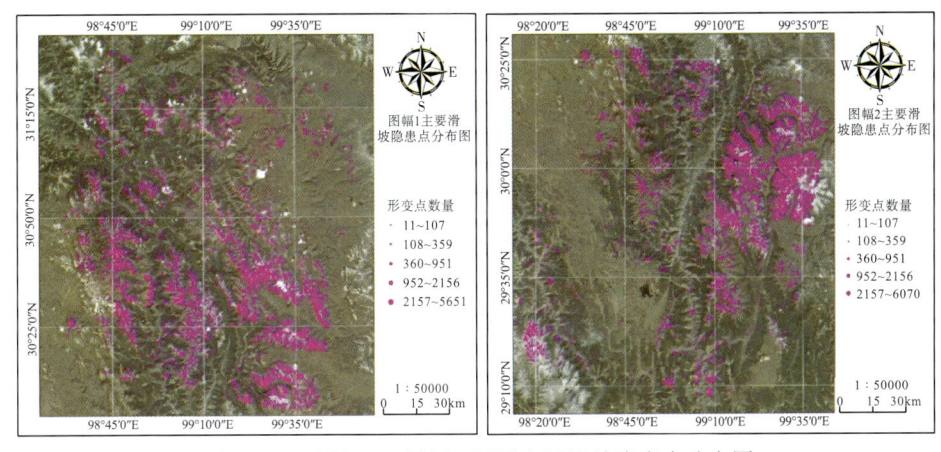

图 4.2-24　图幅 1、图幅 2 区域主要滑坡隐患点分布图

利用 InSAR 影像解译得到的形变序列进一步确定各个隐患点随时间变化的特点，为评估各隐患点后期滑动的可能性提供参考。表 4.2-7 给出了金沙江沿岸 500m 范围内主要滑坡隐患点的具体地理位置，并选择滑坡隐患点中心区域一点绘制时序形变特征曲线。

表 4.2-7　金沙江沿岸典型滑坡隐患点时空形变特征

滑坡隐患点名称	地理位置	最大形变速率/(mm/a)	所属行政区划
埃果滑坡	(98.7479°E, 31.4625°N)	−200	江达县

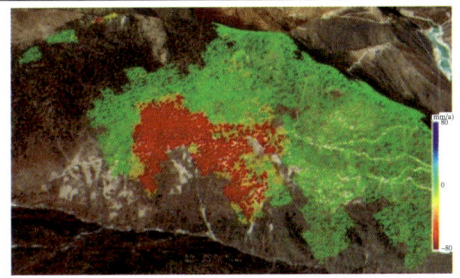

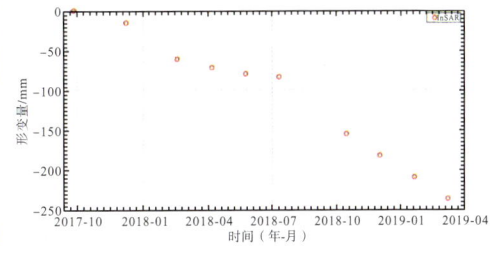

时序形变特征：2018 年 10 月左右出现明显变形加速拐点；
空间形态描述：前缘距后缘最长约 800m，左侧距右侧平均长度为 1000m，可确定滑坡边界范围，未发现明显滑动迹象

滑坡隐患点名称	地理位置	最大形变速率/(mm/a)	所属行政区划
埃白滑坡	(98.7814°E, 31.4578°N)	−60	江达县

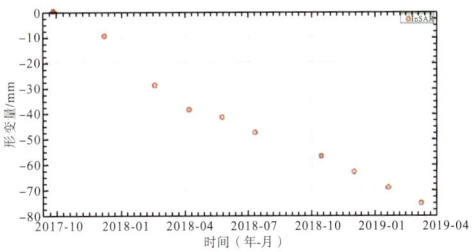

时序形变特征：无明显变形加速拐点，总体呈线性形变趋势；
空间形态描述：前缘距后缘最长约 800m，左侧距右侧平均长度为 200m，滑坡体后缘部分存在明显滑动迹象

续表

滑坡隐患点名称	地理位置	最大形变速率/(mm/a)	所属行政区划
改纳滑坡	(98.8079°E, 31.4445°N)	−160	江达县

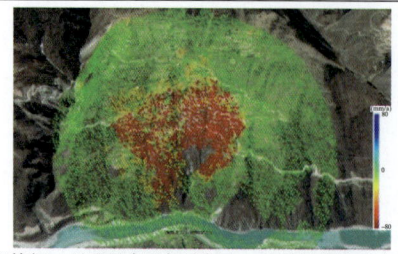

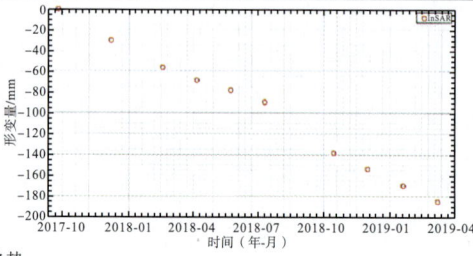

时序形变特征：无明显变形加速拐点，总体呈线性形变趋势；
空间形变描述：前缘距后缘最长约1000m，左侧距右侧平均长度为900m，前缘有明显滑动迹象，且存在多处已经发生的小滑坡

滑坡隐患点名称	地理位置	最大形变速率/(mm/a)	所属行政区划
沃达滑坡	(98.8294°E, 31.4351°N)	−210	江达县

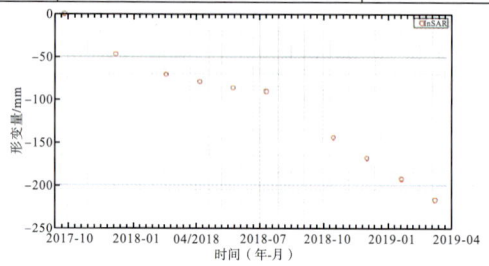

时序形变特征：2018年7月左右出现明显变形加速拐点；
空间形态描述：前缘距后缘平均长约900m，左侧距右侧平均长度为700m，前缘右侧存在明显滑落迹象

滑坡隐患点名称	地理位置	最大形变速率/(mm/a)	所属行政区划
探戈滑坡	(98.7990°E, 31.3249°N)	−240	江达县

时序形变特征：无明显变形加速拐点，总体呈线性形变趋势；
空间形态描述：前缘距后缘最长约1200m，左侧距右侧平均长度为700m，前缘和后缘明显剥落

滑坡隐患点名称	地理位置	最大形变速率/(mm/a)	所属行政区划
旭有贡滑坡	(98.7773°E, 31.2730°N)	−79	白玉县

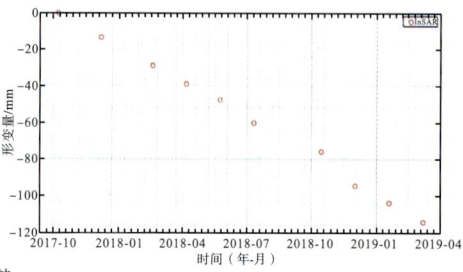

时序形变特征：无明显变形加速拐点，总体呈线性形变趋势；
空间形态描述：前缘距后缘最长为400m，左侧距右侧平均长度为300m，滑坡体上存在多处已发生的小滑坡

第四章　川西深切河谷区地质灾害隐患识别体系　　115

续表

滑坡隐患点名称	地理位置	最大形变速率/(mm/a)	所属行政区划
杂拥滑坡	(98.7570°E，31.2517°N)	−85	江达县

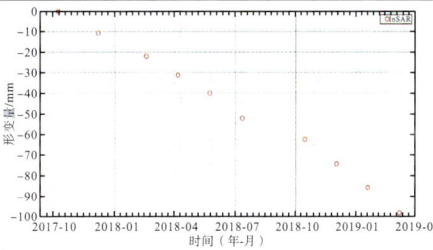

时序形变特征：无明显变形加速拐点，总体呈线性形变趋势；
空间形态描述：前缘距后缘最长约800m，左侧距右侧平均长度为400m，未见明显滑动迹象，左右边界可确定

滑坡隐患点名称	地理位置	最大形变速率/(mm/a)	所属行政区划
沙丁滑坡	(98.7283°E，31.2843°N)	−145	白玉县

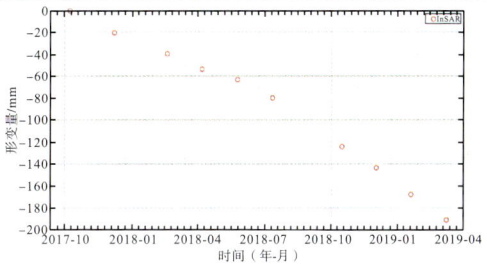

时序形变特征：无明显变形加速拐点，总体呈线性形变趋势；
空间形态描述：前缘距后缘最长约1500m，左侧距右侧平均长度为700m，整个滑坡分为上、下两个子滑坡体

滑坡隐患点名称	地理位置	最大形变速率/(mm/a)	所属行政区划
圭利滑坡	(98.6973°E，31.1222°N)	−120	江达县

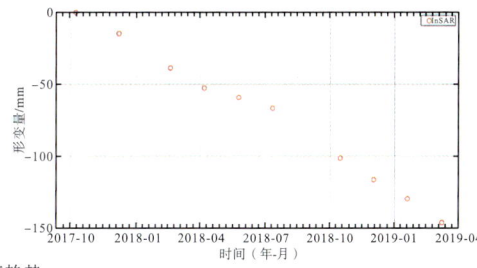

时序形变特征：无明显变形加速拐点，总体呈线性形变趋势；
空间形态描述：前缘距后缘最长约1400m，整个大滑坡体可以分为多个滑坡体，滑动边界清晰，后缘存在明显滑移迹象

滑坡隐患点名称	地理位置	最大形变速率/(mm/a)	所属行政区划
白格滑坡	(98.7043°E，31.0818°N)	−170	江达县

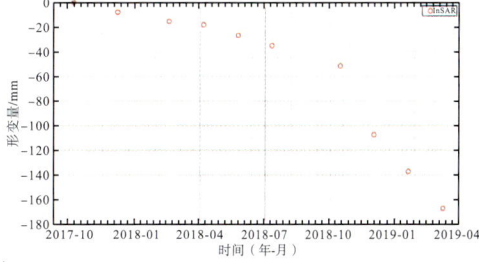

时序形变特征：2018年10月左右出现明显变形加速拐点；
空间形态描述：2018年10月滑落，发生前，滑坡体已有几十米的滑动，快速下滑区因失相干，无法获取形变值

续表

滑坡隐患点名称	地理位置	最大形变速率/(mm/a)	所属行政区划
格果滑坡	(98.9174°E, 30.6047°N)	−130	贡觉县

时序形变特征：2018年10月左右出现明显变形加速拐点；
空间形态描述：前缘距后缘最大长度超过2000m，影响范围广，滑坡体植被覆盖少，边缘明显

滑坡隐患点名称	地理位置	最大形变速率/(mm/a)	所属行政区划
色拉滑坡	(98.9277°E, 30.5800°N)	−170	贡觉县

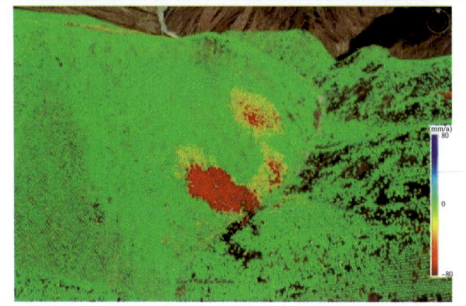

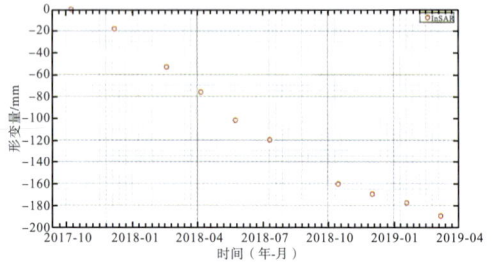

时序形变特征：无明显变形加速拐点，总体呈线性形变趋势；
空间形态描述：该区域含有多个相邻的小滑坡体，前缘距后缘最长约700m，存在明显滑落迹象，有连成一片的趋势

滑坡隐患点名称	地理位置	最大形变速率/(mm/a)	所属行政区划
巴洛滑坡	(98.9226°E, 30.5076°N)	−130	贡觉县

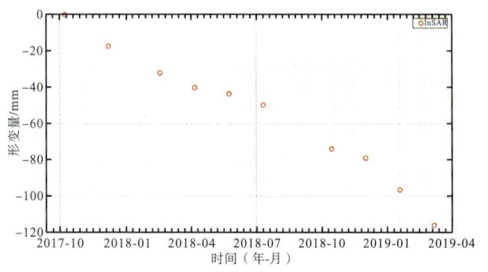

时序形变特征：无明显变形加速拐点，总体呈线性形变趋势；
空间形态描述：位于巴洛村附近，存在多处形变迹象，巴洛村上部滑坡体滑落明显

第三节　基于精细化勘查技术的典型重大单体地质灾害风险识别

一、概述

基于精细化勘查技术对典型重大单体地质灾害开展"空-天-地-深"一体化调查和风险识

别。一是基于光学遥感和 InSAR 技术发现疑似地质灾害的基本特征。首先通过高分辨率光学遥感影像在该区域发现了典型地质灾害地形地貌，并进一步通过 InSAR 技术追踪典型地质灾害的大比例形变特征，发现该滑坡目前形变迹象不明显，处于相对稳定状态。二是基于机载三维激光扫描技术和无人机航拍获得真实地表形变证据。利用该项技术获取了典型地质灾害的高精度地表三维模型，在有效去除地表植被后进一步发现了隐藏在植被下的地表变形迹象，准确圈定典型地质灾害边界及坡体中下部一条横向的错落陡坎。三是通过应用高密度电阻率法发现坡体深部存在明显的低电阻区域，快速揭示了地质灾害的结构特征。

二、折多塘滑坡精细化勘查与风险识别

(一)滑坡基本特征

折多塘滑坡位于榆林街道折多塘村 G318 公路北侧，平面形态近似"舌状"，滑坡体及周界植被茂盛(图 4.3-1)。该滑坡总体为冰水堆积体覆盖层滑坡，滑坡的周界相对较为清晰，后缘呈较典型的"圈椅状"地貌。该滑坡体主滑方向约为 182°，滑坡后缘高程约为 3434m，滑坡前缘高程约为 3206m，坡度为 16°～36°，平均坡度约为 26°。滑坡横向宽约 290m，纵向长约 460m，最厚处可达 20.7m，平均厚度约 10m。采取网格划分的方法确定滑坡面积，约为 $12×10^4m^2$，滑坡总体积约为 $118×10^4m^3$，规模为大型。现场调查和稳定性计算结果表明，目前仅坡体中部及前缘有局部变形迹象，滑坡天然及暴雨工况下整体稳定，在 7 级以上强震工况下稳定性较差，有发生古滑坡复活的风险，对折多塘村居民 15

图 4.3-1 折多塘古滑坡航拍全貌图

户94人、骑游营地的7处宾馆和民宿、国防光缆及G318公路构成威胁。为进一步查明折多塘滑坡特征、稳定性及其对折多塘特大桥的影响，在该滑坡体开展细致的"空-天-地-深"一体化调查工作，基于精细化勘查技术对该滑坡开展了地质灾害风险识别。

（二）"空-天-地-深"一体化调查

1. 高精度光学遥感解译

通过无人机倾斜摄影及处理后获得区域内的高精度遥感正射影像数据，并提取高精度地形信息，建立折多塘三维立体模型。①滑坡平面影像特征：滑坡体植被发育良好，整体色调从上至下由草黄色转为草绿色，其间不存在明显的裂缝，因此不具备清晰完整的滑坡体影像特征。滑坡具备老滑坡的影像特征，主要为滑坡上发育的小型冲沟，因为此类小型冲沟可能是沿滑坡的裂缝或洼地发育起来的，冲沟周围的植被相对其他区域更加发育，有较为高大的树木生长。②滑坡立体影像特征：从折多塘立体侧视图可见，折多塘滑坡立体形态具有比较典型的滑坡地貌特征，连续地貌形态变为陡坡和缓坡两种地貌单元，上部为缓坡，中下部为陡坡，而下部因冲沟有流水侵蚀（图4.3-2）。

图4.3-2 折多塘滑坡遥感影像图

2. InSAR影像解译

基于Sentinel-1A卫星从2017年8月4日至2019年2月7日共46景的升轨存档SAR数据，采用SBAS-InSAR的数据处理方法，通过分析干涉效果较好的相对干涉图，折多塘滑坡区变形基本与周边一致，未见明显异常。康定地区年平均形变速率如图4.3-3所示，形变速率均在-160～88mm/a，主要集中于-10～10mm/a，局部地区由于植被发育茂盛等原因，未能够获取相关形变信息。其中，形变速率的正值代表靠近卫星方向，负值代表远离卫星方向。

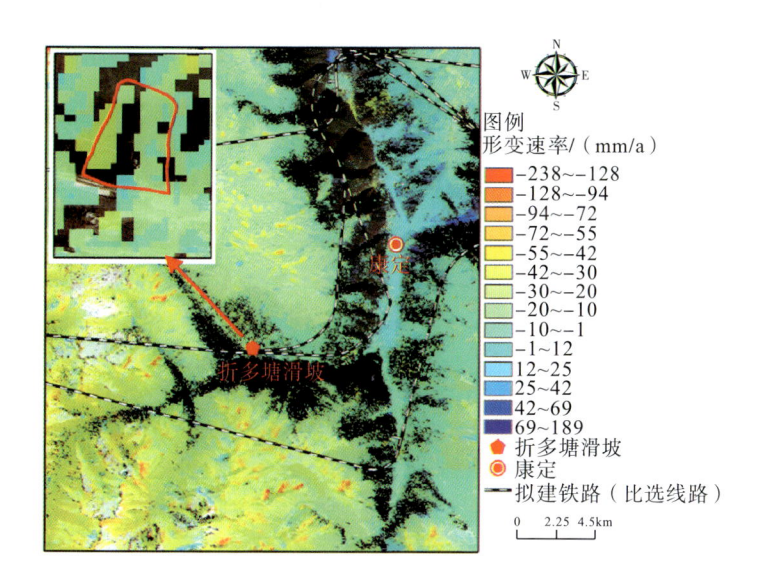

图 4.3-3　康定地区形变速率图（SBAS-InSAR）

3. LiDAR 影像分析

折多塘滑坡在 LiDAR 数字高程模型（DEM）上微地貌特征异常，边界明显，滑坡整体呈"圈椅状"地形，斜坡坡面前缘突出，后缘内凹，平面形态近似呈矩形，剖面呈"缓-陡-缓"的折线形地形，堆积体与早期滑坡后壁之间有明显的陡坎，形成明显的阴影特征。滑坡体长约 320m，宽约 240m，主滑方向为 180°～190°。

图 4.3-4 为基于高精度 DEM 数据的折多塘滑坡要素 LiDAR 解译图。基于高精度 DEM 数据所呈现的滑坡地貌特征，该滑坡大致可分为东侧堆积区、西侧堆积区、潜在变形区以及滑源区 4 个区域。①东侧堆积区：位于该滑坡前缘左侧，两侧冲沟发育，具有典型的"双沟同源"特征，堆积区平面近似呈长条形，长约 240m，宽约 80m，估算平均厚度为 8～10m。②西侧堆积区：位于该滑坡右侧，堆积体左侧以斜坡中部冲沟为界，前缘突出，斜坡坡面较缓，剖面呈折线形，右侧边界为坡度由缓至陡的转折部位，该堆积区与东侧堆积区并行排列，堆积区平面近似呈三角形，长约 240m，前缘宽约 180m，估算平均厚度为 10～15m。③潜在变形区：位于西侧堆积区上部，其平面形态不规则，整体长约 100m，变形区前部横宽约 10m，后部横宽约 40m，该潜在变形区后缘边界处发育东西向的拉张裂缝，裂缝长约 6m，该区域前缘以"冲沟"为界，斜坡坡度较陡，临空条件较好，潜在不稳定。④滑源区：位于潜在变形区上部，为折多塘滑坡源区，该区域斜坡坡度较大，地形较陡，区内发育两处东西向陡坎，长度分别为 90m 和 40m，该区域两侧及后缘边界明显，整体内凹，相比滑坡堆积区，坡表更加粗糙、凌乱。

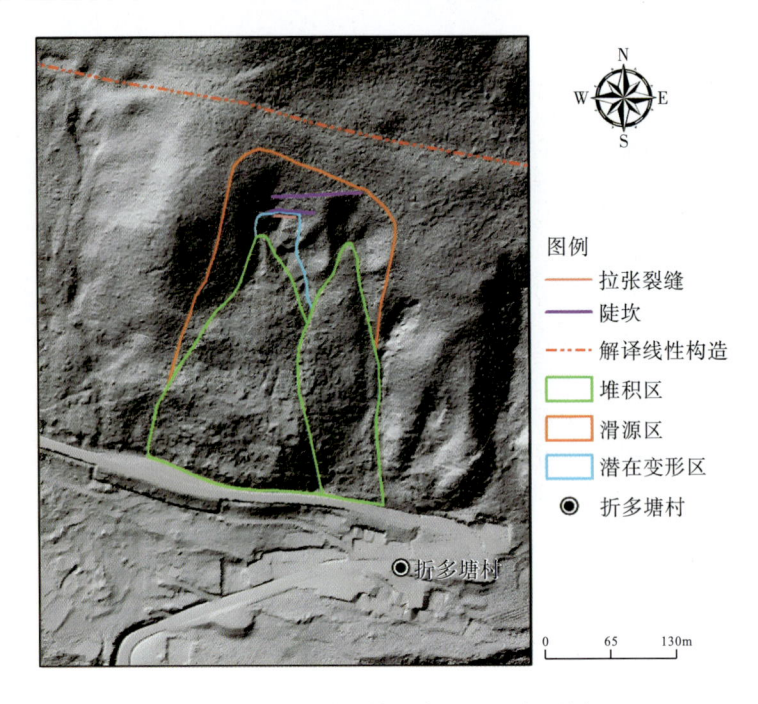

图 4.3-4　折多塘滑坡要素 LiDAR 解译图

4. 地面精细化调查

根据滑坡变形特点，将滑坡分为东侧的Ⅰ区、西侧的Ⅱ区（图 4.3-5），Ⅰ区又可进一步根据滑坡体的变形特征划分为Ⅰ$_1$、Ⅰ$_2$、Ⅰ$_3$和Ⅰ$_4$亚区。

1）Ⅰ$_1$亚区的变形破坏特征

Ⅰ$_1$亚区位于滑坡体中前部，该区体积约为 29.4×10^{4}m^3。变形区后部陡壁可见明显下错迹象，下错 0.6m，宽约 0.1m。该区坡体主要为块碎石土，磨圆度较差，粒径为 10~30cm，部分粒径可达 2m。该区中部可见明显洼地特征，坡表积水严重，中部可见平台地貌，前缘受 G318 开挖切坡作用，形成高 8~10m 的陡坎。G318 内侧揭露地层下伏风化花岗岩，上部覆盖层为块碎石土夹卵砾石，局部磨圆度较好，个别粒径较大（图 4.3-6）。

图 4.3-5　折多塘滑坡的变形破坏分区全景图

图 4.3-6　滑坡体 I_1 亚区明显的变形破坏迹象

2) I_2 亚区的变形破坏特征

I_2 亚区位于滑坡体中前部，体积约为 $17.4×10^4 m^3$。变形区后部陡壁可见明显下错迹象，下错 3～5m(图 4.3-7、图 4.3-8)。局部拉陷下错明显，横向宽达 13m，纵向长约 21m，坡度约为 35°，主要为块碎石土，磨圆度一般，粒径主要为 10～30cm，部分粒径为 2～5m。

图 4.3-7　滑坡体 I_2 亚区后部陡壁下错迹象 　　　图 4.3-8　滑坡体 I_2 亚区中部局部渗水特征

3) I_3 亚区的变形破坏特征

I_3 亚区位于滑坡体右侧中前部，体积约为 $11.7×10^4 m^3$。区域后缘陡坎发育，可见基岩出露。局部溜滑迹象明显，覆盖层厚约 3～4m。该区坡体表层主要为碎石土层，下部为花岗岩(图 4.3-9、图 4.3-10)。在持续降雨条件下，该区前缘邻近 G318 内侧部位存在局部溜滑现象。据现场勘查及访问居民，该处溜滑与 G318 折多塘段的其他部位类似，常因每年雨季 6～9 月降雨影响而发生局部溜滑、下错等变形迹象。目前，I_3 亚区前缘变形范围体积约为 $1.2×10^4 m^3$，其横向宽约 60m，纵向长约 50m。

图 4.3-9　滑坡体 I_3 亚区后缘陡坎 　　　　　图 4.3-10　滑坡体 I_3 亚区后缘溜滑

4) I₄亚区的变形破坏特征

I₄亚区位于滑坡体中后部，体积约为 21.4×10⁴m³。该区覆盖率高，坡体表面未见明显裂缝发育，后缘以陡缓交界部位为界，前缘临空条件较好（为I₁、I₂和I₃亚区后缘陡坎部位）。该区坡体表层主要为碎石土层，下部为花岗岩（图4.3-11）。

图4.3-11 滑坡体I₄亚区明显的变形破坏迹象

5) II区的变形破坏特征

II区位于滑坡体西侧，体积约为 38.1×10⁴m³。该区目前较为稳定，未见明显破坏特征。

5. 高密度电阻率法

高密度电阻率法剖面线自西向东分布，地形西高东低，在 45～48 号测点段存在一个倾角较陡、略向西倾的电阻率梯度带，推测为断层（滑脱面）引起，该断层将整条剖面分为东、西两部分，其中西侧视电阻率较低、东侧视电阻率较高，该断层也加剧了西侧花岗岩的风化作用，如图4.3-12 所示。

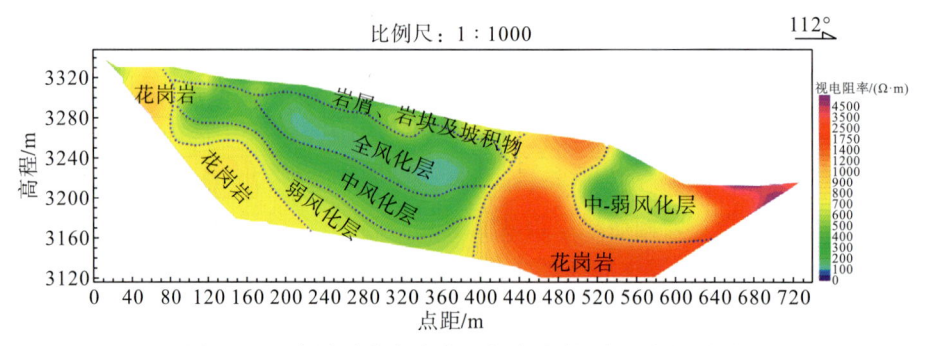

图4.3-12 折多塘高密度电阻率法反演视电阻率断面图

根据西侧地貌特征及花岗岩风化程度，从浅到深，划分为 5 层：①该层为中高阻体间歇出现，由浅表岩屑、岩块及坡积物组成，保水性较差，厚度为 5～12m；②该层整体为低阻层，视电阻率为 50～100Ω·m，地表水下浸至该层，该层保水性较好，推测为全风化层，厚度为 20～45m；③该层呈现中低阻特征，推测为中风化层，厚度为 10～30m；④该层接近基岩面，在图 4.3-12 中表现为低阻与高阻过渡带，推测为弱风化层，厚度为 10～25m；⑤遵循由已知推未知的原则，因 4～8 号测点段有花岗岩出露，该层呈现高阻特征，视电阻率为 800~1200Ω·m，花岗岩顶界面深度为 0~110m。东侧 50~57 号测点段出露花岗岩体，图 4.3-12 中呈现高阻特征，与实际地质岩性特征一致；59~65 号测点段局部出现低阻特征，推测为弱风化层，但东侧整体较完整，风化程度弱。

（三）滑坡体稳定性数值模拟

根据图 4.3-13 所示的 1-1'工程地质剖面图，采用二维有限元软件 Phase2 建立滑坡稳定性计算模型，如图 4.3-14 所示。模型水平方向（X 方向）长 751m，左侧边界（Y 方向）高 376m，右侧边界（Y 方向）高 72m，分布高程为 3100~3476m。滑坡地表覆盖第四系上更新统冰碛堆积（Q_3^{fgl}）碎块石土，坡脚外侧为第四系冲洪积（Q_4^{al+pl}）卵砾质粉质黏土，下伏基岩为侵入岩（黑云母花岗岩 $\gamma\beta_{\pi5}^3$）。因此，将滑坡地层概化为碎块石土、卵砾质粉质黏土、全风化岩体、强风化岩体以及弱风化岩体 5 种材料。对模型底部和左右侧边界施加法向位移约束条件，地表为自由边界。采用 6 节点三角形单元对模型进行网格剖分，共划分单元 3313 个，节点 6784 个。

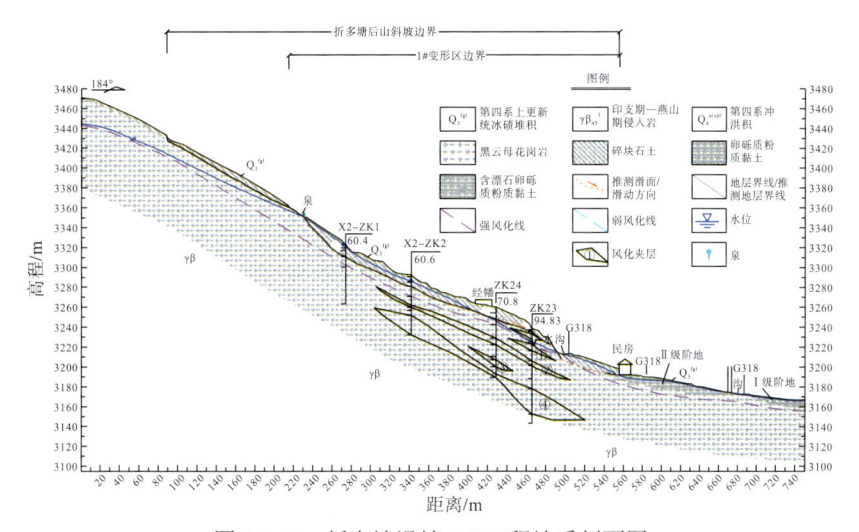

图 4.3-13 折多塘滑坡 1-1'工程地质剖面图

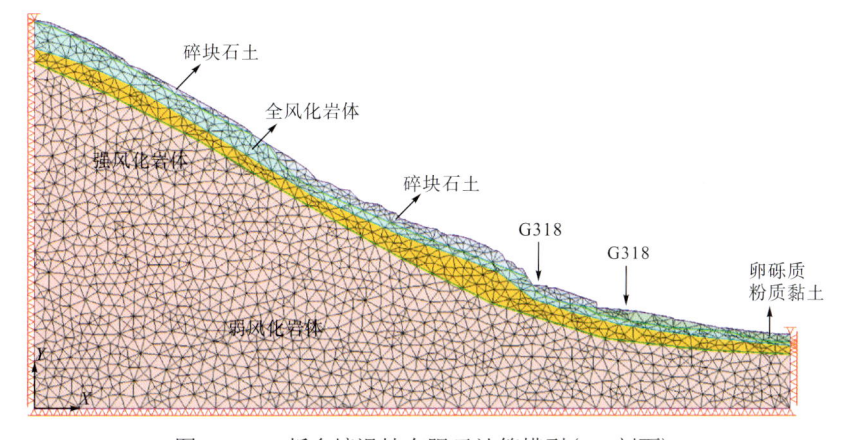

图 4.3-14 折多塘滑坡有限元计算模型（1-1'剖面）

模型中的弱风化岩体采用弹性本构模型,其他岩土材料采用弹塑性本构模型、莫尔-库仑(Mohr-Coulomb)屈服准则。岩土体计算参数主要依据室内试验并结合当地经验综合取值,计算参数见表4.3-1。主要考虑天然、暴雨以及地震3种工况。折多塘断裂属左旋走滑型断裂,震动放大效应较逆断层偏小,场地地震动峰值加速度取0.40g。

表4.3-1 岩土体主要物理力学参数

岩土材料	密度/(kg/m³)	弹性模量/MPa	泊松比	黏聚力/MPa	内摩擦角/(°)
碎块石土	2100	350	0.30	0.05	38
卵砾质粉质黏土	2000	300	0.32	0.1	37
全风化岩体	2200	500	0.28	0.2	40
强风化岩体	2300	2000	0.25	1	45
弱风化岩体	2600	5000	0.23	2	55

采用有限元强度折减法对折多塘滑坡1-1'剖面在不同工况下的稳定性进行计算。由计算结果(表4.3-2)可见,滑坡在天然和暴雨工况下处于整体稳定状态,暴雨工况下滑坡的安全储备较天然状态有所降低;地震工况下滑坡的稳定性系数FOS(即临界强度折减系数)小于1.0,表明滑坡在地震作用下可能发生失稳破坏。

表4.3-2 1-1'剖面稳定性计算结果

计算工况	计算方法	稳定性系数FOS
天然	有限元强度折减法	2.038
暴雨	有限元强度折减法	1.649
地震	有限元强度折减法	0.985

从滑坡位移图(图4.3-15～图4.3-17)可见,在天然和暴雨工况下,滑坡的潜在破坏部位

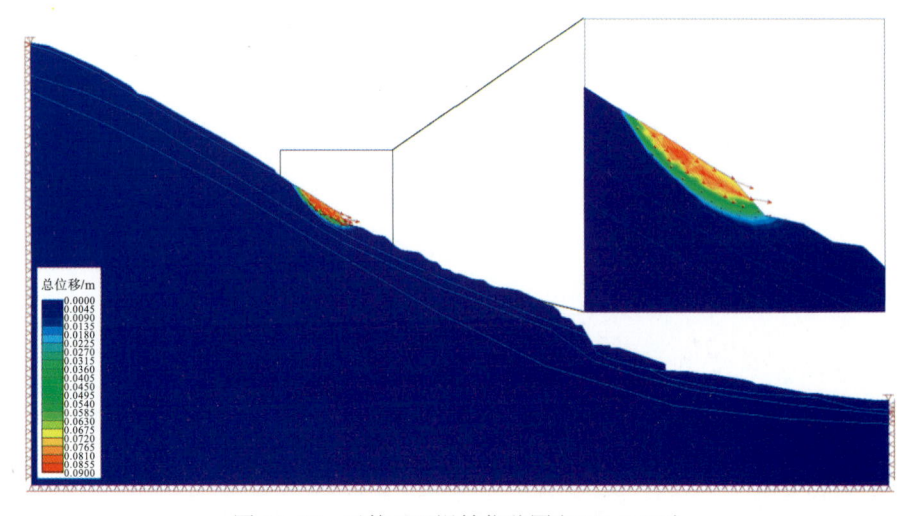

图4.3-15 天然工况滑坡位移图(FOS=2.038)

均为滑坡中部碎块石土堆积体后缘，潜在滑动面均沿碎块石土与全风化岩体的接触面。天然和暴雨工况下滑坡的潜在破坏范围大致相同，为滑坡中部局部范围，暴雨工况下滑坡位移量较天然工况大。在地震工况下，滑坡中部碎块石土堆积体的潜在破坏范围较天然和暴雨工况下有所增大，而且，由于地震放大效应，滑坡上部也产生了一定的变形，变形主要发生在碎块石土和全风化、强风化岩体中，导致滑坡的潜在失稳范围从滑坡中部扩大至滑坡上部。

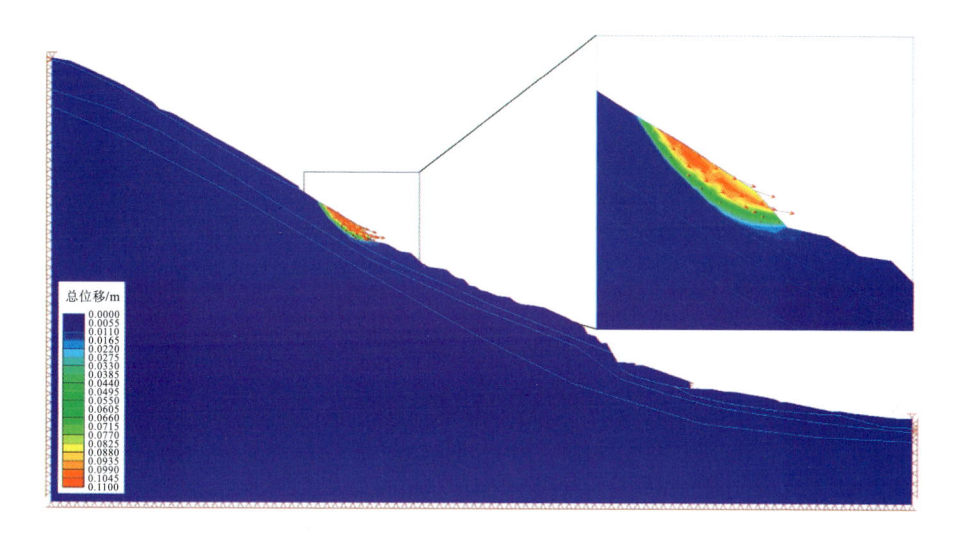

图 4.3-16　暴雨工况滑坡位移图（FOS=1.649）

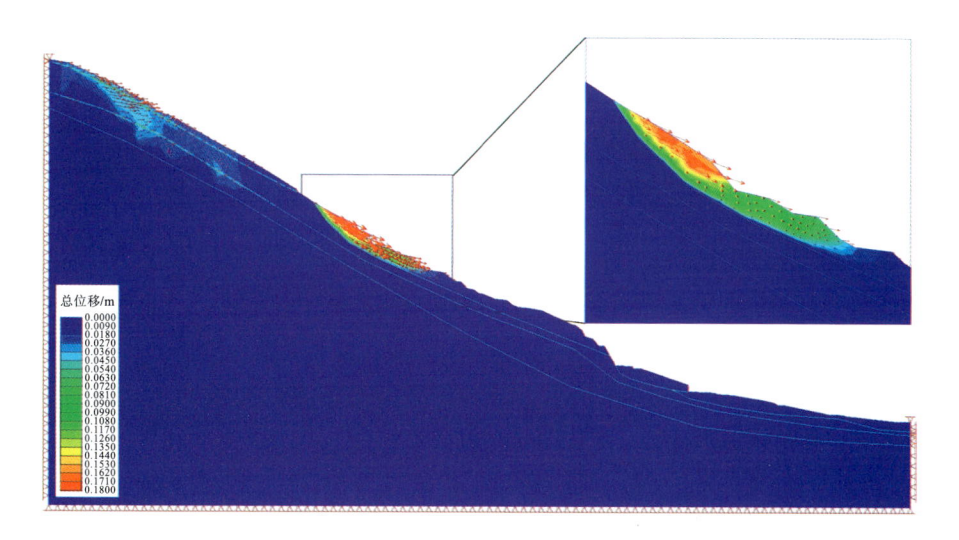

图 4.3-17　地震工况滑坡位移图（FOS=0.985）

从图 4.3-18 可见，在地震作用下，地表碎块石土和滑坡中上部的全风化岩体几乎全部进入塑性破坏状态，单元破坏类型以张拉破坏为主；滑坡上部的强风化岩体也部分进入塑性状态，破坏类型以张拉破坏为主，后部有少量拉-剪破坏单元；在滑坡中部的碎块石土，分布较多的剪切破坏单元。

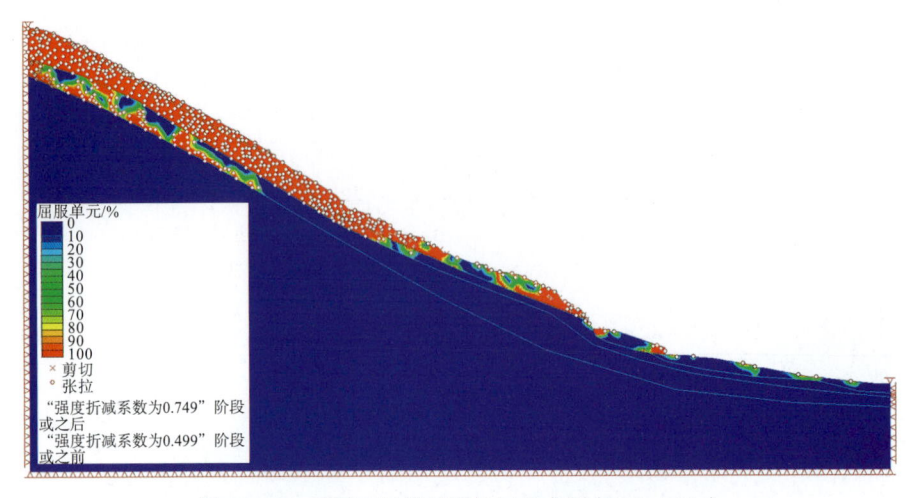

图 4.3-18　地震工况滑坡塑性区分布图(FOS=0.985)

三、卡子拉山滑坡精细化勘查与风险识别

(一)滑坡基本特征

卡子拉山滑坡位于雅江县西俄洛镇俄洛堆村，卡子拉山 1 号隧道进口段，距雅江县县城约 65km。根据地形地貌和变形演化趋势，可将卡子拉山滑坡分为卡子拉山 1 号、2 号滑坡和俄洛堆不稳定斜坡(图 4.3-19)。

1. 卡子拉山 1 号滑坡

卡子拉山 1 号滑坡地理坐标：100°41′46.05″E,30°2′58.00″N。滑坡前缘高程约为 3560m，后缘高程约为 4040m，高差约为 480m，主滑方向为 70°。滑坡在纵向上形态呈上缓下陡的"大肚子"坡形，整体坡度为 25°~35°，滑坡前缘为陡坡，坡度为 45°~55°；滑坡斜长约 990m，宽约 820m，平面面积约为 $81.2×10^4m^2$，滑体厚度为 10~61m，平均厚度为 40m，体积约为 $3250×10^4m^3$，为特大型滑坡。坡体植被覆盖较好，以乔木为主。卡子拉山 1 号滑坡直接威胁下方聚居区约 17 户 67 人的生命财产安全。

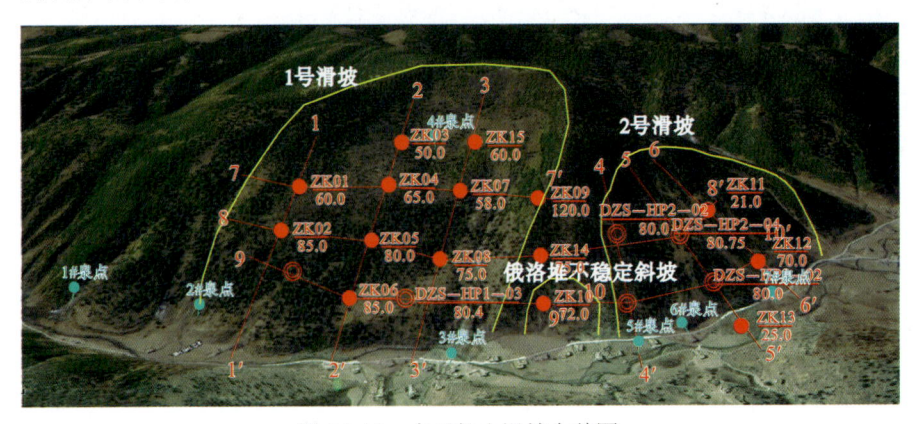

图 4.3-19　卡子拉山滑坡全貌图

2. 卡子拉山 2 号滑坡

卡子拉山 2 号滑坡地理坐标：100°41′20.50″E，30°3′20.97″N。滑坡前缘高程约为 3580m，后缘高程约为 3820m，高差约为 240m，主滑方向为 15°。滑坡在纵向上形态呈上缓下陡的"大肚子"坡形，整体坡度为 25°~30°，滑坡前缘为陡坡；滑坡斜长约 580m，宽约 500m，平面面积约为 $29×10^4m^2$，滑体厚度为 20~67m，平均厚度为 35m，体积约为 $1020×10^4m^3$，为特大型滑坡。坡体植被覆盖较好，以乔木为主。卡子拉山 2 号滑坡威胁下方聚居区约 4 户 20 人的生命财产安全。

3. 俄洛堆不稳定斜坡

俄洛堆不稳定斜坡位于卡子拉山 1 号、2 号滑坡之间，该不稳定斜坡主滑方向为 47°，前缘高程约为 3604m，后缘高程约为 3676m，平均坡度为 32°，斜长约 136m，宽约 203m，最厚处可达 20m，平均厚度约为 13m，斜坡面积约为 $2.75×10^4m^2$，体积约为 $35.8×10^4m^3$，规模为中型。

（二）"空-天-地-深"一体化调查

1. 无人机航摄影像分析

根据无人机航摄影像分析滑坡历史变形特征（图 4.3-20、图 4.3-21），卡子拉山 1 号滑坡存在多期次的变形，即滑坡第一次滑动后，形成后缘及侧边的主滑坡壁，滑坡壁高度为 50~120m，坡度为 50°~80°；由于滑坡体结构松散，加之前缘坡度较陡，在重力及其他外动力作用下，产生二次滑动，其滑坡壁高度为 50~100m，坡度为 25°~35°；在滑坡二次滑动后，后缘主滑壁再次滑动，堆积体堆积于一次滑坡后的缓坡平台之上。

卡子拉山 1 号、2 号滑坡目前变形特征不明显，仅在前缘陡坎发育几处小型滑塌。据现场踏勘，卡子拉山 1 号滑坡存在 2 处滑塌，卡子拉山 2 号滑坡存在 2 处滑塌。

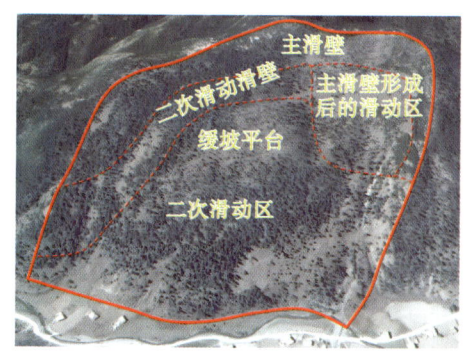

图 4.3-20　卡子拉山 1 号滑坡历史变形特征 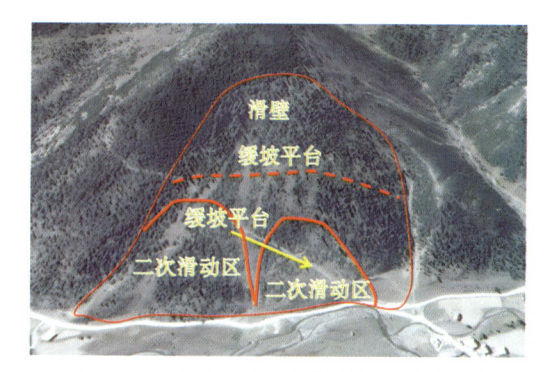　　图 4.3-21　卡子拉山 2 号滑坡历史变形特征

2. LiDAR 影像分析

光学遥感影像解译和机载 LiDAR 成果（图 4.3-22），初步确定了两处老滑坡的边界、形态及范围，并解译出了两个老滑坡区分布的 3 条断裂构造，其中 F1 和 F2 断裂走向为

北西—南东向，F3 断裂为近南北走向，F2 断裂从北侧滑坡坡体中部通过，3 条断裂于南侧滑坡处交会。

俄洛堆不稳定斜坡位于卡子拉山 1 号隧道进口边坡前缘坡脚处，变形体长约 185m，平均宽 200m，高差约为 80m，潜在滑动方向为 50°。图 4.3-23 为 LiDAR 影像解译图，该斜坡在 LiDAR 数字高程模型上微地貌特征明显，边界清晰，影像较为细腻。变形体整体形态不规则，两侧小型冲沟发育，前缘略微外凸，后壁影像平滑。斜坡整体地形陡峭，坡体中上部相对平缓，中部陡缓交界处可见一早期拉裂陡坎发育，陡坎长约 50m，延伸方向基本与滑动方向垂直。前缘坡脚处可见小规模次级溜滑，溜滑体影像较为粗糙。根据机载 LiDAR 影像解译，该斜坡未见明显大规模新近变形迹象发育，推测目前整体处于稳定状态。

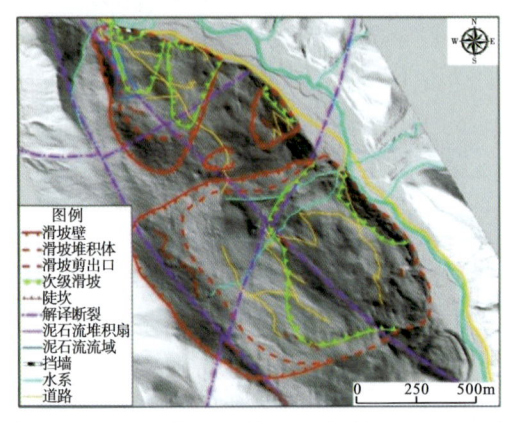

图 4.3-22　卡子拉山 1 号、2 号滑坡 LiDAR 识别 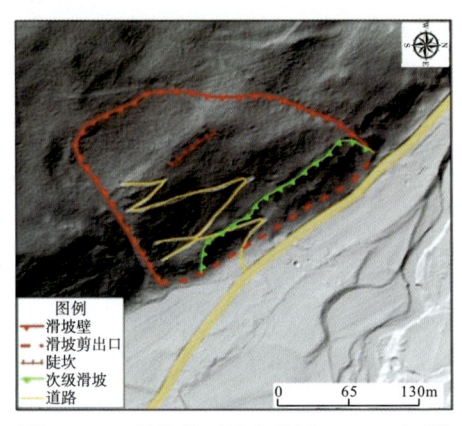　　图 4.3-23　俄洛堆不稳定斜坡 LiDAR 识别

3. 地面精细化调查

1）卡子拉山 1 号滑坡边界特征

根据现场调查，滑坡区变形特征不明显，仅滑坡前缘局部有变形迹象。滑坡边界特征如图 4.3-24、图 4.3-25 所示，滑坡平面形态呈不规则状，后缘呈圈椅状，滑坡后壁呈陡坎状，坡度为 30°～40°，高差约为 100m，滑坡两侧边界有双沟同源趋势；滑坡前缘以临河陡坎为界（陡坎坡度为 50°～60°，高差约为 100m），左右两侧缘均以冲沟为界（冲沟两岸陡坎坡度为 30°～40°，高差为 15～30m）。卡子拉山 1 号滑坡 2-2′工程地质剖面图如图 4.3-26 所示。

图 4.3-24　卡子拉山 1 号滑坡左侧冲沟边界 　　图 4.3-25　卡子拉山 1 号滑坡前缘陡坎边界

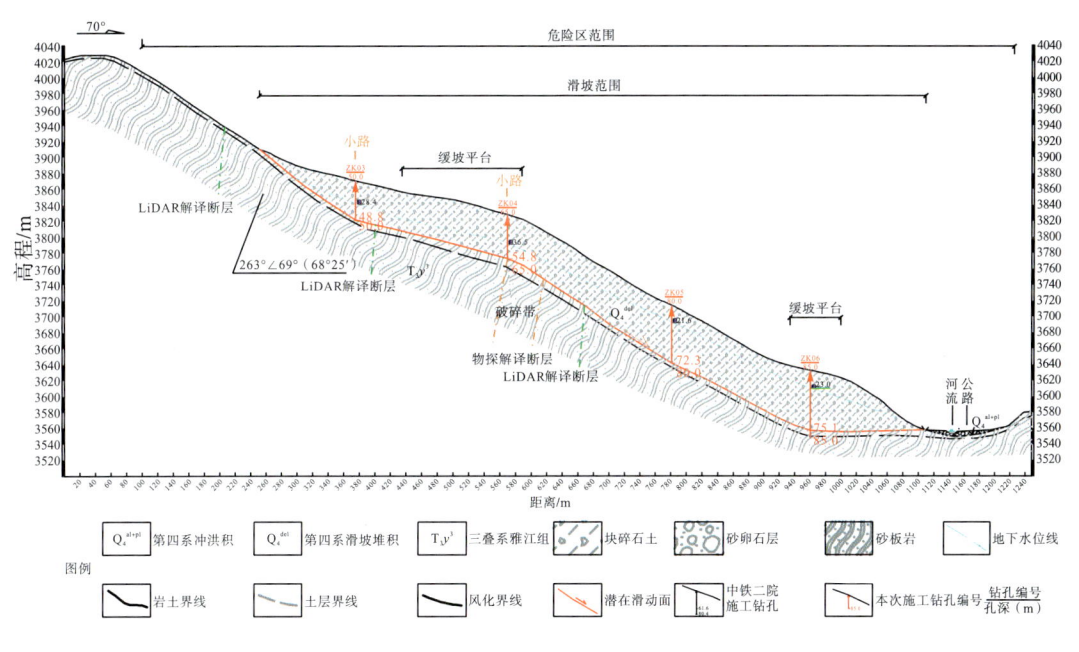

图 4.3-26 卡子拉山 1 号滑坡 2-2′工程地质剖面图

注：中铁二院指中铁二院工程集团有限责任公司

2) 卡子拉山 2 号滑坡边界特征

根据现场调查，滑坡区变形特征不明显。滑坡边界特征如图 4.3-27、图 4.3-28 所示。卡子拉山 2 号滑坡平面形态呈不规则状，滑坡后缘呈圈椅状地形。滑坡前缘以陡坡（陡坡坡度为 30°～40°，高差约为 50m）为界，后缘以陡坎（陡坎坡度为 30°～40°，高差约为 40m）为界，左侧缘以冲沟为界，右侧缘以山脊为界。

图 4.3-27　卡子拉山 2 号滑坡左侧冲沟边界　　图 4.3-28　卡子拉山 2 号滑坡后缘陡坎边界

3) 滑坡体目前变形特征

1 号滑坡 1 号滑塌体位于卡子拉山 1 号滑坡前缘陡坎左侧部位，分布高程为 3620～3645m，相对高差为 25m，前缘横向宽 130～150m，纵向长 50m，斜坡坡度约为 42°，主要表现为坡表松散土体在降雨作用下，沿坡表发生滑塌变形。滑塌区面积约为 7780m²，滑塌深度为 2～3m，总体积约为 19450m³，滑塌体以碎块石土为主，如图 4.3-29 所示。

1号滑坡2号滑塌体位于卡子拉山1号滑坡前缘陡坎右侧部位，分布高程为3610～3625m，相对高差为15m，前缘横向宽50～70m，纵向长55m，斜坡坡度约为35°，主要表现为坡表松散土体在降雨作用下，沿坡表发生滑塌变形。滑塌区面积约为2355m²，滑塌深度为2～3m，总体积约为7065m³，滑塌体以碎块石土为主，如图4.3-30所示。

图4.3-29　卡子拉山1号滑坡1号滑塌体 　　图4.3-30　卡子拉山1号滑坡2号滑塌体

2号滑坡1号滑塌体位于卡子拉山2号滑坡前缘陡坎右侧部位，分布高程为3625～3640m，相对高差为15m，前缘横向宽50～60m，纵向长40m，斜坡坡度约为35°，主要表现为坡表松散土体在降雨作用下，沿坡表发生滑塌变形。滑塌区面积约为1467m²，滑塌深度为2～3m，总体积约为4401m³，滑塌体以碎块石土为主，如图4.3-31所示。

2号滑坡2号滑塌体位于卡子拉山2号滑坡前缘陡坎左侧部位，分布高程为3635～3660m，相对高差为25m，前缘横向宽80～90m，纵向长60m，斜坡坡度约为40°，主要表现为坡表松散土体在降雨作用下，沿坡表发生滑塌变形。滑塌区面积约为3676m²，滑塌深度为2～3m，总体积约为11028m³，滑塌体以碎块石土为主，滑塌体坡脚修建有高约1.5m、长约100m的挡墙，如图4.3-32所示。

图4.3-31　卡子拉山2号滑坡1号滑塌体 　　图4.3-32　卡子拉山2号滑坡2号滑塌体

4. 高密度电阻率法

在卡子拉山1号滑坡体上共布设了6个高密度电阻率法剖面，编号为L1～L6，如图4.3-33所示。卡子拉山1号滑坡体L1线高密度电阻率法剖面共布设了80个测点，点

距为 10m，沿滑坡体中部进行纵向剖面布设。如图 4.3-34 所示，该剖面视电阻率较高，视电阻率为 60～3000Ω·m。表层低阻异常特征明显，视电阻率为 60～200Ω·m，低阻异常主要由滑坡体粉质黏土引起；1～23 号测点滑坡体厚度较小，厚度约小于 10m；23～40 号测点滑坡体厚度较大，厚度为 15～55m；40～67 号测点滑坡体厚度中等，厚度为 20～40m；67～80 号测点滑坡体厚度最大，厚度为 25～65m。中部以中等视电阻率为主，视电阻率为 200～500Ω·m，推测为风化带。深部以高阻异常为主，视电阻率为 500～3000Ω·m，推测为基岩。35～42 号测点中深部表现为相对低阻异常，视电阻率为 100～400Ω·m，推测为断层破碎带。

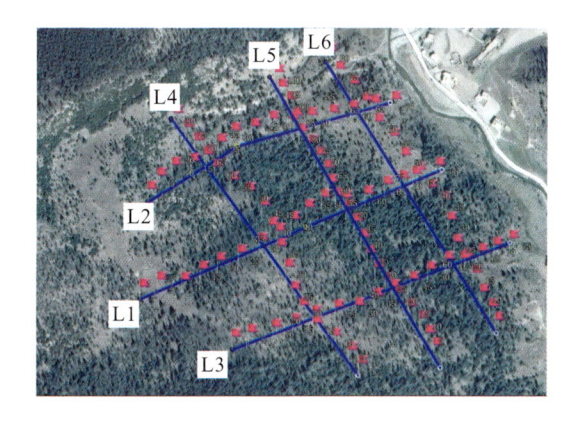

图 4.3-33　卡子拉山 1 号滑坡体物探测线布置图

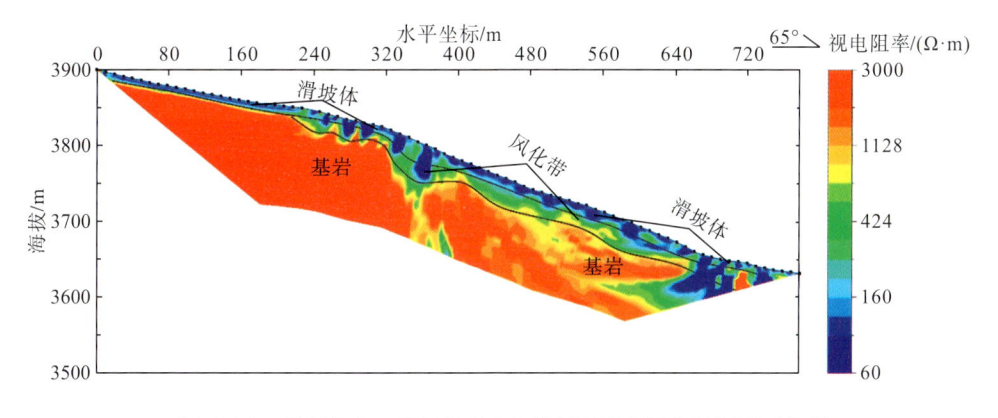

图 4.3-34　卡子拉山 1 号滑坡体 L1 线高密度电阻率法探测成果图

注：反演迭代次数=5，均方根误差=16.65%，电极距=10m

卡子拉山 1 号滑坡体 L5 线高密度电阻率法剖面共布设了 100 个测点，点距为 7m，沿滑坡体中部进行横向剖面布设。如图 4.3-35 所示，该剖面视电阻率较低，视电阻率为 10～2000Ω·m。表层中低阻异常特征明显，视电阻率为 10～500Ω·m，局部中高阻异常主要由滑坡体中碎块石引起。1～40 号测点滑坡体厚度较小，厚度为 8～20m；40～100 号测点滑坡体厚度较大，厚度为 15～65m。中部以中等视电阻率为主，视电阻率为 100～600Ω·m，推测为风化带。深部以高阻异常为主，视电阻率为 400～2000Ω·m，推测为基岩。

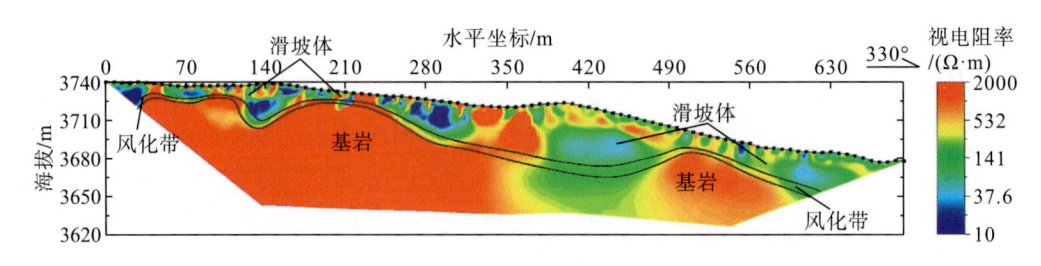

图 4.3-35　卡子拉山 1 号滑坡体 L5 线高密度电阻率法探测成果图

注：反演迭代次数=8，均方根误差=8.7%，电极距=7m

在卡子拉山 2 号滑坡体上共布设了 6 个高密度电阻率法剖面，编号 L7～L12，如图 4.3-36 所示。卡子拉山 2 号滑坡体 L8 线高密度电阻率法剖面共布设了 100 个测点，点距 5m，沿滑坡体中部进行纵向剖面布设。如图 4.3-37 所示，该剖面视电阻率高，视电阻率为 20～1200Ω·m。表层高阻异常特征明显，视电阻率为 200～1000Ω·m，高阻异常主要由滑坡体中碎块石引起。1～30 号、50～61 号和 80～100 号测点滑坡体厚度较大，厚度为 15～55m；30～70 号测点滑坡体厚度较小，厚度为 4～12m。中部以中等视电阻率为主，视电阻率为 100～300Ω·m，推测为风化带。深部以高阻异常为主，视电阻率为 300～1200Ω·m，推测为以砂岩为主的基岩。48～58 号测点深部有低阻异常，视电阻率为 50～200Ω·m，推测为断层破碎带。

卡子拉山 2 号滑坡体 L11 线高密度电阻率法剖面共布设了 100 个测点，点距 5m，沿滑坡体中部进行横向剖面布设。如图 4.3-38 所示，该剖面视电阻率高，视电阻率为 20～5000Ω·m。表层高阻异常特征明显，视电阻率为 200～5000Ω·m，高阻异常主要由滑坡体中碎块石引起。中浅部以中低视电阻率为主，视电阻率为 100～300Ω·m，推测为风化带。深浅部以中高阻异常为主，视电阻率为 200～800Ω·m，推测为以砂岩为主的基岩。深部以低阻异常为主，视电阻率为 20～100Ω·m，推测为以板岩为主的基岩。

图 4.3-36　卡子拉山 2 号滑坡体物探测线布置图

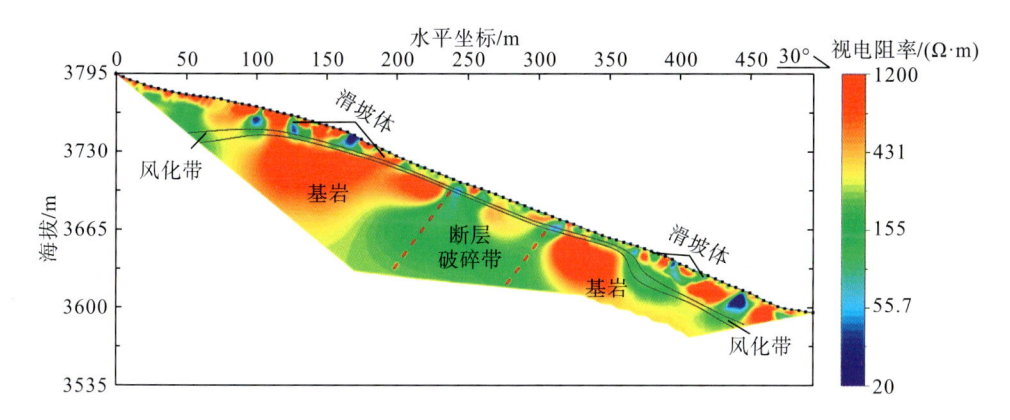

图 4.3-37　卡子拉山 2 号滑坡体 L8 线高密度电阻率法探测成果图

注：反演迭代次数=8，均方根误差=11.6%，电极距=5m

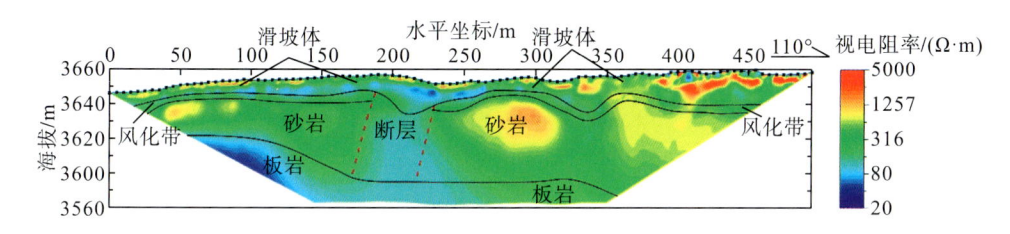

图 4.3-38　卡子拉山 2 号滑坡体 L11 线高密度电阻率法探测成果图

注：反演迭代次数=8，均方根误差=9.2%，电极距=5m

俄洛堆不稳定斜坡 L13 线物探成果如图 4.3-39 所示。采用高密度电阻率法在 L13 线上共布设 100 个测点，点距为 10m。钻孔 ZK09 靠近 50 号测点，钻孔 ZK10 靠近 85 号测点。L13 线物探成果显示：该剖面视电阻率较高，视电阻率为 6~1200Ω·m。表层中阻异常特征明显，视电阻率为 100~800Ω·m，中阻异常主要由滑坡体碎块石引起。1~50 号测点滑坡体碎块石厚度为 10~24m；70~100 号测点滑坡体上薄、下厚，厚度为 5~20m。

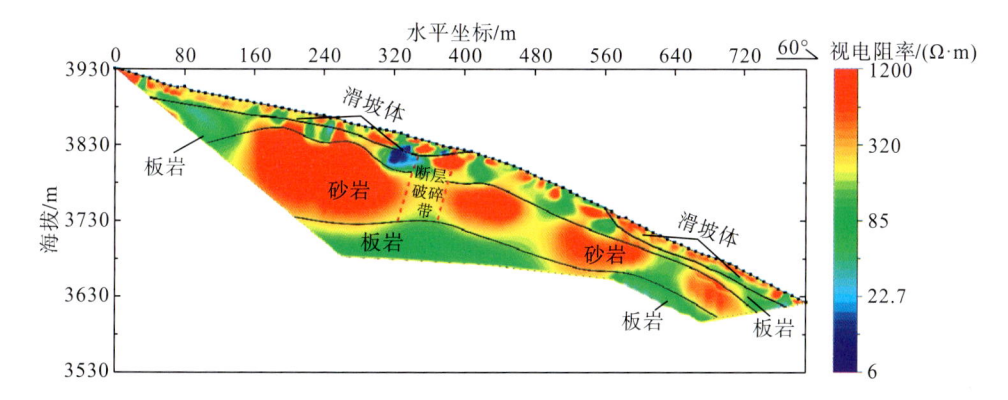

图 4.3-39　俄洛堆不稳定斜坡 L13 线高密度电阻率法探测成果图

注：反演迭代次数=8，均方根误差=12.9%，电极距=8m

50～70号测点表层中低阻异常特征明显，视电阻率为80～400Ω·m，低阻异常主要由板岩引起。中浅部以中低视电阻率为主，视电阻率为80～400Ω·m，推测为以板岩为主的基岩层。中深部以高阻异常为主，视电阻率为300～1200Ω·m，推测为砂岩基岩层。深部以低阻异常为主，视电阻率为20～300Ω·m，推测为板岩基岩层。中部33～38号测点中深部高阻异常特征不连续，视电阻率为100～200Ω·m，推测为小规模断层破碎带。

5. 钻探

1) 卡子拉山1号滑坡滑体厚度特征

从纵向上看，总体上滑坡前部滑体厚度较大，中部次之，后缘相对较薄，但北侧3-3′剖面表现为中前部及中后部滑体厚度稍大，中部较中前部及中后部略小，剖面形态上表现为中部轻微上拱的特点；滑体中前部DZS-HP1-02号钻孔揭露滑体最大厚度达到72.2m，而后缘则较薄，ZK03号钻孔揭露滑体厚度为48.8m，ZK15号钻孔揭露滑体厚度为52.0m，总体上表现为前缘厚、后缘稍薄，但整体厚度均较大，从剖面上推测，滑体最大厚度超过75.0m（图4.3-40）。

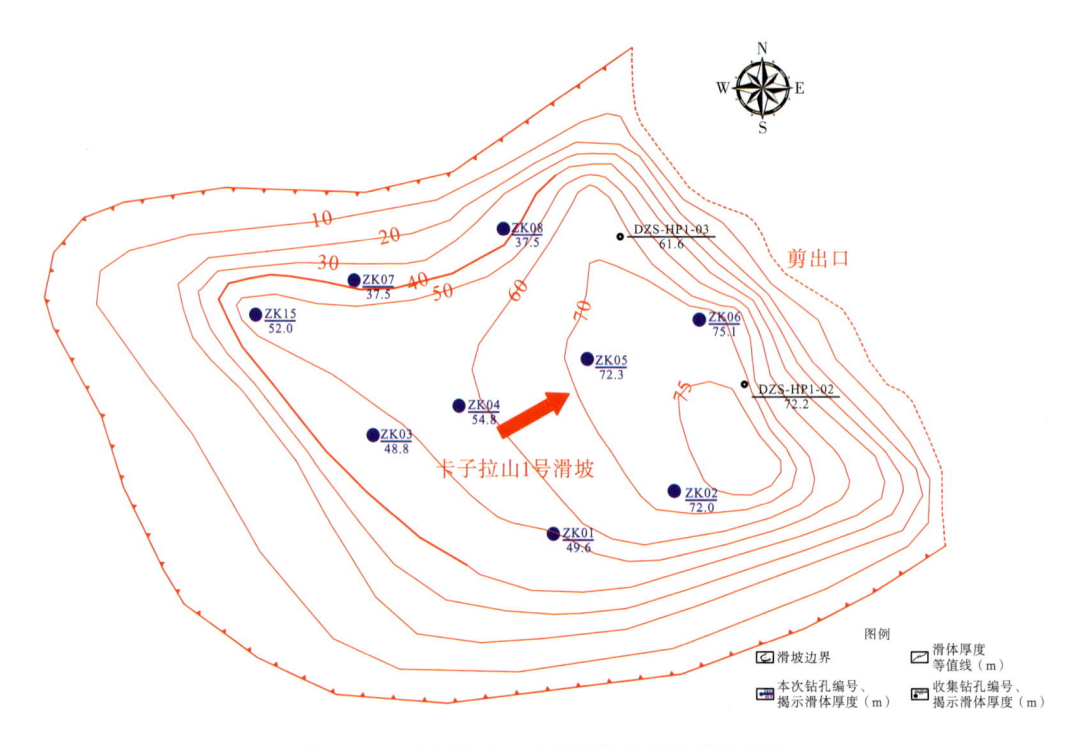

图4.3-40 卡子拉山1号滑坡滑体厚度等值线图

从横向上看，滑坡中部及中部偏南部分厚度较大，两侧厚度相对较小。如中后部4-4′横剖面中部ZK04号钻孔揭露滑体厚度为54.8m，滑坡右侧ZK01钻孔揭露滑体厚度为49.6m，滑坡左侧ZK07号钻孔揭露滑体厚度为37.5m（图4.3-41）；滑坡中部5-5′横剖面特征更加明显，滑坡右侧及中部ZK02、ZK05号钻孔揭露滑体厚度分别达到72.0m、72.3m，而左侧 ZK08 号钻孔揭露滑体厚度为 37.5m；推测滑坡左侧受冲沟冲蚀等因素影响，滑体厚度较小。

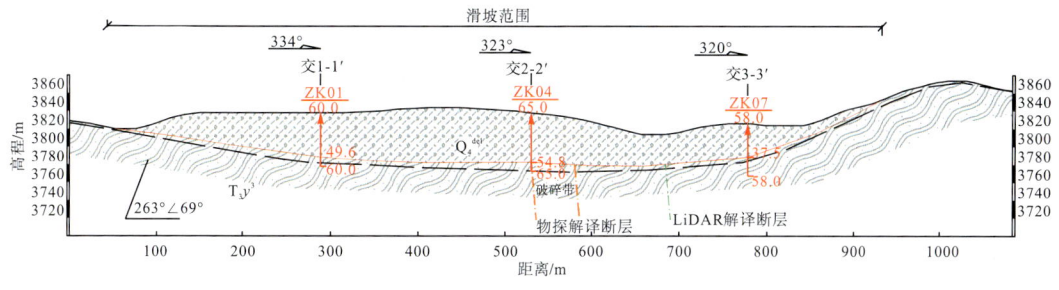

图 4.3-41　卡子拉山 1 号滑坡 4-4′工程地质横剖面图

2）卡子拉山 2 号滑坡滑体厚度特征

据现场调查及钻孔资料、高密度电阻率法探测结果，滑体的平均厚度约为 35m，滑体的空间变化较大，滑体厚度变化等值线图如图 4.3-42 所示。纵向上看，滑坡中部滑体厚度较大，中前部次之，后缘相对较小，7-7′剖面表现为中部滑体厚度较大，前缘及后缘厚度较小的特点，可见滑体厚度的变化较大。滑坡右侧中部 DZS-HP2-02 号钻孔揭露滑体最大厚度达到 67.6m，而后缘则较薄，DZS-HP2-04 号钻孔揭露滑体厚度为 35.3m，ZK12 号钻孔揭露滑体厚度仅有 26.8m。

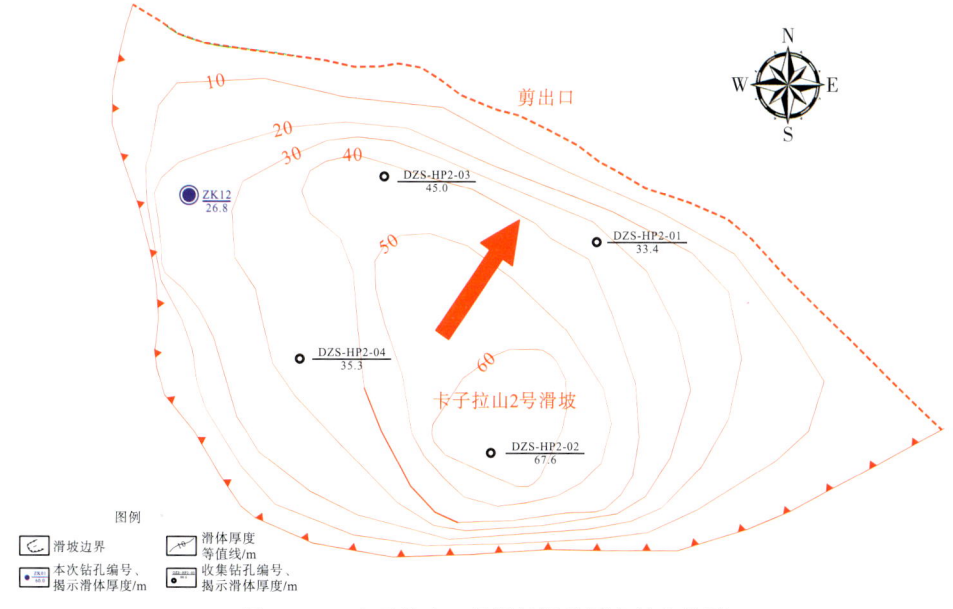

图 4.3-42　卡子拉山 2 号滑坡滑体厚度等值线图

从横向上看，滑坡中部偏南及中部部分厚度较大，两侧厚度相对较小。如中后部 10-10′横剖面中部右侧 DZS-HP2-02 号钻孔揭露滑体厚度为 67.6m，DZS-HP2-04 号钻孔揭露滑体厚度为 35.3m，而左侧 ZK11 钻孔开孔即为基岩，横剖面上表现为滑坡中部右侧厚度较大，从右到左厚度逐渐递减，而两侧滑体厚度较小（图4.3-43）；滑坡中前部11-11'横剖面滑体厚度主要表现为中部厚度最大，由中部向两侧逐渐变小的特征，中部DZS-HP2-03号钻孔揭露滑体厚度为45.0m，中部右侧DZS-HP2-01号钻孔揭露滑体厚度为33.4m，中部左侧ZK12号钻孔揭露滑体厚度为26.8m；推测滑坡左侧受冲沟冲蚀及滑坡前缘俄洛曲侧蚀等因素影响，滑体厚度较小。

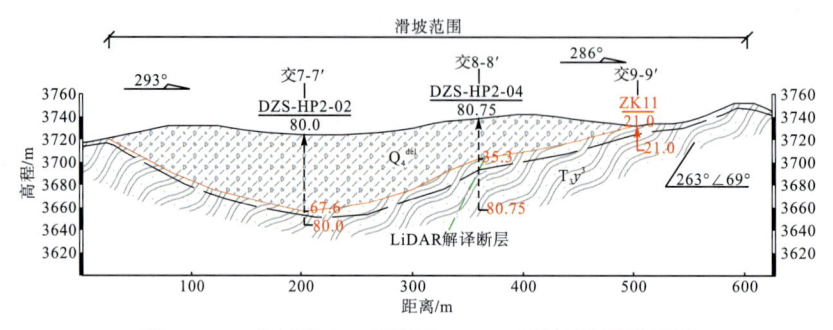

图4.3-43 卡子拉山2号滑坡10-10'工程地质横剖面图

3) 卡子拉山1号滑坡滑带特征

本次钻孔及前期中铁二院钻孔都揭露了该层滑带土。总体上看，滑带形状为较顺直的弧形，整体表现为前陡后缓的变化趋势，后缘滑带倾角一般为15°～25°，中前部稍陡，倾角为28°～34°。图4.3-44为卡子拉山1号滑坡滑动面等高线图。由图可见，滑动面倾向与坡向总体一致，但滑动面略呈宽阔的槽状负地形，各区滑动方向有所不同，但总体都是向东北方向滑动。

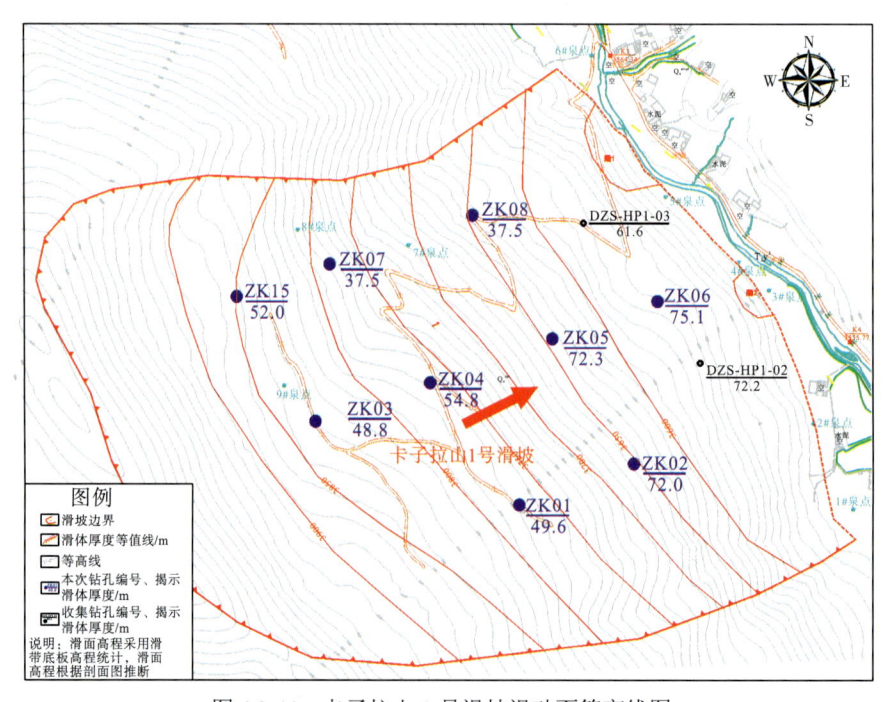

图4.3-44 卡子拉山1号滑坡滑动面等高线图

根据前期钻孔揭露的情况，卡子拉山 1 号滑坡滑带土厚度为 1.5～3.3m，主要为灰色或灰黑色，岩性为粉质黏土夹角砾。粉质黏土多呈软塑状，稍湿至湿；角砾、碎块石成分以砂质板岩为主，直径多为 2～20mm，以棱角状和次棱角状为主，如图 4.3-45 所示。

图 4.3-45　卡子拉山 1 号滑坡 ZK02 滑带土

4）卡子拉山 2 号滑坡滑带特征

总体上看，滑带形状为较顺直的弧形，整体表现为后陡前缓的变化趋势，后缘滑带倾角一般为 37°～44°，中前部稍缓，倾角为 15°～31°。图 4.3-46 为卡子拉山 2 号滑坡滑动面等高线图。由图可见，滑动面倾向与坡向总体一致，但滑面略呈宽阔的槽状负地形，滑坡右侧滑体厚度较大位置负地形较明显，各区滑动方向有所不同，但总体都是向东北方向滑动。

根据前期钻孔揭露的情况，卡子拉山 2 号滑坡滑带土厚度为 0.5～5.5m，主要为灰色或灰黑色，岩性为粉质黏土夹角砾。粉质黏土多呈软塑状，稍湿至湿；角砾、碎块石成分以砂质板岩为主，直径多为 2～20mm，以棱角状和次棱角状为主，如图 4.3-47 所示。

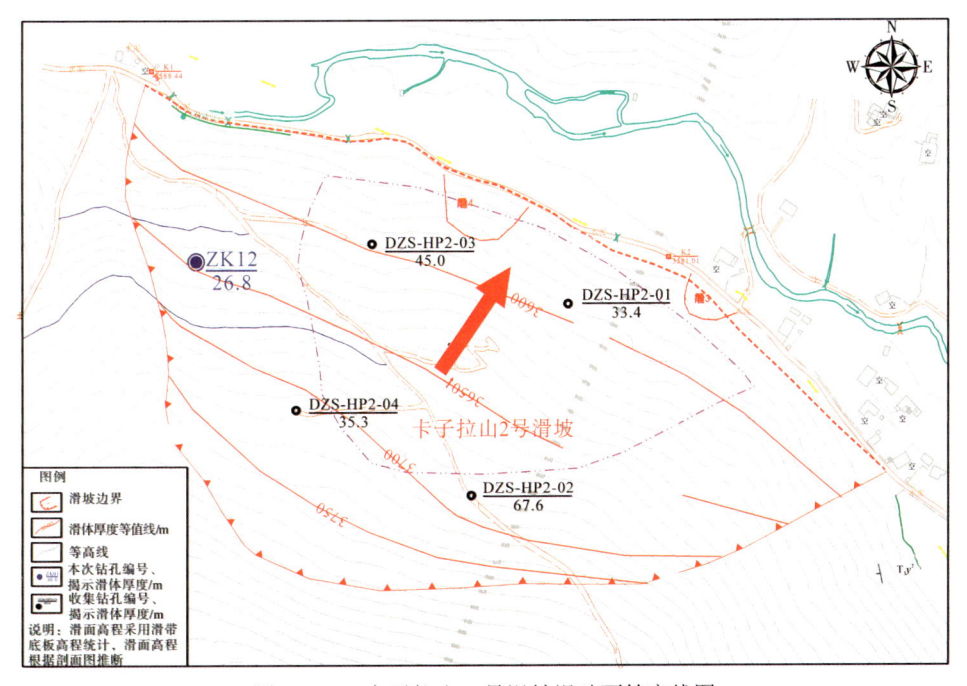

图 4.3-46　卡子拉山 2 号滑坡滑动面等高线图

图 4.3-47　卡子拉山 2 号滑坡 DZS-KZL1HP2-02 滑带土

(三)稳定性计算分析

1. 卡子拉山 1 号、2 号滑坡稳定性分析

1)计算方法和计算工况的选取

分析坡体结构特征、剪出口，判断其变形破坏模式为上部土体沿基覆界面、土体层内错动带产生的滑动，滑面近似折线，故采用极限平衡传递系数法进行稳定性计算。计算采用传递系数法，利用《滑坡防治工程勘查规范》(GB/T 32864—2016)中的公式计算滑坡推力。

针对滑坡的实际情况，由于勘查区地震基本烈度为Ⅷ度，需考虑地震情况下的稳定系数，因此选取天然工况、暴雨工况和地震工况计算滑坡的稳定性系数。

工况Ⅰ：天然工况，即不考虑地下水及地震，稳定性系数反映的是滑坡在仅受自重应力+地面荷载作用下的稳定性。荷载组合为：自重采用天然重度。工况Ⅱ：暴雨工况，荷载组合为自重+暴雨。滑体重度按饱水重度计算，滑面抗剪强度参数采用饱水抗剪强度参数。工况Ⅲ：地震工况，荷载组合为自重+地震。

2)计算模型和计算参数的确定

卡子拉山 1 号滑坡，对滑坡体整体稳定性采用勘查成果 1-1′剖面、2-2′剖面、3-3′剖面作为地质模型进行稳定性计算和评价；对 3 个剖面上覆滑坡堆积体土层沿基覆界面滑动的稳定性进行了计算。卡子拉山 2 号滑坡，对整体稳定性采用勘查成果 7-7′剖面、8-8′剖面、9-9′剖面作为地质模型进行稳定性计算和评价；对 3 个剖面上覆滑坡堆积体土层沿基覆界面滑动的稳定性进行了计算。

卡子拉山 1 号滑坡勘查岩土物理力学计算参数主要根据本次勘查室内试验成果，并类比邻近同类工程经验，进行参数反演后综合确定。滑坡岩土体主要物理力学参数建议值见表 4.3-3。由于卡子拉山 2 号滑坡的勘探量较少，野外取样较少，而前期中铁二院对卡子拉山 2 号滑坡做了勘查工作，因此本次岩土物理力学计算参数主要根据本次勘查室内试验成果、中铁二院的试验参数，并类比邻近同类工程经验，进行参数反演后综合确定。滑坡岩土体主要物理力学参数建议值见表 4.3-4。

表 4.3-3 卡子拉山 1 号滑坡岩土体主要物理力学参数建议值

岩土体名称	重度 γ/(kN/m³) 天然	重度 γ/(kN/m³) 饱和	黏聚力 C/kPa 天然	黏聚力 C/kPa 饱和	内摩擦角 φ/(°) 天然	内摩擦角 φ/(°) 饱和
滑体块碎石土	20.5	21.5	20.8	14.2	45.0	38.0
滑带角砾土	20.2	20.2	14.3	14.3	27.0	27.0
中风化碳质板岩	26.5	27.5	2090.0	—	41.0	—

表 4.3-4 卡子拉山 2 号滑坡岩土体主要物理力学参数建议值

岩土体名称	重度 γ/(kN/m³) 天然	重度 γ/(kN/m³) 饱和	黏聚力 C/kPa 天然	黏聚力 C/kPa 饱和	内摩擦角 φ/(°) 天然	内摩擦角 φ/(°) 饱和
滑体块碎石土	20.5	21.5	20.8	14.2	45.0	38.0
滑带角砾土	19.8	20.2	20.9	14.3	30.0	27.0
中风化碳质板岩	26.5	27.5	2090.0	—	41.0	—

3）稳定性评价

依据《滑坡防治设计规范》（GB/T 38509—2020），滑坡推力计算中设计安全系数 F_s，考虑该滑坡的重要性及危害性，参考相关规范，选取如下：工况Ⅰ（天然工况），采用 F_s=1.2；工况Ⅱ（暴雨工况），采用 F_s=1.15；工况Ⅲ（地震工况），采用 F_s=1.05。《滑坡防治工程勘查规范》（GB/T 32864—2016）对滑坡稳定状态进行划分，见表 4.3-5。按上述计算模型、计算工况及计算方法对卡子拉山 1 号、2 号滑坡稳定性进行了计算，计算结果见表 4.3-6。

表 4.3-5 滑坡稳定状态划分

稳定性系数	F_s<1.00	1.00≤F_s<1.05	1.05≤F_s<1.15	F_s≥1.15
滑坡稳定状态	不稳定	欠稳定	基本稳定	稳定

表 4.3-6 卡子拉山 1 号、2 号滑坡稳定性计算结果

计算剖面	计算工况	稳定性系数	剩余下滑力/(kN/m)	评价	备注
1-1'	Ⅰ	1.227	0	稳定	
1-1'	Ⅱ	1.223	0	稳定	
1-1'	Ⅲ	1.152	0	稳定	
2-2'	Ⅰ	1.466	0	稳定	卡子拉山 1 号滑坡
2-2'	Ⅱ	1.462	0	稳定	卡子拉山 1 号滑坡
2-2'	Ⅲ	1.365	0	稳定	卡子拉山 1 号滑坡
3-3'	Ⅰ	1.324	0	稳定	
3-3'	Ⅱ	1.319	0	稳定	
3-3'	Ⅲ	1.240	0	稳定	
7-7'	Ⅰ	1.564	0	稳定	卡子拉山 2 号滑坡
7-7'	Ⅱ	1.333	0	稳定	卡子拉山 2 号滑坡
7-7'	Ⅲ	1.464	0	稳定	卡子拉山 2 号滑坡

续表

计算剖面	计算工况	稳定性系数	剩余下滑力/(kN/m)	评价	备注
8-8′	I	1.475	0	稳定	卡子拉山2号滑坡
8-8′	II	1.244	0	稳定	卡子拉山2号滑坡
8-8′	III	1.388	0	稳定	卡子拉山2号滑坡
9-9′	I	1.565	0	稳定	卡子拉山2号滑坡
9-9′	II	1.310	0	稳定	卡子拉山2号滑坡
9-9′	III	1.473	0	稳定	卡子拉山2号滑坡

由表 4.3-6 可知，卡子拉山 1 号、2 号滑坡沿基覆界面产生整体滑动的稳定性较好，卡子拉山 1 号滑坡的 1-1′剖面、2-2′剖面、3-3′剖面在 3 种工况下均处于稳定状态；卡子拉山 2 号滑坡的 7-7′剖面、8-8′剖面、9-9′剖面在 3 种工况下均处于稳定状态。计算结果表明，卡子拉山 1 号、2 号滑坡的整体稳定性较好，与滑坡的实际情况基本吻合。

综上所述，卡子拉山 1 号、2 号滑坡沿基覆界面产生整体滑动的稳定性好，在连续强降雨或地震作用下，滑坡整体稳定性稍有减弱，但仍处于稳定状态，发生滑动的可能性较小。

2. 俄洛堆不稳定斜坡稳定性评价

1) 计算模型和计算参数的确定

计算模型主要根据剖面钻孔、物探等工程控制，以及结合地质环境条件和斜坡变形破坏特征推测潜在滑动面来建立。从钻孔揭露情况来看，变形体中未找到连贯的滑动带，计算剖面按沿基覆界面整体滑动的破坏模式建立如下计算模型。

采用俄洛堆不稳定斜坡主剖面作为地质模型进行稳定性计算和评价。对上覆堆积体土层沿基覆界面滑动的稳定性进行计算(图 4.3-48)。计算参数采用卡子拉山 2 号滑坡岩土体物理力学参数进行计算。具体参数建议值见表 4.3-7。

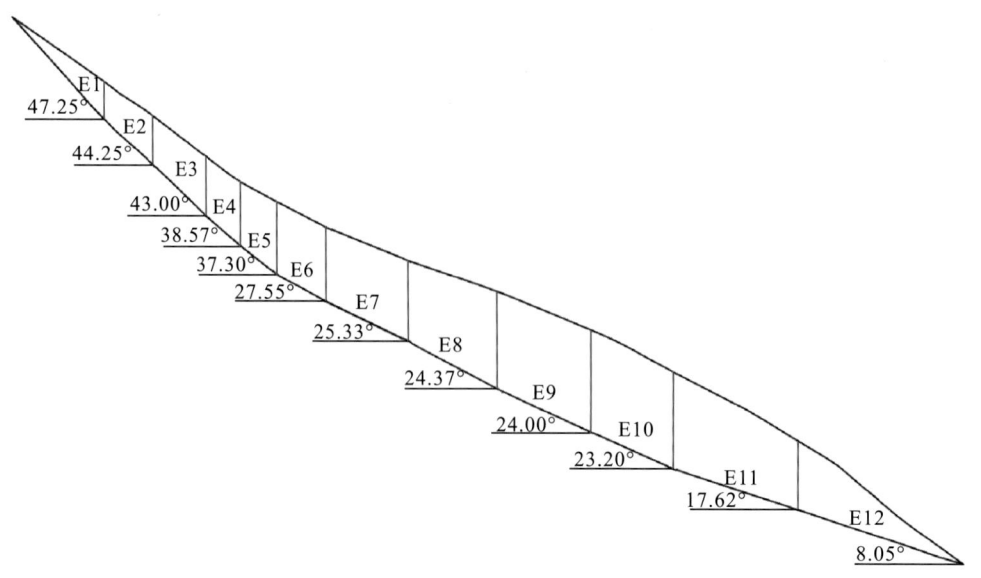

图 4.3-48 俄洛堆不稳定斜坡沿基覆界面滑动计算模型

表 4.3-7　俄洛堆不稳定斜坡岩土体主要物理力学参数建议值

岩土体名称	重度γ/(kN/m³) 天然	重度γ/(kN/m³) 饱和	黏聚力 C/kPa 天然	黏聚力 C/kPa 饱和	内摩擦角φ/(°) 天然	内摩擦角φ/(°) 饱和
滑体块碎石土	20.5	21.5	20.8	14.2	45.0	38.0
滑带角砾土	19.8	20.2	20.9	14.3	30.0	27.0
中风化碳质板岩	26.5	27.5	2090.0	—	41.0	—

2) 稳定性评价

依据《滑坡防治设计规范》(GB/T 38509—2020),滑坡推力计算中设计安全系数 F_s,考虑该滑坡的重要性及危害性,参考相关规范,选取如下:工况Ⅰ(天然工况),采用 F_s=1.2;工况Ⅱ(暴雨工况),采用 F_s=1.15;工况Ⅲ(地震工况),采用 F_s=1.05。《滑坡防治工程勘查规范》(GB/T 32864—2016)对滑坡稳定状态进行划分,见表 4.3-5。按计算模型、计算工况及计算方法对俄洛堆不稳定斜坡的稳定性进行计算,计算结果见表 4.3-8。

表 4.3-8　俄洛堆不稳定斜坡稳定性计算结果

计算剖面	计算工况	稳定性系数	剩余下滑力/(kN/m)	评价
俄洛堆不稳定斜坡	Ⅰ	1.212	0	稳定
	Ⅱ	1.024	640.0	欠稳定
	Ⅲ	1.156	0	稳定

由表 4.3-8 可知,俄洛堆不稳定斜坡沿基覆界面的整体稳定性较好,俄洛堆不稳定斜坡在天然、地震两种工况下均处于稳定状态,在暴雨工况下处于欠稳定状态。计算结果表明,俄洛堆不稳定斜坡的整体稳定性较好,与斜坡的实际情况基本吻合。

综上所述,俄洛堆不稳定斜坡沿基覆界面的整体稳定性较好,其在暴雨条件下处于欠稳定状态,发生滑动的可能性较大。

(四)主要认识与防灾建议

基于"空-天-地-深"一体化的工作思路,采用光学遥感解译、机载 LiDAR、地面地质调查及测绘、工程地质钻探、高密度电阻率法探测等多种手段相结合,初步查明了卡子拉山 1 号隧道进口区域的两处老滑坡以及俄洛堆不稳定斜坡的形态规模特征、边界条件、变形特征、地质结构及岩土体物理力学特性等,分析了滑坡的形成因素及机制,并对两处老滑坡和不稳定斜坡在不同工况下的稳定性进行了评价(图 4.3-49),主要取得如下认识。

(1)卡子拉山 1 号滑坡主滑方向为 70°,分布高程为 3560～4040m,斜长约 990m,宽约 820m,平均厚度约为 40m,体积约为 3250×10⁴m³。卡子拉山 2 号滑坡主滑方向为 15°,分布高程为 3580～3820m,斜长约 580m,宽约 500m,平均厚度约为 35m,体积约为 1020×10⁴m³。两处滑坡均为特大型老滑坡。

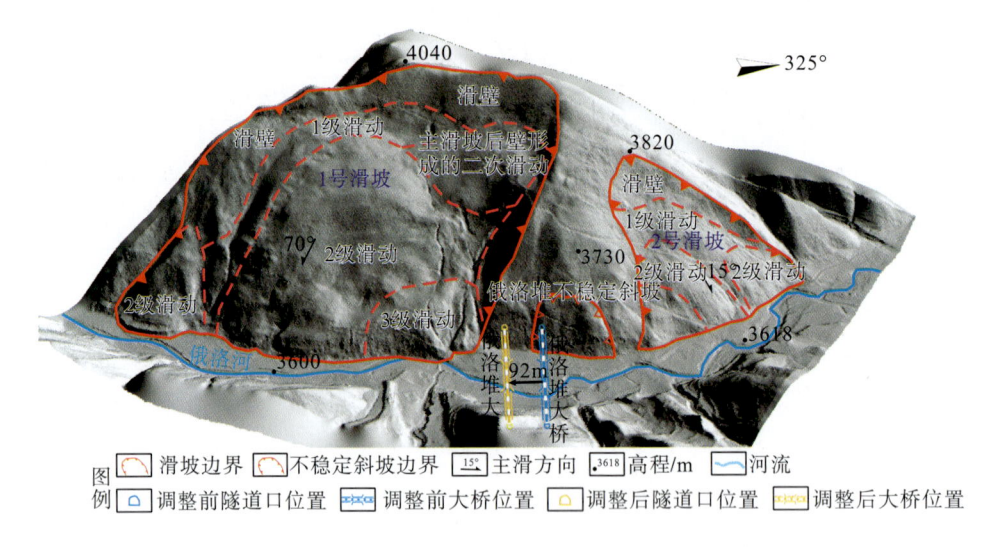

图 4.3-49　卡子拉山 1 号隧道进口区域地质灾害分布特征图

(2) 卡子拉山两处老滑坡的形成是多个因素叠加的结果，主要为地形地貌特征、河谷应力场特征、岩体结构特征、构造运动特征、地震及冻融作用等因素。依据工程地质过程机制分析原理，卡子拉山两处老滑坡是沿倾坡内断层带压缩变形所导致的压缩-剪胀错动变形机制，滑坡的形成演化过程为河谷卸荷→断层剪胀错动→滑坡形成→滑坡二次滑塌变形。

(3) 俄洛堆不稳定斜坡主滑方向为 47°，分布高程为 3604m～3676m，斜长约 136m，宽约 203m，平均厚度约为 13m，体积约为 35.8×10^{4}m^3，规模为中型。

(4) 卡子拉山 1 号、2 号滑坡在天然工况下整体稳定，在暴雨和地震工况下，滑坡整体稳定性稍有减弱，但仍处于稳定状态，在无工程扰动情况下对卡子拉山 1 号隧道进口工程影响较小。俄洛堆不稳定斜坡在天然工况下整体稳定，在暴雨工况下处于欠稳定状态，沿基覆界面发生滑动的可能性较大，对拟建卡子拉山 1 号隧道进口段线路构成影响。

第四节　小　　结

(1) 基于地质背景条件综合分析、InSAR 监测、高精度遥感、机载 LiDAR 测绘、无人机航拍等综合遥感识别技术，构建了典型深切河谷区地质灾害隐患早期识别指标体系及方法。基于综合遥感技术开展了雅砻江雅江—新龙段、金沙江白玉—德格段、大渡河泸定—丹巴段典型高山峡谷区的地质灾害早期识别。

(2) 基于 GIS 技术选取地层岩性、地质构造、水文地质条件等 7 个主要孕灾地质环境条件进行地质灾害易发性分析，确定地质灾害早期识别靶区。雅砻江典型高深峡谷区高易发区、中易发区面积分别为 248km^2、459km^2，分别占总面积的 19.08%、35.31%。圈定 11 个地质灾害早期识别靶区。金沙江典型高深峡谷区高易发区、中易发区面积分别为

$325km^2$、$618km^2$，分别占总面积的 13.75%、28.35%，圈定 13 个地质灾害早期识别靶区。

（3）基于高精度遥感解译，选取地形地貌、斜坡形态、植被异常、变形破坏迹象四大类识别指标扫面性识别地质灾害。雅砻江、大渡河典型高山峡谷区分别识别出 212 处、298 处崩滑地质灾害。采用 Sentinel-1A 卫星升轨数据基于 SBAS-InSAR 技术，对雅砻江、金沙江、大渡河典型高深峡谷区分别识别出 10 处、19 处、32 处典型的崩滑地质灾害。

（4）采用综合遥感精细化识别、地面调查、高密度电阻率物探、钻探、数值模拟等"空-天-地-深"一体化地质灾害识别、调查、勘查、数值模拟技术，对川西典型滑坡折多塘滑坡、卡子拉山滑坡开展了综合研究，精细化识别了滑坡的边界形态、变形破坏特征，揭示了滑坡体物质结构、滑面展布特征，研究了滑坡体不同工况下稳定性。

第五章　川西高原山区典型地质灾害监测预警

第一节　概　　述

一、川西山区地质灾害监测预警现状

监测预警作为地质灾害综合防治体系建设的重要组成部分，总体上川西山区的地质灾害监测预警工作大致经历了群测群防、专业监测、群专结合等发展阶段。

"十二五"以来，整个四川省尤其是川西山区根据全国统一部署，率先建立了4万余人的地质灾害群测群防队伍，建立了由群测群防员实施的雨前排查、雨中巡查和雨后复查的群测群防"三查"工作制度，实现了已知地质灾害隐患点全覆盖的群测群防专职监测体系；同时，在全省176个地质灾害易发县(市、区)开展了地质灾害气象风险预警预报，有力支撑了汛期地质灾害防治工作，取得了重要的防灾减灾成效。

在"十二五"末至"十三五"初期，电子信息技术、智能传感、物联网、大数据等新技术的快速发展促进了各种地质灾害专业监测设备的研发，进一步提升了监测效率和监测的准确性。在川西山区针对威胁城镇区的重大地质灾害隐患、重大工程建设区、地震灾区，以及重要生态区的小流域等开展了基于专业监测设备的监测预警试点工作，如笔者研究团队在乌蒙山区、攀西等地区开展的专业监测示范等工作，对探索监测设备适用性、提升专业监测水平、完善监测预警系统等均起到了积极作用。但由于专业监测成本往往较高，加上缺乏全地形、全天候运行条件的全面检验，以及通适性的有效监测预警模型等限制，此专业监测预警工作仅限于局部区域的试点示范。

为深入贯彻落实习近平总书记在2018年中央财经委员会第三次会议上的重要讲话精神：实施自然灾害监测预警信息化工程，提高多灾种和灾害链综合监测、风险早期识别和预报预警能力，在"十三五"末期直至当前，充分依托已有群测群防、专业监测的已有基础，切实提升监测预警科技化水平，针对确认的地质灾害隐患点和重要风险区，着力构建群测群防、专业监测相结合的监测预警网络以及气象预警体系。在此过程中，加强简易、实用监测仪器的研发与安装，建立预警模型，通过专业队伍驻地指导(并动态开展"三查"工作)或政府购买服务等方式，提升群测群防信息化、专业化水平，提高监测预警的覆盖面和精准度。在此期间，四川省着力建设完善地质灾害群测群防网络，健全省、市、县、乡、村、组、点"七级群测群防网"，加强技术装备配备与业务技能培训，推动地质灾害自动化专业监测与群测群防专职监测融合，加大以降雨与地表变形等关键指标为主的普适型监测设备安装与应用，加强专群结合监测预警，也取得了显著的防灾减灾成效。

二、川西山区地质灾害监测预警示范点建设情况

在对川西山区典型崩塌、滑坡和泥石流灾害发育特征进行研究的基础上,结合监测工作的实际需要,以及代表性、典型性、可行性和危害性综合的选点原则,在川西山区选择4个重点地区开展基于多手段的地质灾害监测预警工作(表 5.1-1,图 5.1-1)。其中,川西高寒山区典型地质灾害监测预警示范区主要选取威胁车站、桥梁等重要设施的滑坡和泥石流灾害进行监测;川西红层地区典型滑坡监测预警示范区选取红层区人口多、危害大、变形强烈的滑坡灾害进行监测;川西典型山火地区泥石流监测预警示范区主要选取西昌火后高频泥石流沟进行监测;滑坡-泥石流灾害链监测示范区主要选择红莫镇热水河流域变形强烈的滑坡和高频泥石流进行监测。项目共建设完成地质灾害监测预警示范点 8 处,县域地质灾害风险监测示范区 1 处,县域地质灾害监测预警示范区 1 处,安装监测设备共计700 余套,为 299 户 2000 余人的生命财产安全提供了保障,减少潜在经济损失约 5000 万元,为县域地质灾害和地质灾害风险区监测提供参考,为铁路规划建设提供支撑服务,为铁路建设运营提供安全保障。

表 5.1-1 已建监测预警点信息统计表

序号	监测点名称	地理位置 省	地理位置 州	地理位置 市/县	坐标/(°) 东经	坐标/(°) 北纬	规模	备注
1	桥头滑坡	四川	凉山	昭觉	104.0341	27.614	小型	川西红层区滑坡灾害,威胁 2 户约 50 人
2	火普社滑坡	四川	凉山	昭觉	102.713	28.021	大型	川西红层区滑坡灾害,威胁 11 户 36 人以及博洛乡中心小学 497 人
3	三道桥沟泥石流	四川	甘孜	康定	101.93	30.131	大型	川西高寒山区泥石流灾害,威胁拟建康定站
4	折多塘滑坡	四川	甘孜	康定	101.891	29.991	大型	川西高寒山区滑坡灾害,威胁折多塘大桥以及 G318
5	西昌响水沟 3 号泥石流	四川	凉山	西昌	102.254	27.809	小型	火后泥石流灾害,威胁沟口 5 户 30 人
6	特火滑坡群	四川	凉山	喜德	102.302	28.152	大型	为泥石流提供物源,形成滑坡-泥石流链式灾害
7	分叉沟泥石流	四川	凉山	喜德	102.261	28.105	小型	滑坡-泥石流链式灾害,威胁沟口 41 户 220 余人生命财产安全
8	老洼沟泥石流	四川	凉山	喜德	102.322	28.099	大型	滑坡-泥石流链式灾害,威胁沟口阿尼村 100 户 500 余人生命财产安全
9	喜德县地质灾害风险区监测预警	四川	凉山	喜德	102.21～102.72	27.88～28.52	—	包含 72 个地质灾害极高、高风险区域
10	小金县地质灾害监测预警	四川	阿坝	小金	102.02～102.98	30.58～31.72	—	包含 25 处典型滑坡灾害

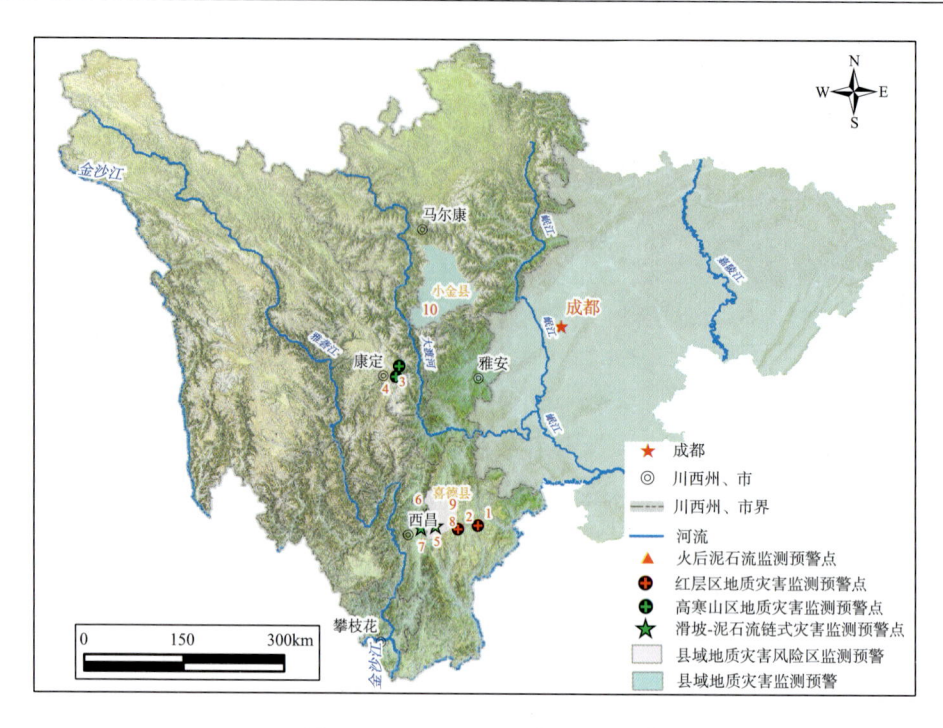

图 5.1-1　已建监测预警点分布图

三、地质灾害风险区监测预警总体思路

（一）地质灾害风险区监测预警选区原则

(1) 系统性原则：结合喜德县不同孕灾地质条件、发育类型特征和分布规律进行区域把控，同时兼顾已有监测点的空间分布现状，将风险区和周边灾害隐患点的监测预警联合打造成覆盖本区域的一体化、系统化的监测预警网络体系，从全县整体防灾减灾角度出发进行布设。

(2) 风险排序原则：基于喜德县1∶50000风险调查评价成果，优先选取一般调查区中的极高、高风险区域，重点调查区中的极高、高风险斜坡单元作为此次监测预警区域；优先选取地质灾害发育（未治理、未监测）、威胁对象多的区域或斜坡单元部署监测预警工作。

(3) 不重复原则：应避开已有监测预警点，以免监测设备重复布设。

(4) 补强原则：极高、高风险区域（斜坡单元）内有地质灾害隐患点并已开展了监测预警的，根据实际情况决定是否对地质灾害隐患点监测预警的设备类型和数量进行补强，无须补强的可在该区域地质灾害监测点以外的潜在隐患区域布设。

(5) 设备共享原则：充分掌握已建监测预警点的设备类型、数量、位置，在风险区监测预警布设时，共享和利用已有雨量计、全球导航卫星系统（GNSS）基站等设备。

（二）地质灾害风险区监测预警选点成果

结合喜德县地质灾害发育规律特征，以及喜德县地质灾害风险区划特征，本次风险区监测预警共选取 72 个地质灾害极高、高风险区域（图 5.1-2），部署雨量计 25 台、声光报警器 70 台、泥位计 8 台、GNSS（含基站）56 台、倾角计 21 台，设备共计 180 台，72 个风险监测预警区域的数量统计见表 5.1-2。风险监测预警区域的威胁对象、隐患点发育等信息见表 5.1-3。

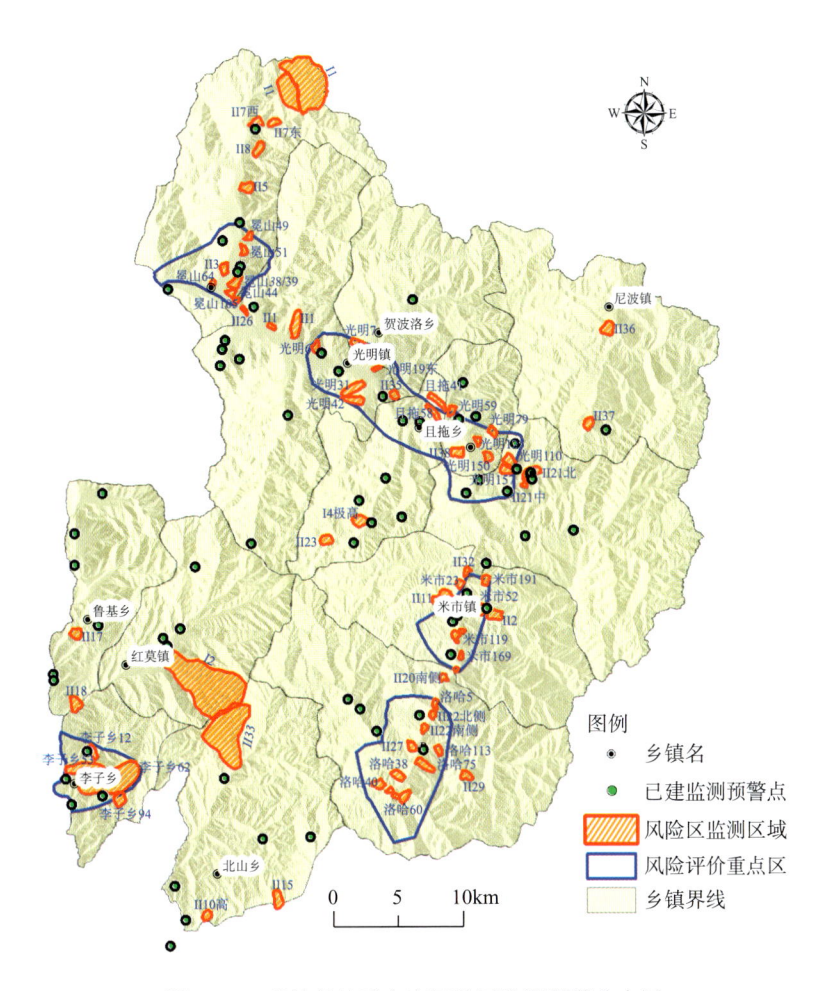

图 5.1-2 喜德县地质灾害风险区监测预警分布图

表 5.1-2 风险监测区数量统计表

风险区	风险等级		发育灾害数量/个
	极高	高	
一般调查区	4	30	26
重点调查区	12	26	4
合计	16	56	30

表 5.1-3 风险监测区威胁对象、隐患点发育信息表

序号	编号	野外编号	风险区名称	风险区面积/km²	人数/人	房屋/栋	房屋面积/m²	交通道路/m	财产/万元	滑坡/处	崩塌/处	泥石流/处	地面塌陷/处	其他/处	人数/人	财产/万元
1	513432501000001	I 1	冕山镇俄尔则俄村依莫拉达沟极高风险区	1.4	193	68	6800	11020	1300	0	0	0	0	0	0	0
2	513432501000002	I 2	冕山镇俄尔则俄村九盘营沟极高风险区	3.57	395	140	14000	6000	2920	0	0	2	0	0	395	2620
3	513432501000004	I 4	红莫镇瓦西村极高风险区	1.13	113	66	6600	2000	350	2	0	1	0	0	113	250
4	513432102000007	贺波洛重点区 7	贺波洛乡卓古村则巴古极高风险区	1	292	97	6819.49	5780	1273.21	1	0	0	0	0	60	100
5	513432100500053	李子乡重点区 53	李子乡大兴村甘莫东侧极高风险区	0.2	14	5	333.2	803	87.75	0	0	0	0	0	0	0
6	513432500400040	洛哈重点区 40	洛哈镇额尼村阿坡洛极高风险区	0.544	117	39	2732	1200	450	0	0	0	0	0	0	0
7	513432100200041	目拖乡重点区 41	目拖乡联合村沙乌觉地南西侧极高风险区	1.6	100	33	2332.4	3800	523.2	0	0	0	0	0	0	0
8	513432500100038	冕山重点区 38	冕山镇尔史村瓦厂 1#、2#极高风险区	0.268	8	3	178	0	25	0	0	0	0	0	0	0
9	513432500100039	冕山重点区 39	冕山镇尔史村沙马极高风险区	0.462	52	17	1222	350	192.5	0	0	0	0	0	0	0
10	513432500100051	冕山重点区 51	冕山镇尔史村东山极高风险区	0.253	0	0	0	110	5.5	0	0	0	0	0	0	0
11	513432500300169	米市重点区 169	米市镇尔夫村石布极高风险区	0.044	100	33	2332	0	333	0	0	0	0	0	0	0
12	513432500400060	洛哈重点区 60	洛哈镇觉莫村尔普极高风险区	0.548	28	9	644	650	124.5	0	0	1	0	0	19	110
13	513432100200157	光明重点区 157	沙马拉达乡铁口村南侧 800m 极高风险区	0.49	122	41	2843.31	3620	587.19	0	0	0	0	0	0	0

续表

序号	编号	野外编号	风险区名称	风险区面积/km²	人数/人	房屋/栋	房屋面积/m²	交通道路/m	财产/万元	滑坡/处	崩塌/处	泥石流/处	地面塌陷/处	其他/处	人数/人	财产/万元
15	513432100200150	光明重点区150	两河口镇三合村150号极高风险区	0.29	45	15	1044.03	1035	320.9	0	0	0	0	0	0	0
16	513432100200042	光明重点区42	光明镇甘哈觉莫村南西1km极高风险区	0.97	25	8	577.55	3400	252.51	0	0	0	0	0	0	0
17	513432502000010	II 10	北山乡北山村高风险区	1.11	186	114	11400	1000	1190	1	0	0	0	0	60	75
18	513432502000011	II 11	米市镇依洛村高风险区	3.8	160	130	13000	6000	800	4	0	0	0	0	160	235
19	513432502000002	II 2	米市镇马多洛村高风险区	2.98	192	108	108000	6200	470	1	0	0	0	0	102	100
20	513432502000021	II 21北	沙马拉达乡火把村高风险区	2.32	127	42	2954.37	3520	619.05	0	0	0	0	0	0	0
21		II 21南			480	152	4400	1400	1840	4	0	0	0	0	480	820
22	513432502000033	II 33	北山乡巴波西高风险区	0.58	35	20	2000	1100	255	0	0	0	0	0	0	0
23	513432502000035	II 35	光明镇炭山村高风险区	0.34	60	40	4000	0	400	0	0	0	0	0	0	0
24	513432100200031	光明重点区31	光明镇新联村31号高风险区	0.66	88	29	2043.63	575	320.7	0	0	0	0	0	0	0
25	513432100500062	李子乡重点区62	李子乡大兴村62号高风险区	0.2	3	1	66.64	400	29.52	0	0	0	0	0	0	0
26	513432500400113	洛哈重点区113	洛哈镇洛哈村洛哈1#高风险区	0.316	12	4	289	510	66.5	0	0	0	0	0	0	0
27	513432500400038	洛哈重点区38	洛哈镇额尼村翁久莫2#高风险区	0.441	20	7	466	644	99.2	0	0	0	0	0	0	0
28	513432500400047	洛哈重点区47	洛哈镇额尼村中心小学高风险区	0.095	41	14	955	800	176	0	0	0	0	0	0	0

续表

序号	编号	野外编号	风险区名称	风险区面积/km²	人数/人	房屋/栋	房屋面积/m²	交通道路/m	财产/万元	滑坡/处	崩塌/处	泥石流/处	地面塌陷/处	其他/处	人数/人	财产/万元
29	513432500400005	洛哈重点区5	洛哈镇都米都米高风险区	0.6	76	25	1777	1936	350.8	0	0	0	0	0	0	0
30	513432100200058	且拖乡重点区58	且拖乡联合村57号高风险区	0.24	75	25	1754.85	630	282.19	0	0	0	0	0	0	0
31	513432502000001	II1	光明镇小马高风险区	2.31	118	1540	3050	1633	671	0	0	0	0	0	0	11
32	513432502000015	II15	北山乡日司刀风险区	0.56	66	44	4400	1500	515	0	0	0	0	0	0	0
33	513432502000017	II17	鲁基乡唐洛高风险区	0.29	90	60	6000	1000	650	0	0	0	0	0	0	0
34	513432502000018	II18	鲁基乡亚坡西高风险区	0.37	75	46	4600	200	470	0	0	0	0	0	0	0
35	513432502000019	II19	米市镇洛波水库风险区	0.36	24	16	1600	400	200	0	0	0	0	0	0	0
36	513432502000020	II20 北侧	米市镇瓦各高风险区	0.82	86	54	5400	2100	715	0	0	0	0	0	0	0
37		II20 南侧														
38	513432502000022	II22 北侧	洛哈镇沿米市河高风险区	1.29	86	48	4800	2300	710	0	0	1	0	0	0	0
39		II22 南侧														
40	513432502000023	II23	且拖乡洛都高风险区	1.14	68	36	3600	800	180	0	0	0	0	0	34	70
41	513432502000027	II27	洛哈镇洛哈村西侧县道边高风险区	0.34	6	4	400	500	90	0	0	0	0	0	0	0
42	513432502000029	II29	洛哈镇正洛高风险区	1.08	49	26	2600	1360	348	0	0	0	0	0	0	0
43	513432502000003	II3	冕山镇尔苦高风险区	0.73	16	8	800	1400	290	0	0	0	0	0	0	0
44	513432502000032	II32	米市镇阿普如哈县边风险区	0.67	6	4	400	900	108	0	0	0	0	0	0	0
45	513432502000036	II36	尼波镇尔玛普高风险区	1.43	222	108	10800	800	1090	1	0	0	0	0	45	50

续表

序号	编号	野外编号	风险区名称	风险区面积/km²	人数/人	房屋/栋	房屋面积/m²	交通道路/m	财产/万元	滑坡/处	崩塌/处	泥石流/处	地面塌陷/处	其他/处	人数/人	财产/万元
45	513432500200037	II37	尼波镇甘子村高风险区	0.74	224	112	11200	2600	1320	1	0	0	0	0	35	65
46	513432500200038	II38	两河口镇马家觉巴高风险区	0.96	39	20	2000	0	500	1	0	0	0	0	39	60
47	513432500200005	II5	冕山镇瓦洛莫高风险区	0.31	72	36	3600	600	450	0	0	0	0	0	0	0
48	513432500200008	II8	冕山镇曹王坪高风险区	0.59	20	10	1000	2000	160	0	1	0	0	0	20	60
49	513432500200007	II7东	冕山镇登相营高风险区	2.37	126	108	10800	4000	670	0	0	0	0	0	66	70
50		II7西														
51	513432500100044	冕山重点区44	冕山镇和平村小河坝2#高风险区	0.317	8	3	178	635	310.75	0	0	0	0	0	0	0
52	513432500100105	冕山重点区105	冕山镇和平村小河坝4#高风险区	0.205	25	8	578	500	308	0	0	0	0	0	0	0
53	513432500100064	冕山重点区64	冕山镇和民村1#高风险区	0.038	33	11	777	200	121	0	0	0	0	0	0	0
54	513432500300023	米市镇重点区23	米市镇乃加村依子2#高风险区	0.369	59	20	1377	0	197	0	0	0	0	0	0	0
55	513432500300191	米市镇重点区191	米市镇渣普高风险区	0.219	70	23	1644	200	245	0	0	0	0	0	0	0
56	513432500300052	米市镇重点区52	米市镇米市村乃莫依岬高风险区	0.36	65	22	1511	3200	376	0	0	1	0	0	87	300
57	513432500300119	米市镇重点区119	米市镇米市村阿甘则果1#高风险区	0.248	44	15	1022	620	177	0	0	0	0	0	0	0
58	513432500400067	洛哈重点区67	洛哈镇觉莫尔普3#高风险区	0.125	26	9	600	130	92.5	0	0	0	0	0	0	0
59	513432500400075	洛哈重点区75	洛哈镇洛哈嘎乌高风险区	0.833	61	20	1422	0	203	0	0	0	0	0	0	0

续表

序号	编号	野外编号	风险区名称	风险区面积/km²	风险区基本特征						隐患点类型、数量及危害				
					人数/人	房屋/栋	房屋面积/m²	交通道路/m	财产/万元	滑坡/处	崩塌/处	泥石流/处	地面塌陷/处	其他/处	人数/人	财产/万元

序号	编号	野外编号	风险区名称	风险区面积/km²	人数/人	房屋/栋	房屋面积/m²	交通道路/m	财产/万元	滑坡/处	崩塌/处	泥石流/处	地面塌陷/处	其他/处	人数/人	财产/万元
60	513432100500094	李子乡重点区94	李子乡博中村村民委员会南偏西500m高风险区	0.28	31	10	733.04	1410	175.22	0	0	0	0	0	0	0
61	513432100200110	光明重点区110	沙马拉达乡铁口村110号高风险区	1.25	309	103	7219.33	4200	1241.33	0	0	0	0	0	0	0
62	513432502000026	II 26	光明镇乃乌马高风险区	1.26	71	35	3500	1650	568	0	0	1	0	0	71	350
63	513432502000001	II 1	光明镇小马高风险区	2.31	214	118	1540	3050	1633	0	0	0	0	0	0	0
64	513432100200125	光明重点区125	两河口镇两河村125号高风险区	0.28	6	2	133.28	1860	434.54	0	0	0	0	0	0	0
65	513432100200079	光明重点区79	两河口镇两河村79号高风险区	0.3	30	10	710.83	890	146.05	0	0	0	0	0	0	0
66	513432500100049	冕山重点区49	冕山尔史村觉嘎1#高风险区	0.187	2	1	44	490	30.5	4	0	0	0	0	0	0
67	513432100200059	光明重点区59	两河口镇火觉莫村59号高风险区	0.29	20	7	466.48	1025	117.89	1	0	0	0	0	0	0
68	513432502000021	II 21	沙马拉达乡火把村高风险区	2.32	480	152	4400	1400	1840	0	0	0	0	0	480	820
69	513432100200006	光明重点区6	光明镇马场村依光村6高风险区	1.11	831	277	19392.24	6600	3437.32	0	0	0	0	0	78	80
70	513432100200019	光明重点区19西	光明镇新联村-贺波洛乡塔普村19号高风险区	0.41	39	13	910.75	2970	432.61	0	0	0	0	0	0	0
71		光明重点区19东														
72	513432100500012	李子乡重点区12	李子乡洛乃格村依子阿木SEE方向约500m高风险区	0.26	17	6	399.84	1288	121.52	0	0	0	0	0	0	0

第二节 典型县域地质灾害风险区监测预警
——以喜德县为例

一、地质灾害风险区概况

喜德县境内大部分为中高山地貌，发育少量河谷区，属孙水河、热水河、东河、西河等第四系河流阶地地貌，如光明镇、红莫镇等一带，但区内河流两岸沟谷型泥石流较发育，严重威胁河谷区，因此喜德县全县无非易发区。

选取规则栅格单元(12.5m×12.5m)作为评价单元，高程、坡度、起伏度、平面曲率、剖面曲率、距断层距离、工程地质岩组、斜坡结构、距公路距离、距水系距离作为评判因子，利用层次分析法对喜德县全县进行了风险性评价，评价结果如图 5.2-1 所示。全县确定 4 处极高风险区，38 处高风险区。

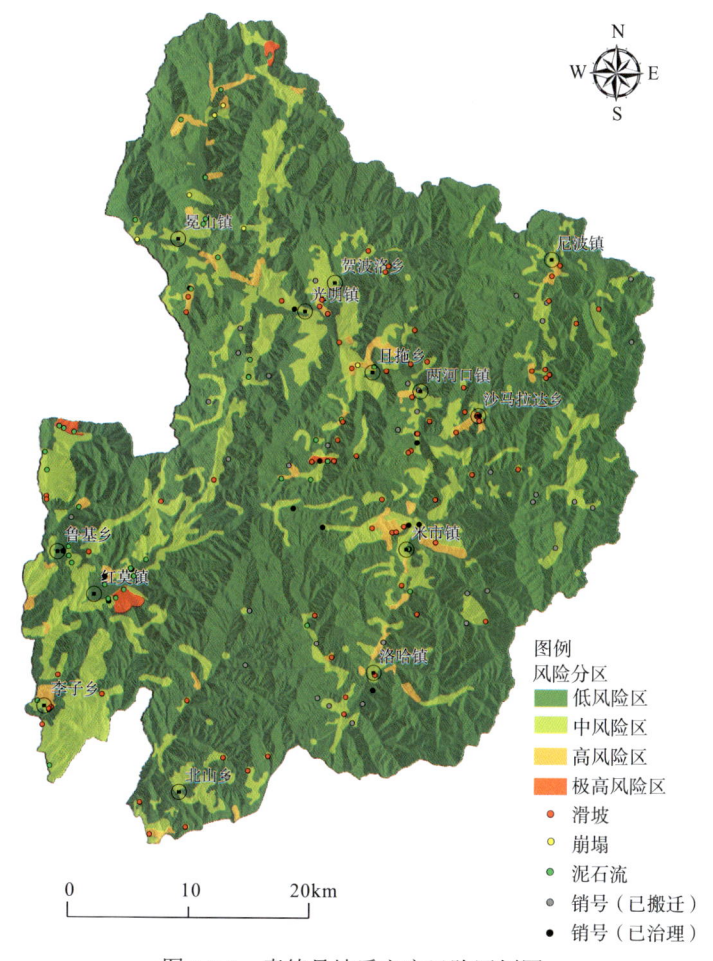

图 5.2-1 喜德县地质灾害风险区划图

二、地质灾害风险区监测预警模型研究

(一)总体思路

针对地质灾害高风险区开展监测并实现预警在国内外研究中既是热点也是难点,由于实施监测的风险区面积较大,风险区内会包含不同类型的地质灾害,如且拖乡博洛村极高风险区,包含 2 处滑坡灾害和 1 处泥石流灾害,要建立统一的预警模型难度较大,针对风险区预警选取以降雨为主的预警模型较为合理和准确。因此,本节将重点阐述以降雨监测预警为主的风险区监测预警模型。

(二)分析方法

降雨型地质灾害阈值模型在全世界范围内都得到了广泛的运用。目前,获取临界降雨阈值的方法主要包括物理模型和经验数理统计模型,但物理模型的定义需要准确详细的岩土力学参数,在大范围研究区域的实用性受到了一定程度的限制。采用经验数学模型计算确定降雨阈值主要是通过结合单独或多个降雨参数确定降雨与地质灾害的相关性,如累计降水量和降水历时,降水强度和降水历时,累计降水量、降水强度和地质灾害事件总降水量等,这些诱发地质灾害的历史降雨事件以笛卡儿坐标、半对数坐标或双对数坐标进行绘制和表示,然后通过 MATLAB、Origin 或 Excel 等软件拟合这些数据点的百分水平下限。这些阈值主要以幂函数或线性回归方程来表示。

本次工作系统收集了喜德县境内各雨量站点历史降雨数据,提取了 94 起地质灾害发生前 7 日降雨数据,并重点分析了地质灾害发生与当日激发降水强度、前期有效降水量以及降水历时的关系,建立降水强度-前期有效降水量模型和降水强度-降水历时模型,经过综合比较分析,提出适用于喜德县的降雨阈值模型。

(三)样本数据分析

1. 降雨诱发地质灾害特征

根据收集的喜德县已发生的 94 处地质灾害资料(其中崩塌、滑坡灾害点 58 处,泥石流灾害点 36 处),统计分析发现喜德县地质灾害主要发生在雨季汛期(5~9 月),共发生 87 起,所占比例为 92.55%(表 5.2-1)。可以看出,喜德县地质灾害的发生与降雨密切相关。

表 5.2-1 喜德县地质灾害与月份的关系

月份	地质灾害数/起	占地质灾害总数比例/%	月份	地质灾害数/起	占地质灾害总数比例/%
3	5	5.32	7	12	12.77
4	1	1.06	8	35	37.23
5	1	1.06	9	12	12.77
6	27	28.72	12	1	1.06

同时，本次统计了地质灾害发生前 7 天的降水量（表 5.2-2），分析了喜德县地质灾害与降雨的关系。由于喜德县地质灾害降雨的统计数据只能精确到当日，本次假设地质灾害发生在每天 0~24 时内，因此降雨数据也采用同期数据。

表 5.2-2　喜德县部分地质灾害与降雨数据　　　　　　　　　　（单位：mm）

样本编号	R_0	R_1	R_2	R_3	R_4	R_5	R_6
1	118.3	0.0	1.6	28.8	0.0	0.1	0.1
2	6.1	16.4	46.4	1.1	0.0	0.7	5.8
3	96.2	41.7	7.9	42.0	44.1	0.1	12.4
4	27.4	23.1	5.8	27.6	41.8	0.0	1.4
5	32.0	0.0	0.2	20.4	0.2	0.0	4.3
6	0.3	20.9	4.2	19.9	1.8	0.0	0.0
7	76.9	0.8	0.0	2.8	29.9	0.3	1.1

表 5.2-2 中，R_0 表示地质灾害发生前 24h 内的降水量，即当日降水量；R_1 表示地质灾害发生前第 1 日降水量；R_2 表示地质灾害发生前第 2 日降水量（R_3~R_6 以此类推）。此外，表 5.2-2 中样本 6 表示前期有效降水量对地质灾害的影响，属于先雨后滑型地质灾害；样本 1 表示地质灾害的变形基本只受到当日降水量的影响，属于即雨即滑型地质灾害，其他样本表示地质灾害不仅受到当日降水量的影响，前期降水量对地质灾害的发生也有一定作用，属于连雨致滑型地质灾害。因此，在一次连续降雨的过程中，须考虑地质灾害发生时的当日激发降水量和前期降水量。

2. 地质灾害与当日激发降水强度的关系

统计分析了喜德县域内地质灾害数与当日激发降水强度的关系，结果见表 5.2-3。

表 5.2-3　喜德县域内地质灾害数与当日激发降水强度的关系

当日激发降水强度/mm	地质灾害数/起	占地质灾害总数比例/%
0	12	12.77
小雨(0, 10)	48	51.06
中雨[10, 25)	6	6.38
大雨[25, 50)	9	9.57
暴雨[50, ∞)	11	11.70
未知	8	8.51
合计	94	99.99

注：因数值修约，合计占比不为 100.00%。

由表 5.2-3 可知，超过 78.71%的地质灾害发生时当天都有降雨，表明当天降雨对地质灾害的发生有影响，但 51.06%的当日激发降水强度均较小，表明影响不显著。12.77%的地质灾害发生当天没有降雨，此类地质灾害属于先雨后滑型地质灾害，完全受到前期降水量的影响。结果表明，喜德县地质灾害的发生受当日降水量的影响，且前期降水量与地质灾害发生也有一定的相关性。

3. 地质灾害与前期有效降水量的关系

前期有效降水量是指地质灾害前的降雨过程影响地质灾害稳定性的降水量。降雨过程的持续时间各不相同，且并非所有的降雨都会进入岩土体内导致地质灾害发生，在降雨过程中部分降雨通过地表径流和蒸发而流失，因此克罗泽（Crozier）引入有效降水量预测降雨诱发地质灾害，以此来计算地质灾害发生前 10 日的前期有效降水量[式(5.2-1)]。结合当日激发降水量，设定诱发地质灾害的降水量阈值。

$$P_a = KR_1 + K^2R_2 + \cdots + K^nR_n, \quad 0 < K \leq 100 \tag{5.2-1}$$

式中，P_a 表示地质灾害发生前 10 天累计有效降水量；R_n 表示地质灾害发生前 n 天的降水量；K 表示降水衰减系数。

Crozier 根据研究区域的水径流量和蒸发速率，对 K 取 0.84。

虽然此种方法和 K 值是由国外科研人员依据北美某一地区的数据计算出来的，但在世界很多地区也产生了意想不到的效果。结合国内外降雨诱发地质灾害的研究情况及喜德县的实际情况，通过收集的降雨地质灾害数据，对喜德县的前期降雨与地质灾害发生情况进行分析，分析地质灾害发生与前期降雨的相关性。

将前面所收集的降雨数据输入 SPSS26.0 软件进行处理分析，获得逻辑斯谛回归（logistic regression）方程中的相关统计变量。由表 5.2-4 可知，地质灾害发生前 1 天降水量（R_1）沃尔德（Wald）检验值最大，表明地质灾害发生前 1 天降雨对诱发地质灾害作用最为明显，且距离地质灾害发生时间越久，地质灾害降水量相关系数下降趋势越明显。地质灾害发生当日及前 4 天（$R_0 \sim R_4$）回归系数都为正值，地质灾害发生前 5 天（R_5）回归系数为负值，表明降水量增加，地质灾害发生可能性反而减小，这明显与实际情况不符，换言之，地质灾害发生前 4 天的降雨对地质灾害有较大影响，而这段时间的降雨是地质灾害的有效降雨。

表 5.2-4　逻辑斯谛回归方程相关统计变量

降雨因子	回归系数 B	标准误差	Wald 检验值	自由度	显著水平	期望值
R_0	0.345	0.044	12.227	1	0.000	1.021
R_1	0.149	0.017	15.069	1	0.000	0.995
R_2	0.208	0.016	11.649	1	0.000	0.980
R_3	0.299	0.012	9.787	1	0.010	1.145
R_4	0.342	0.038	4.548	1	0.238	0.915
R_5	−0.317	0.235	0.645	1	0.422	1.207
R_6	−0.10	0.088	0.160	1	0.689	1.036
常数项	3.269	1.423	5.276	1	0.12	2.132

Wald 检验值可以进一步解释不同降雨因素对诱发滑动的影响，Wald 检验值相当于简单线性回归分析中的 t 检验，其检验统计变量渐进服从 χ^2 分布，当其自由度为 1、错误概率为 0.05 时，χ^2 分布值为 3.84。表 5.2-4 中 R_0、R_1、R_2、R_3 和 R_4 的 Wald 检验值都大于 3.84，说明这 5 个变量拒绝变量不显著的假设，表明 R_0、R_1、R_2、R_3 和 R_4 对地质灾害发生具有显著的影响。这进一步说明，对于喜德县，地质灾害发生当日的降水量和地质灾害发生前 4 天的降水量对其影响最大。

前期降水衰减系数 K 的正确选择会使预警预报更加准确，虽然本次采用的前期降水衰减系数 K 并未经过实验研究，但已有部分学者通过对四川西部地区地质、气象和水文条件等方面进行分析，表明当前期降水衰减系数 $K=0.8$ 时，有效降水量与地质灾害数量之间的相关性系数达到最大值。因此可以推算得到喜德县前期有效降水量，根据此方法计算出喜德县部分地质灾害发生当日激发降水强度与前期有效降水量，结果见表 5.2-5。

表 5.2-5　喜德县部分地质灾害当日激发降水强度与前期有效降水量　　（单位：mm）

样本编号	当日激发降水强度	前期有效降水量
1	1.6	24.19
2	96.2	139.35
3	41.7	78.02
4	41.7	78.02
5	7.0	22.38
6	6.5	34.42

4. 地质灾害与降水历时

目前，在许多研究中，降水历时 D 是由研究人员根据自己的经验直接给出的（通常采用 3d、10d 或 15d），但这种方法可能存在一定的误差。为了选定降水历时 D，选择地质灾害前足够的时间作为计算区间，采用较为常用的方法确定降水历时：将降雨过程前连续 24h 累计降水量小于 5mm 作为划分标准，即此时刻为降水历时的开始，将地质灾害发生时间作为降水历时 D 的结束。根据此方法计算出部分地质灾害降水历时，结果见表 5.2-6。

表 5.2-6　喜德县部分地质灾害降水历时与当日激发降水强度数据

样本编号	降水历时 D/d	当日激发降水强度/mm
1	3.0	24.19
2	5.0	139.35
3	4.0	78.02
4	4.0	78.02
5	4.0	22.38
6	3.0	34.42

(四)降雨阈值确定

1. 降水强度与前期有效降水量预警阈值模型

将研究区 94 个地质灾害降雨数据点在对数坐标系上绘制成散点图,得到当日激发降水强度与前期有效降水量的关系,如图 5.2-2 所示。

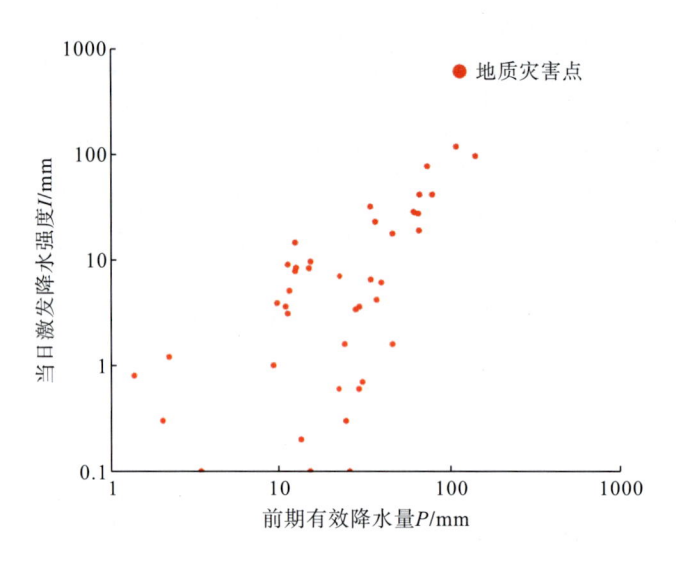

图 5.2-2 地质灾害事件散点分布图(对数坐标系)

本次通过将降雨数据导入 Origin 软件中,对 $I\text{-}P$ 降雨阈值曲线进行拟合,得到的结果如图 5.2-3 所示。

根据拟合结果的分析,可以得到拟合直线的斜率和截距,据此可写出双对数坐标系中直线的拟合线性方程,然后将双对数坐标系中直线的拟合线性方程计算变换为平面直角坐标系中的函数方程。按照线性、指数和对数等多种函数模式进行拟合分析,发现平面直角坐标系中函数方程的变化趋势更加符合幂指数函数变化关系,因此采用幂指数函数建立降雨阈值曲线,分别求取 15%、50%、70%和 90%概率下诱发地质灾害的 $I\text{-}P$ 降雨阈值曲线。最后采用频数法进行降雨阈值的拟合,得到各级别的临界阈值方程,根据 $I\text{-}P$ 降雨阈值曲线对地质灾害的危险性进行分级,可分为安全(0~15%)、低(15%~50%)、中(50%~70%)、高(70%~90%)和极高(90%~100%)5 个等级(表 5.2-7)。

表 5.2-7 地质灾害危险性分级表

地质灾害发生的概率	0~15%	15%~50%	50%~70%	70%~90%	90%~100%
危险性分级	安全	低	中	高	极高

各级别降雨阈值的表达式分别为 $I(15\%)=0.79P-0.309$、$I(50\%)=13.21P-0.309$、$I(70\%)=44.42P-0.309$、$I(90\%)=150.48P-0.309$。

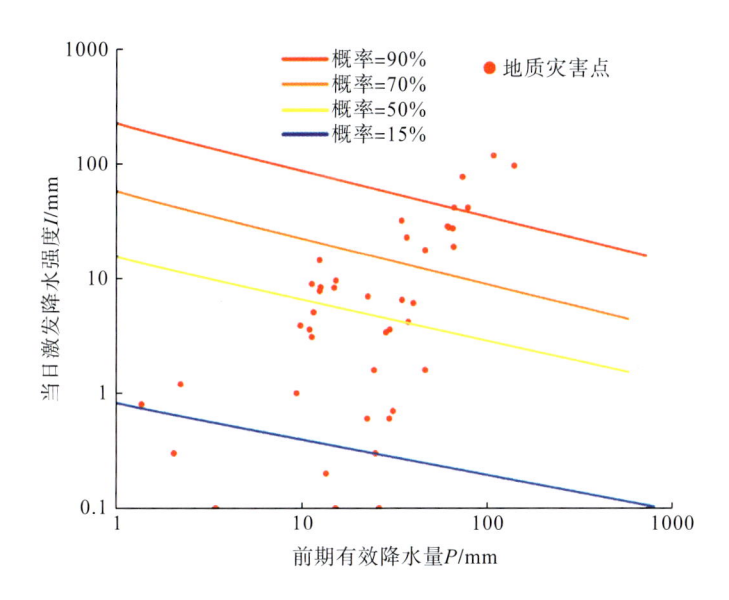

图 5.2-3　各概率下 I-P 降雨阈值曲线（对数坐标系）

从图 5.2-3 可以看出，随着前期有效降水量的增大，诱发地质灾害所需要的当日激发降水量在减小，两个降雨因子间存在明显的负相关关系。把选取的各降雨型地质灾害灾害点投影到该双对数坐标系中，当灾害点位于90%阈值曲线上方时，说明当日激发降水量和有效降水强度已经超过地质灾害发生概率为90%的预警值，此地质灾害处于极高危险范围，且在90%阈值曲线上方距离阈值曲线越远，发生地质灾害的概率越大；当灾害点位于75%阈值曲线和90%阈值曲线之间时，说明此地质灾害处于高危险范围；当灾害点位于50%阈值曲线和75%阈值曲线之间时，说明此地质灾害处于中等危险范围；当灾害点位于15%阈值曲线和50%阈值曲线之间时，说明此地质灾害处于低危险范围；当灾害点位于15%阈值曲线之下时，说明此地质灾害处于安全阶段。同时，从统计学的意义来说，50%阈值曲线可以理解为警报线，即降雨型地质灾害开始大量发生的阈值曲线，15%阈值曲线可以理解为预警线，即降雨型地质灾害开始发生的阈值曲线，当灾害点投影于15%阈值曲线之上时，说明可能发生降雨型地质灾害，需要加强巡视，警惕地质灾害的发生。

2. 降水强度与降水历时预警阈值模型

I-D 降雨阈值模型是通过统计学方法得到地质灾害与降雨之间的关系，是目前最常用的临界降雨阈值计算方法，其中 I 表示当日激发降水强度，D 表示降水历时。将喜德县 94 个地质灾害降雨数据在双对数坐标系上绘制成散点图，得到当日激发降水强度与降水历时的关系，如图 5.2-4 所示。

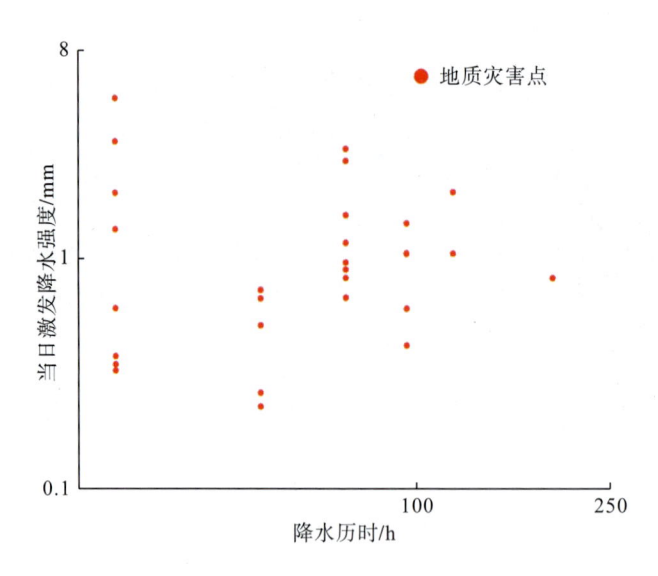

图 5.2-4　地质灾害事件散点图(对数坐标系)

本次通过将降雨数据导入 Origin 软件中进行 I-D 降雨阈值曲线拟合，得到的结果如图 5.2-5 所示。

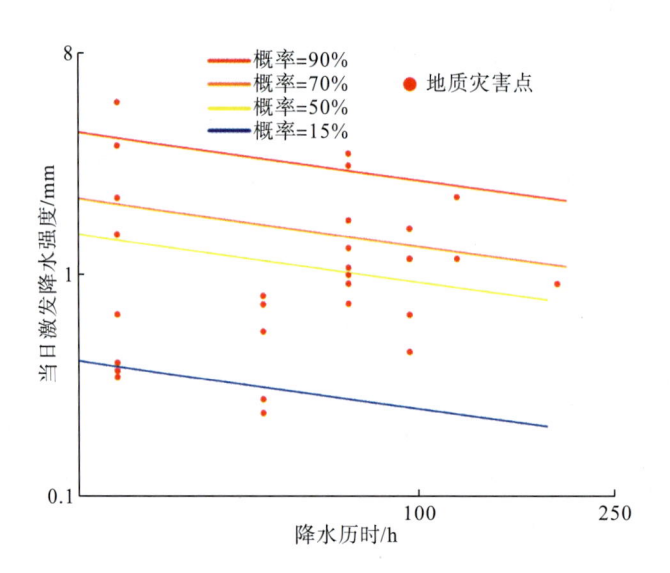

图 5.2-5　各概率下 I-D 降雨阈值曲线(对数坐标系)

同建立 I-P 降雨阈值模型相似，通过分析采用幂指数函数建立降雨阈值曲线，分别求取 15%、50%、70% 和 90% 概率下诱发地质灾害的 I-D 降雨阈值曲线，最后采用频数法进行降雨阈值的拟合，得到各级别临界阈值方程的各级别降雨阈值表达式，分别为：$I(15\%)=0.87D^{-0.277}$、$I(50\%)=3.05D^{-0.277}$、$I(70\%)=4.18D^{-0.277}$、$I(90\%)=8.225D^{-0.279}$。

3. I-P 预警模型与 I-D 预警模型对比分析

为了准确地比较两种降雨阈值模型的精确度,将 94 处降雨型地质灾害数据点代入已建立好的降雨阈值模型中进行验证,具体验证结果见表 5.2-8。经过验算,I-D 降雨阈值模型在红色预警级别下包含了 90%的地质灾害,在橙色预警级别下包含了 75%的地质灾害,优于 I-P 降雨阈值模型的 82%和 63%;且在蓝色预警级别下 I-D 降雨阈值模型相比于 I-P 降雨阈值模型地质灾害数量占比更低。这表明本次建立的两种降雨阈值模型中,I-D 降雨阈值模型对降雨诱发地质灾害具有更高的预测精度,能更加准确地反映喜德县的实际情况。

表 5.2-8 两种降雨阈值模型对比分析

模型	各预警级别下的地质灾害占比/%			
	蓝色预警	黄色预警	橙色预警	红色预警
I-D	14	41	75	90
I-P	16	56	63	82

4. 降雨预警阈值确定

根据国内外的研究成果以及为了让阈值模型具备更普遍的适用条件和更高的精度,本书采取 I-D 降雨阈值模型对喜德县地质灾害进行区域气象预警工作,以 I-D 降雨阈值模型进行参考修正。结合前文降雨与地质灾害关系的研究,降雨型地质灾害主要与前 5 天降雨相关性大,因此采用 I-D 降雨阈值模型进行预警,通过换算得到当日诱发地质灾害需要的降水量,再通过 I-P 降雨阈值计算出前期有效降水量,按照式(5.2-1)的前期有效降水量与累计降水量的关系,结合喜德县降雨规律得到滑坡发生前 5 天的累计降水量作为参考阈值,结果见表 5.2-9。由表 5.2-9 可知,当降雨期间,当日降水量大于 8.64mm 或前期累计降水量大于 18.6mm 时,对应预警等级为注意级;当日降水量大于 26.5mm 或前期累计降水量大于 48.9mm 时,对应预警等级为警示级;当日降水量大于 41.52mm 或前期累计降水量大于 72.4mm 时,对应预警等级为警戒级;当日降水量大于 81.22mm 或前期累计降水量大于 138.6mm 时,对应预警等级为警报级。我们可将这 4 种预警等级作为喜德县降雨型地质灾害临界预警阈值,分别对应蓝色、黄色、橙色和红色 4 种预警形式。

表 5.2-9 喜德县降雨型地质灾害各级别对应预警等级

降雨阈值模型 (0.1h≤D≤120h)	当日降水量/mm	累计降水量/mm	对应预警等级及形式
$I(15\%) > 0.87D^{-0.277}$	8.64	18.6	注意级
$I(50\%) > 3.05D^{-0.277}$	26.5	48.9	警示级
$I(70\%) > 4.18D^{-0.277}$	41.5	72.4	警戒级
$I(90\%) > 8.225D^{-0.279}$	81.2	138.6	警报级

如前文所述,喜德县地质灾害隐患降雨阈值是由样本统计量所构成的。在统计学中,一个概率样本的置信区间(confidence interval)是对这个样本的某个总体参数的区间估计。

置信区间展现的是这个参数的真实值有一定概率落在测量结果周围的程度，其给出的是被测量参数的测量值可信程度。目前最为常用的为95%置信区间，计算公式如下：

$$P = \bar{x} \pm z \frac{s}{\sqrt{n}} \tag{5.2-2}$$

式中，P 为95%置信区间；$\bar{x}$ 为样本平均数；s 为标准差；n 为样本数量；z 为置信参数，可查表；z 为1.96。

根据计算结果，同时为便于使用采取舍零取整的方法，划分的喜德县当日降水量与累计降水量区间见表5.2-10。

表5.2-10　喜德县降雨型地质灾害阈值区间及各级别对应预警等级

降雨阈值模型 (0.1h≤D≤120h)	当日降水量/mm	累计降水量/mm	对应预警等级及形式
$I(15\%)>0.87D^{-0.277}$	8～20	20～40	注意级
$I(50\%)>3.05D^{-0.277}$	20～30	40～65	警示级
$I(70\%)>4.18D^{-0.277}$	30～45	65～80	警戒级
$I(90\%)>8.225D^{-0.279}$	45～80	80～140	警报级

喜德县地貌分区与降雨分区存在一定偏差，已有研究表明，在高山峡谷区降水量垂直分异特征主要表现为随高程的增加降水量呈先降后升的趋势，这也是造成地貌分区与降雨分区存在偏差的原因之一。因此为避免地貌分区与降雨分区的偏差，本书主要采用年降水量等值线图对喜德县进行分区。根据年降水量将喜德县分为三大区域：年降水量在1500mm以上区域，为高中降水量区，主要分布在冕山镇北部区域；年降水量为1000～1500mm区域，为中降水量区，该区包含喜德县大部分区域，主要包括光明镇、贺波洛乡、且拖乡、两河口镇、米市镇、洛哈镇、北山乡、沙马拉达乡、尼波镇以及冕山镇南部；年降水量在1000mm以下区域，为低中降水量区，主要包括李子乡、红莫镇。

为与最新地质灾害气象预警保持一致，预警模型中需考虑3h降水强度阈值，本书中3h降水强度阈值主要通过当日降水量阈值乘以折减系数的方法选取。根据四川降水量图，喜德县最大24h降水量在60～70mm，而最大小时降水量在30～35mm，因此本书中折减系数初步选取为0.5。同时结合风险评价结果，建立基于降雨分区与风险评价的分级降雨预警阈值模型。模型参数见表5.2-11。

表5.2-11　基于降雨分区与风险评价的喜德县降雨预警阈值模型表

降雨分区特征	风险评价分区	3h降水强度/mm	当日降水量/mm	累计降水量/mm	对应预警等级及形式
年降水量在1500mm以上的高中降水量区（冕山镇北部）	高风险区域	6	12	30	注意级
		12.5	25	55	警示级
		17.5	35	72	警戒级
		30	60	100	警报级

续表

降雨分区特征	风险评价分区	3h 降水强度/mm	当日降水量/mm	累计降水量/mm	对应预警等级及形式
年降水量在 1500mm 以上的高中降水量区（冕山镇北部）	中风险区域	8	16	35	注意级
		14	28	60	警示级
		20	40	76	警戒级
		35	70	120	警报级
	低风险区域	10	20	40	注意级
		15	30	65	警示级
		22.5	45	80	警戒级
		40	80	140	警报级
年降水量为 1000～1500mm 的中降水量区（光明镇、贺波洛乡、且拖乡、两河口镇、米市镇、洛哈镇、北山乡、沙马拉达乡、尼波镇以及冕山镇南部）	高风险区域	5	10	25	注意级
		12	24	50	警示级
		16	32	68	警戒级
		25	50	90	警报级
	中风险区域	7	14	30	注意级
		13	26	55	警示级
		18.5	37	72	警戒级
		30	60	110	警报级
	低风险区域	9	18	35	注意级
		14	28	60	警示级
		21	42	76	警戒级
		35	70	130	警报级
年降水量在 1000mm 以下的低中降水量区（李子乡、红莫镇）	高风险区域	4	8	20	注意级
		11	22	40	警示级
		15	30	65	警戒级
		22.5	45	80	警报级
	中风险区域	6	12	25	注意级
		12	24	45	警示级
		17.5	35	70	警戒级
		27.5	55	100	警报级
	低风险区域	8	16	30	注意级
		13	26	50	警示级
		20	40	75	警戒级
		32.5	65	120	警报级

需特别说明，本次降雨预警阈值的设立，是根据收集的 94 起地质灾害发生时前 7 日降水量统计而来，存在一定偏差；同时，由于气候条件、地质条件、人类工程活动条件的变化，诱发地质灾害的降水量阈值也处于不断调整与变化中，下一步需根据最新地质灾害发育情况，不断修正和完善预警模型。

第三节 典型县域地质灾害监测预警
——以小金县为例

一、地质灾害概况

小金县位于青藏高原东南侧川西高原高山河谷地带，地势东北高西南低，河流切割强烈，峰峦重叠，地势以高山峡谷为主。小金县大地构造单元处于松潘—甘孜褶皱系，境内曾经受澄江-燕山期多次构造运动的影响，构造形态以褶皱为主，断裂构造较少，卷入地层主要为泥盆系危关群—三叠系西康群，两翼伴有花岗岩侵入；地层发育比较完整，岩土体类型比较齐全，既有松散的粉质黏土、砂砾石、碎块石土，又有软弱至半坚硬的薄至中厚层变质砂岩、板岩、千枚岩互层，还有坚硬的碳酸盐岩和花岗岩；受多期次构造活动和现今矿山、水利水电、旅游交通等人类工程活动影响，地质灾害高发易发。

通过充分收集最新小金县地质灾害调查资料和数据库，可知 2020 年县域内地质灾害类型主要有滑坡、崩塌、泥石流、不稳定斜坡，共有地质灾害隐患点 597 处。

小金县地质灾害以滑坡、泥石流为主（表 5.3-1、表 5.3-2），其中泥石流 212 处，滑坡 234 处，崩塌（危岩）84 处，不稳定斜坡 67 处。597 处地质灾害隐患点共威胁区内 18 个乡镇 5269 户 23586 人的生命财产安全，威胁财产达 177490 万元。

表 5.3-1 小金县地质灾害分类统计表

年份	灾害隐患点总数/处	威胁户数/户	威胁人数/人	威胁财产/万元	备注
2012	453	3512	21628	98809	
2013	511	4399	23572	99759	4月20日
2013	521	4161	24620	108741	7月9日
2014	587	4216	25248	118663	
2015	588	4665	27388	143960	
2017	591	4840	24952	162590	6月24日
2018	601	5065	25437	170165	
2019	565	4899	22400	156000	汛前
2020	597	5269	23586	177490	

表 5.3-2 小金县地质灾害隐患点统计表

类型	泥石流	滑坡	崩塌（危岩）	不稳定斜坡	合计
数量/处	212	234	84	67	597
百分比/%	35.51	39.20	14.07	11.22	100.00

依据滑坡、崩塌、泥石流规模级别划分标准，区内地质灾害以中、小型规模为主，两者

占地质灾害总数的 94.30%。其中，中型地质灾害隐患点有 258 处，主要为滑坡、泥石流、不稳定斜坡和崩塌；小型地质灾害隐患点有 305 处，主要为滑坡、泥石流、不稳定斜坡和崩塌；大型地质灾害隐患点有 32 处，主要为滑坡、泥石流和不稳定斜坡；特大型地质灾害隐患点有 2 处，为滑坡。

二、地质灾害监测预警总体思路

（一）监测设备布设原则

（1）依照"危险性、代表性、可行性"三原则，重点选择群测群防难度大、变形失稳较明显、成灾风险相对高的滑坡体，开展示范应用。综合考虑不同滑坡类型、形成机理、稳定状态和发展趋势及现场条件进行测项选取和设备布设，确保设备安装位置的准确性和监测数据的可靠性。

（2）按照集约与集成原则进行监测方案设计，提高设备安装和运行的成效，保障设备数量和运行成本的合理性。根据此次初步预算，宜优先布设一条滑坡监测主纵剖面，在此基础上，可根据监测实际需求扩展为"十"字形、"卄"字形等形式。

（3）监测网布设应统筹兼顾、突出重点。监测网的布设宜根据隐患点类型、发育分布特征及发展演化趋势，结合监测预警工作需要统一规划、统筹部署。以隐患变化明显因素和主要控制因素为主要监测内容，以区域内危险程度高、易成灾的地质灾害隐患点以及重点防治区为重点监测区域，以明显变形区段和块体为关键监测部位；应充分利用已有的相关监测工作，根据变形特征完善监测手段、加密监测频率、调整监测范围。监测设备安装点位选取原则见表 5.3-3。

表 5.3-3 监测设备安装点位选取原则

设备类型	监测设备安装点位选取原则
雨量计	选择相对平坦且空旷的场地，承雨器口至山顶的仰角不大于 30°，不宜设在陡坡上、峡谷内、有遮挡或风口处
GNSS	布设于变形量较大、稳定状态差处；基准站布设于外围稳定处；GNSS 监测点应位置空旷，在±15°截止高度角上空不能有成片障碍物，保证搜星条件良好。周围无高压线、变电站等电磁干扰源
裂缝计	主要裂缝两侧，且宜布设在裂缝较宽或位错速率较大部位的中点或转折部位。对宽度大于 5m 或两侧高差大于 1m 的裂缝，宜安装无线裂缝计
含水率计	应布置在主剖面，且应安装在滑坡主滑段
声光报警器	应尽量布置安装在受威胁的集中居住区附近或道路、水体两侧

注：对于需要接收空天信号或通过公网进行通信才能工作的仪器设备，监测点位布设应优先满足通信要求。

（二）监测内容及设备选择

1. 监测内容

监测内容以地表变形和降雨为主，具体包括位移（如 GNSS）、裂缝、雨量等测项，按需布置声光报警器。

土质滑坡必测项包括位移(如GNSS)、裂缝和雨量等,选测项包括倾角、加速度和含水率;岩质滑坡必测项包括位移(如 GNSS)、裂缝和雨量等,选测项包括倾角、加速度(表 5.3-4)。设备类型、数量和布设位置根据滑坡规模、形态及变形特征等确定。

表 5.3-4　灾害类型与测项选择

灾害类型		监测设备							声光报警	备注
	测项	位移(GNSS)	裂缝	倾角	加速度	含水率	雨量	泥位		
滑坡	岩质	●	●	⊙	⊙		●		按需布置	具体安装位置及数量,根据灾害体规模及特征综合确定
	土质	●	●	⊙	⊙	⊙	●			
崩塌	岩质	⊙	●	●	●		●			
	土质	⊙	●	●	●		●			
泥石流	沟谷型					⊙	●	●		
	坡面型			⊙	⊙	⊙	●	⊙		

注:●为必测项,⊙为选测项。

2. 监测设备选取

按县域实施的监测预警点主要采用普适型仪器。根据监测精度和需求选择监测仪器设备。在满足监测精度的前提下,宜选用运行可靠、功能简约、性价比高、安装便捷、易于维护、可实现智能预警的普适型监测设备。

监测设备应具备接收未来 24 小时地质灾害气象预警预报数据的能力,并根据预警等级动态调整采样与上传频率等运行参数,且具备双向控制功能,适应监测需求。

监测设备应具有良好的稳定性和可靠性,适应监测点的地质环境条件,具备防雷、防水、防尘及耐高低温等基本性能。

监测设备应经过具有法定计量测试资质的机构校准或标定合格证明资料,且校准记录和标定资料齐全,并应在规定的校准有效期内使用。

普适型设备原则上以内置高性能电池供电为主。采用太阳能供电仪器设备,配套的蓄电池容量必须保证监测设备在无日照条件下至少连续工作 30 天,在久雾久雨及日照率小于 30%的地区适当增大容量,太阳能电池板功率应与蓄电池容量匹配。采用一次性电池供电的低功耗仪器设备,在 1 小时采集和上报一次的工作频率下,应保证电池至少能供设备正常工作 1 年(即电池更换周期为 1 年)。

宜选择普适型设备及组合针对性地开展专群结合监测预警,对地质灾害体孕育、发生过程及降雨等触发过程等关键性指标和指示性信息进行实时监测。

(三)监测设备点位选择

监测点位应具备较好的人机可达性和一定的基础施工条件,应避开地势低洼或易于积水淹没之处、埋设有地下管线处、位置隐蔽或信号不佳处。仪器设备原则上宜布设在剖面线上或剖面线两侧 5m 范围内,对具备复合安装条件的不同类型监测仪器,可考虑布设安装在同一位置,复用立杆/支架/观测墩,以缩短施工周期并节约建设成本。

(四) 监测点部署及建设总体情况

根据小金县滑坡灾害发育分布和基本特征,选取 25 处典型滑坡开展普适型设备监测预警试验工作。共计安装 GNSS 地表位移监测站 59 套、雨量监测站 14 套、裂缝监测站 31 套、声光报警监测站 22 套(监测点分布如图 5.3-1 所示,监测点名称与监测设备布置情况见表 5.3-5)。

表 5.3-5 各监测点名称与监测设备统计表

序号	监测点名称	GNSS	雨量计	裂缝计	声光报警器	小计
1	达维镇滴水村绣包东侧不稳定斜坡		1	2	1	4
2	达维镇石鼓村一组扇子地滑坡		1	2	1	4
3	日尔乡日尔村扎拉木滑坡	3	1		1	5
4	日尔乡四大安村嘎拉木滑坡	2		1	1	4
5	沃日镇甘沟村牛通湿地滑坡	4		2	1	7
6	抚边乡菜园村匡家沟崩塌	3	1	2		6
7	抚边乡墨龙村牟家沟滑坡	4	1	3	1	9
8	抚边乡墨龙村三家寨滑坡			1		1
9	抚边乡胥家山村梁子包包滑坡		1	3	1	5
10	抚边乡胥家山村阴山滑坡	3	0			
11	八角镇嘎斯村侣家包滑坡	3			1	4
12	木坡乡登春村根德罗滑坡	3		1	1	5
13	两河口镇油坊村邓家山滑坡	4	1	0	1	6
14	两河口镇油坊村上下刘家坡滑坡	2		2		
15	沙龙乡燕栖村大坪滑坡	3	1	1	1	6
16	美兴镇下马厂村马脚寨滑坡	3	1	2	1	7
17	宅垄镇波罗村黄柠坪滑坡	3	1		1	5
18	抚边乡邱家山滑坡	3		0	1	4
19	宅垄镇四农村国热地滑坡	3		1	1	5
20	宅垄镇马尔村四组战奔滑坡	3	1		1	5
21	美沃乡花牛村大房子滑坡		1	1	1	3
22	汗牛乡中纳屯村拉日谷滑坡	3			1	6
23	汗牛乡中纳屯村乡政府背后滑坡	4		2	1	7
24	日尔乡木桠村汪家坪滑坡			1	1	2
25	结斯乡大坝村两家人滑坡	3	1	1	1	6

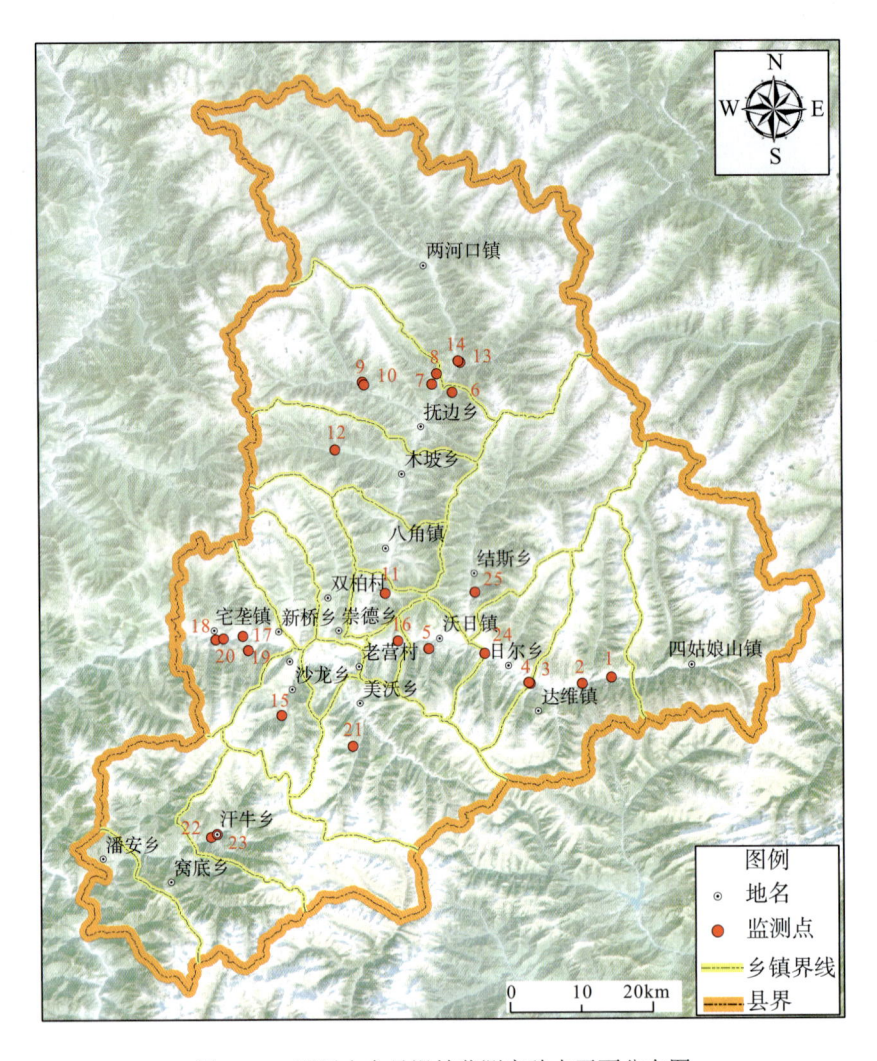

图 5.3-1　四川小金县滑坡监测实验点平面分布图

三、地质灾害监测数据分析与预警案例研究

根据牛通湿地滑坡变形和岩土体特征，本次拟增设普适型监测设备 7 台，其中 GNSS 4 台（1 台基站，3 台测站），裂缝计 2 台，声光报警器 1 台（图 5.3-2、图 5.3-3）。牛通湿地滑坡中上部贯通性裂缝和错坎分布较多，存在多处路基沉陷，危险性较大，因此在滑体上部布置裂缝计 2 台，其中 1 台位于滑体中上部横向贯通性裂缝处，另 1 台位于滑坡左侧陡壁附近。沿滑坡剖面线方向布置 GNSS 测站 2 台，其中 1 台位于滑坡中部，另 1 台位于滑坡后部，还有 1 台布置在溜滑区后缘。在滑坡右侧稳定的山脊处布置 GNSS 基站 1 台。在滑坡对岸受威胁的民房处布置声光报警器 1 台。监测设备布置情况见表 5.3-6。

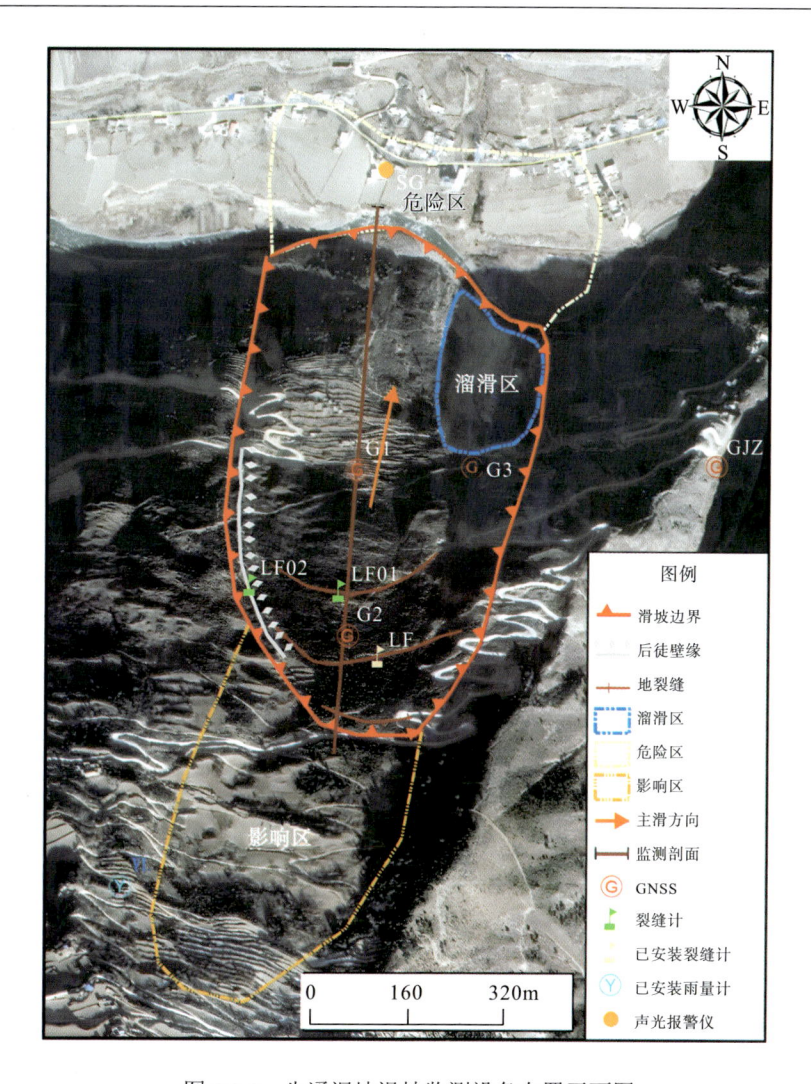

第五章　川西高原山区典型地质灾害监测预警

图 5.3-2　牛通湿地滑坡监测设备布置平面图

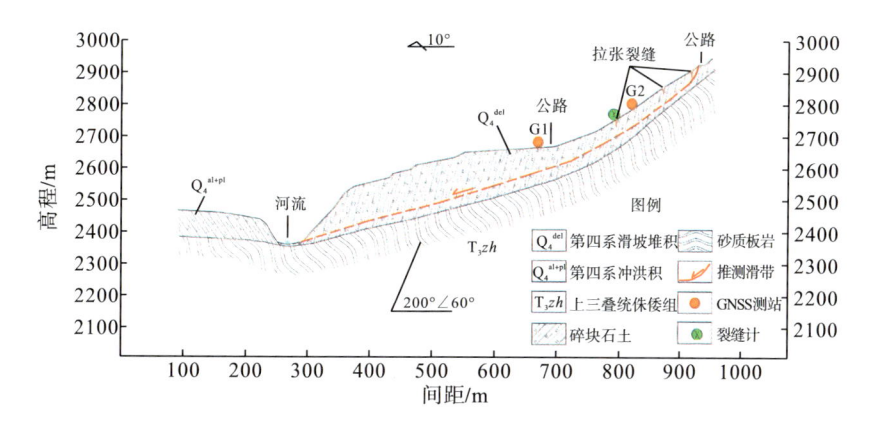

图 5.3-3　牛通湿地滑坡监测剖面图

表 5.3-6 牛通湿地滑坡监测设备布置信息表

编号	设备类型	设备编号	经度	纬度
1	声光报警器	SG	102°29′11.57″	31°1′25.92″
2	裂缝计	LF01（06LF01）	102°29′9.38″	31°1′6.52″
3	裂缝计	LF02（05LF01）	102°29′4.17″	31°1′6.77″
4	GNSS 基站	GJZ	102°29′29.55″	31°1′13.38″
5	GNSS 测站	G1（03GP01）	102°29′11.24″	31°1′12.25″
6	GNSS 测站	G2（02GP01）	102°29′9.85″	31°1′5.00″
7	GNSS 测站	G3（04GP01）	102°29′18.42″	31°1′12.62″

牛通湿地滑坡的各普适型监测设备于 2020 年 8 月底安装调试完成后，一直运行正常。因选取安装部位较合适，在运行初期就捕捉到了有效变形并成功发出预警。

从布设在该滑坡前部溜滑区后缘的 G3 测站监测曲线（04GP01）来看，自设备安装调试后正常运行以来，牛通湿地滑坡无论是原溜滑区后部的位移，还是主监测剖面位移均呈现匀加速变形的特征，且前部形变累计位移较大，形变速率也相对较大。溜滑区后部 04GP01 号 GNSS 在 2021 年 2 月 5 日的日形变速率超过 80mm/d，当天最大形变速率达 116mm/d，随后监测分析技术人员及时通知当地监测防灾责任人，当地监测人员现场复核后发现其溜滑区前缘正发生小规模垮塌（图 5.3-4、图 5.3-5），因此立即启动应急预案，暂时对危险区内道路实施封闭，起到了有效的监测预警效果。截至 2021 年 2 月 18 日，累计水平位移达 4.68m，后逐渐趋于平稳，设备安装后的第一个加速变形阶段完成。

结合布设在滑坡上的雨量计所观测到的降水量进行联合分析，认为此阶段并无显著降雨发生，但滑坡前缘的变形一直持续发生，说明该大型推移式滑坡前部承受了巨大的自重下滑力作用下的累进性变形破坏，虽然还未达到整体变形失稳阶段，但应该引起高度重视。可将地表日形变量大于 100mm 作为冰碛土滑坡的临界预警阈值。

图 5.3-4 滑坡前缘滑塌

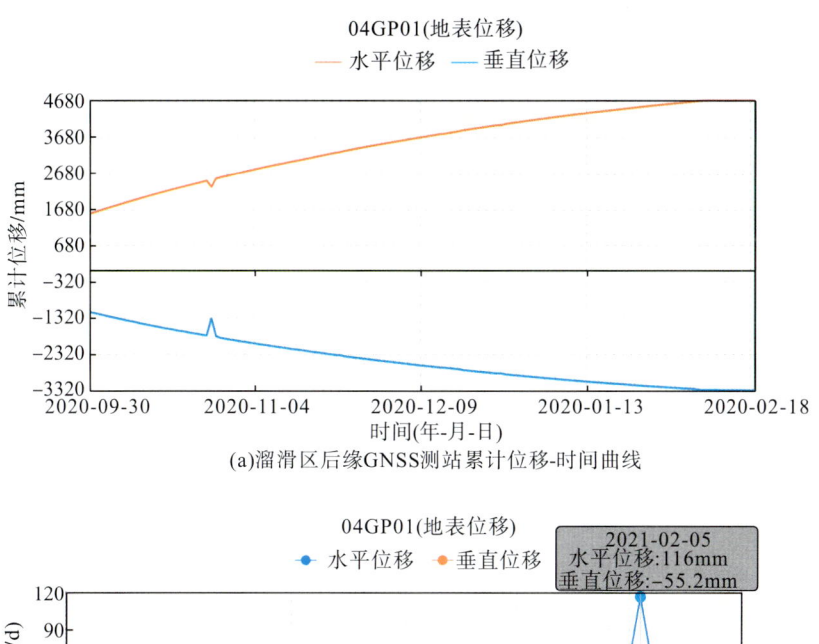

(a)溜滑区后缘GNSS测站累计位移-时间曲线

(b)溜滑区后缘GNSS测站形变速率-时间曲线

图 5.3-5　牛通湿地滑坡 G3 测站监测曲线

第四节　典型单体地质灾害监测预警

基于以上典型地质灾害监测预警组合模式分析,对四类典型地质灾害开展监测预警示范,实现多次成功预警,并通过火后泥石流发生后的实时监测预警数据,确定了此类泥石流暴发的最低临界雨量值,优化了该类泥石流的监测预警模型。

一、典型高寒山区泥石流监测预警

高寒山区发育的泥石流灾害与其他普通山区的泥石流既有共同点,又有显著差异:均有相似的地形条件,即陡峻的沟谷地形、丰富的松散固体物源和充足的水源。同时,高寒山区往往具有高海拔、低气温的特点;部分山区由于山体对季风气流的阻隔形成了独特的气候条件,气候的垂直和水平分带特点比较显著,这对泥石流的发育产生了至关重要的影响。例如,岷江上游的阿坝州地区,海拔小于 3751m 为降雨递减段,降水量随着海拔的增加而降低,降水量在垂直方向上的递增率为−2.5mm/100m;大于 3751m 为降雨递增段,降水量随着海拔的增加而增加,降水量在垂直方向上的递增率为 3.63mm/100m。根据降水量分级,日降水量 10~25mm 为中雨,并结合降水量在垂直方向的递增/减率,建议高寒山区流域面积大于 10km² 的沟谷型泥石流,垂直高差至少每隔 800m 布设雨量监测站并与不同泥石流区的泥位计监测相结合,辅以物源监测和地声、次声监测。由于流域面积大,视频监测很难捕捉到物源启动与泥石流发生的过程,布设在沟口的视频监测设备仅能为灾害反演提供参考,不能起到监测预警的作用,因此不作推荐。以四川省康定市三道桥沟泥石流为例开展监测预警示范(表 5.4-1)。

表 5.4-1 三道桥沟泥石流专业监测主要手段表

序号	监测手段	单位	数量	备注
1	雨量监测	套	3	上中下游各一台
2	泥位监测	套	2	用于监测泥位或水位变化
3	地声	套	1	用于监测泥石流和沟岸坡体崩滑震动
4	次声	套	1	用于监测泥石流和沟岸坡体崩滑震动

1. 三道桥沟概况

四川省康定市三道桥沟泥石流位于康定市区北侧的雅拉乡三道桥村,主沟长度为 12.86km,流域面积为 32.61km²,平均纵坡比为 175‰,相对高差达 2242m,整体呈西南高东北低。据当地村民介绍,近期历史上未发生较大规模的泥石流;在 1970~1980 年期间,发生过小型泥石流,未造成重大灾害;在 1996 年 7 月,发生中等规模的山洪泥石流。但近两年都有固体物质冲出,不过体积较小,约为 2000m³,未造成沟口房屋受损及人员伤亡,其堆积区内新建跨沟小桥桥洞均未被堵塞。

根据三道桥沟海拔高程、地貌形态及物源分布特征,按照 4882~3800m、3800~2800m、2800~2640m 将流域分为形成区、流通区和堆积区。形成区地势均较为平缓,山坡坡度多小于 15°,为典型的冰川地貌形态。流通区主沟沟道长度为 4.96km,纵坡比降为 202‰,是泥石流物质输移通道。堆积区地形开阔,平面形态呈扇形,目前堆积区中部汇入雅拉河,挤压主河。堆积区长为 600~800m,宽为 300~900m,面积约为 0.34km²,三道桥村便坐落于堆积区。

三道桥沟泥石流松散固体物源量丰富,主要集中在沟道中部高程 3920~2960m 范围内。在遥感解译的基础上,现场复核了多处崩滑物源和沟道堆积物源,其中复核崩滑物源体积为 353.3×10⁴m³,可能参与泥石流活动的动储量为 44.2×10⁴m³;沟道堆积物源体积为 166.3×10⁴m³,动储量为 33.71×10⁴m³(图 5.4-1)。

2. 三道桥沟监测设备布设

三道桥沟海拔高、落差大、地形复杂,属于典型的高寒山区沟谷型泥石流。根据收集的资料和前期踏勘情况,以及物源的分布、沟道形态和降雨等特征,三道桥沟泥石流采用雨量、地声、泥位和次声等监测手段开展多参数、多手段相互验证示范点建设(图 5.4-2)。

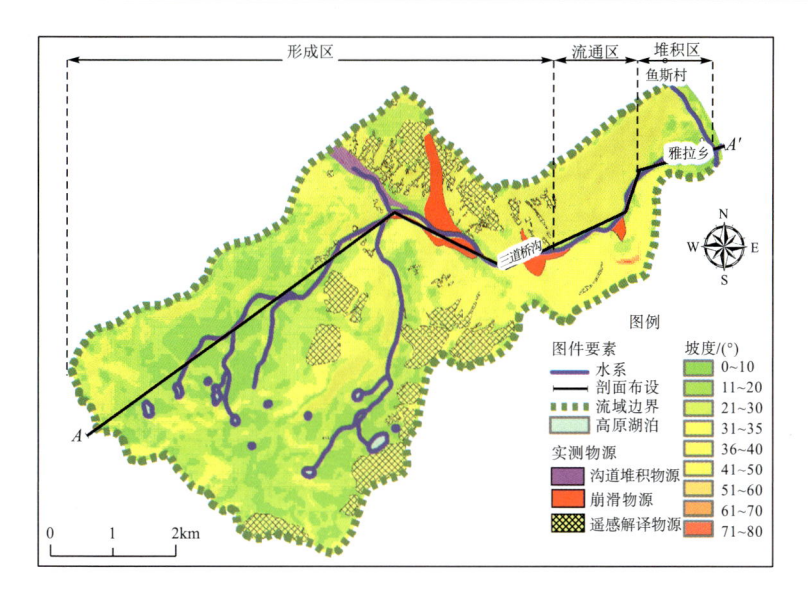

图 5.4-1 三道桥沟泥石流发育特征图

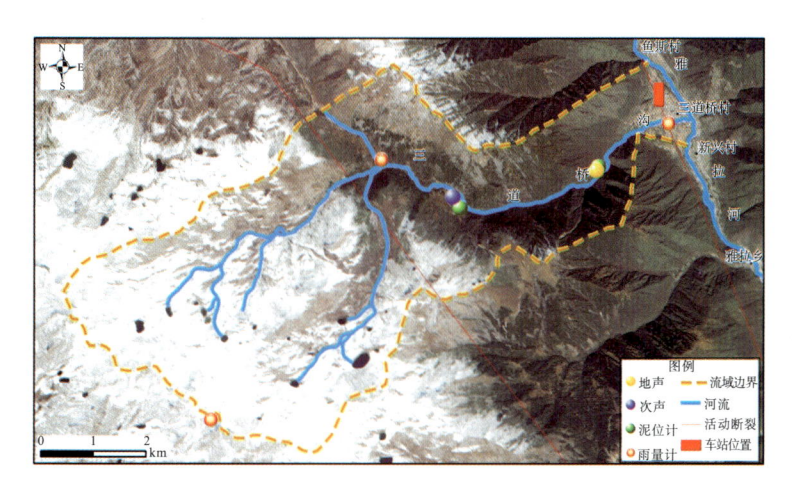

图 5.4-2 三道桥沟泥石流监测总体工作部署图

(1) 雨量监测。由于三道桥沟流域面积大、小流域气候明显，高差达 2242m，按小流域性气候和雨量随高差变化的特点，分别在上游的折多山山脊附近(高程为 4561m)、中游的牛草坪附近(高程为 3779m)、下游三道桥村村委会活动室(高程为 2903m)安装雨量计，用于监测泥石流发生时的降雨过程，分析不同海拔下降雨垂直分带特征，为泥石流预警提供资料和参数。

(2) 泥位监测。布设泥位计 2 台，主要布设于三条支沟的下部和主沟下游段滑坡的下游约 200m 处，用于监测水位变化，如果出现突然断流或泥位突增等现象，便直接进行泥石流预报。此外，还可监测泥石流发生时流量与时间的关系，分析此沟泥石流发生的历时和过程，为泥石流综合防治提供依据。

(3)地声和次声监测。共布设地声监测站和次声监测站各1台，用于监测崩滑体或泥石流引起的沿地下或空气产生的震动，利用震动传播速度远大于泥石流流动速度这一原理实现泥石流预警预报。

3. 三道桥沟监测预警分析

监测周期内，三道桥沟并未出现大规模泥石流活动，泥位变化较弱，通过不同高程的降水量数据，可见明显的流域降雨垂直分带特征。图5.4-3为流域上游(测站1)和流域中游(测站2)2020年11月至2021年5月的监测数据，在一次完整的降雨过程中，流域上游日降水量明显高于流域中游，不同高程处日降水量差值分布在3.5~126.5mm，最大降水量差值发生在2021年5月30日，流域上游日降水量为355.5mm，而中游为229mm。通过监测结果可知，流域内不同高程降水量的差值随降水量的增加而显著增加，因此在汛期发生强降雨过程时，应重点关注流域上游降水量，同时也说明高寒山区泥石流监测应当充分重视降雨垂直分带特征，应在流域上、中、下游布设多台雨量计。

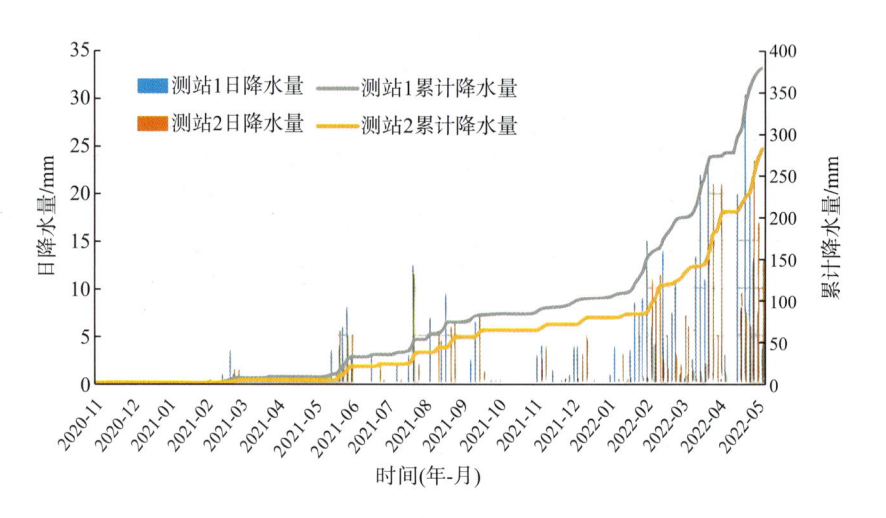

图5.4-3　流域上游(测站1)和中游(测站2)雨量计监测数据

二、典型山火地区泥石流监测预警

火烧区域内，往往会引起森林植被的破坏，土体物理化学性质以及水文性质的改变。火灾后的数月至数十年时间内，在强降雨条件下，火烧迹地会经历比未烧区域更严重的坡体侵蚀，引发泥石流。这种由于火灾导致森林植被灼烧，根系腐烂，造成土体水文及力学性质恶化而产生的泥石流统称为火后泥石流。火后泥石流与传统降雨型泥石流以及震后泥石流灾害在松散物质来源及类型、激发降水强度、启动机理以及沿途动力学特性方面存在较大差异：①泥石流暴发与林火密不可分；②失去植被保护后，火后泥石流的坡面侵蚀相比于普通泥石流更强烈，堆积物以细小颗粒为主；③火烧迹地的降雨敏感性显著增加，火后泥石流启动的降雨阈值显著降低；④火后泥石流暴发还与"斥水层"分布密切相关。

在川西降水量少而蒸发强烈的甘孜州地区、攀西地区发育有典型火后泥石流灾害，如乡城县正斗乡仁额拥沟、九龙县色脚沟、西昌市经久乡响水沟等。火后泥石流运动过程中，能造成严重的土体侵蚀，导致土壤结构破坏，诱发更大规模的灾害，因而具有较强的破坏力，严重威胁着下游人民的生命财产安全。由于火后泥石流的物源标的明显，因此监测时可选取重度过火区辅以视频监测与含水率监测。鉴于此，川西山火地区泥石流监测建议以降雨与泥位监测为主，辅以含水率和视频监测。由于泥石流物源多为浅表层的灰烬层，地声和次声监测效果不明显，因此地声与次声监测不作推荐。以四川省西昌市安哈镇响水沟左岸3#支沟为例开展监测预警示范。

1. 监测设备布设

根据收集资料和前期踏勘情况，结合对泥石流物源分布、沟道形态和降雨等特征的分析，选取雨量、泥位、视频及土体含水率监测手段，形成集火后泥石流形成的水动力条件、运动过程、成因机制等多要素于一体的综合监测预警体系，实现监测数据实时、可视化传输与预警信息自动发送，为汛期西昌市山火地区火后泥石流防灾减灾提供科学支撑，对火后泥石流的监测预警起到示范效果。

本次共安装监测设备4台，其中雨量计1台、含水率计1台、泥位计1台、视频监测设备1台(图5.4-4)。雨量计1台，安装在响水沟左岸3#支沟流域顶部，用于监测泥石流发生时的降雨过程，分析降雨形态，为泥石流预警模型校验提供资料和参数。含水率计1台，安装在两条支沟交汇处上游约100m处，主要获取泥石流物源启动前的含水率变化情况，通过分析含水率与降水强度或降水历时之间的关系，探索泥石流形成的机理和物源启动的临界值。泥位计1台，安装在两条支沟交汇处，用于监测水位变化，如果出现突然断流或泥位突增等现象，便直接进行泥石流预报。视频监测设备1台，安装在3#支沟的沟口处，主要用于观测和记录沟口泥石流活动特征。

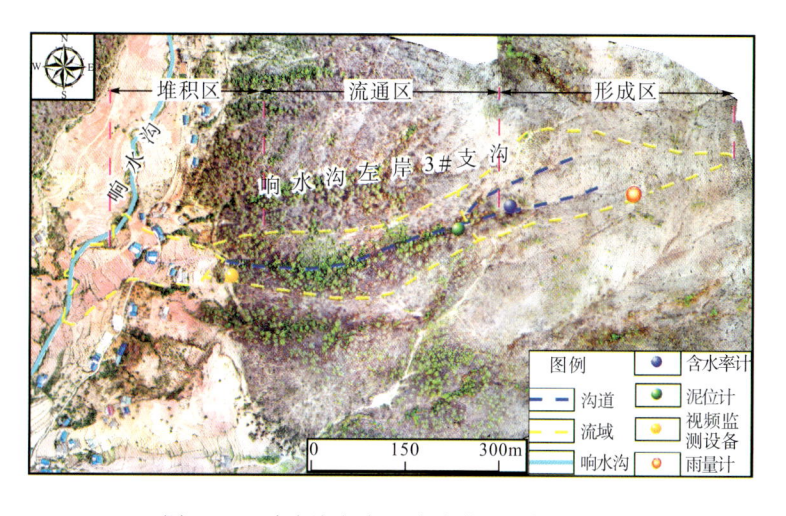

图5.4-4 响水沟左岸3#支沟监测设备布置图

2. 监测预警成效

监测周期内，响水沟左岸3#支沟暂未发生明显泥石流，沟道内泥位计未见明显变化但通过布设的雨量计和含水率计可以看出，山火地区土壤含水率具有明显的分层特征和降雨响应特征。在未降雨时，1.5m处含水率明显大于0.5m和1m处土壤含水率，而0.5m和1m处含水率较为接近，无明显差异。在2022年6月4日以前，沟道内无明显降雨，以蒸发作用为主，此时不同深度处含水率变化较小；在2022年6月9日至7月3日密集降雨过程中，含水率出现增加，而0.5m和1m处含水率响应较快，由13.7%增加至33.3%，而1.5m处含水率存在明显滞后现象，滞后时间约7d，含水率由28.6%增加至43%（图5.4-5）。通过监测预警获取的响水沟左岸3#支沟泥石流发生时的降雨数据，并将降水量为7.0mm/h作为火后泥石流发生的最小临界降水量，为凉山州普适性地质灾害监测预警模型优化提供了重要依据。

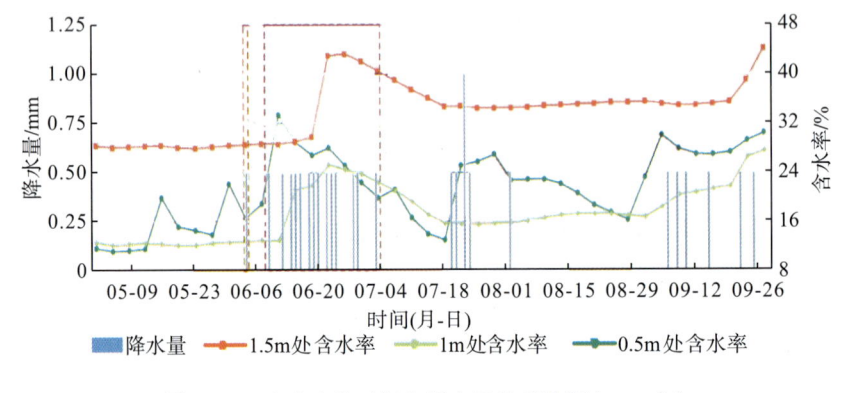

图 5.4-5　含水率随时间和降水量的变化图（2022年）

第五节　小　　结

（1）川西山区地质灾害监测预警工作开展紧扣全国地质灾害"十三五""十四五"规划，四川省"十三五""十四五"地质灾害防治，以及全国和四川省的地质灾害防治三年行动方案对监测预警工作的要求，经历了群测群防、专业监测、专群结合的三个阶段，已日益成为避免地质灾害造成人员伤亡和财产损失的重要有效手段之一。

（2）在川西地区典型地质灾害地质背景和影响因素研究的基础上，提出了针对川西红层区滑坡，高寒山区冰碛土滑坡、沟谷型泥石流以及山火地区泥石流等典型地质灾害监测预警设备组合建议（表5.5-1）。

（3）通过在川西山区针对威胁城镇区的重大地质灾害隐患、重大工程建设区、地震灾区、重要生态区等开展的基于多手段的监测预警试点，已逐步形成目标多灾类、服务多场景的监测系统和技术方法。

表 5.5-1　川西山区典型地质灾害监测设备建议表

地质灾害类型	监测设备类型							
	GNSS	裂缝计	雨量计	含水率	泥位计	地声	次声	视频
红层区滑坡	●	●	●	○				
高寒山区冰碛土滑坡	●	●	○					
高寒山区沟谷型泥石流			●		●	○	○	
山火地区泥石流			●	○	●			○

注：●为主要监测设备；○为辅助监测设备。

第六章　川西高原山区多尺度地质灾害风险评价与区划

第一节　概　　述

自 1998 年以来，川西地区先后开展了县域 1∶100000 地质灾害调查与区划、重点地区 1∶50000 地质灾害详细调查，摸清了全省地质灾害基本状况，为最大限度地减少人员伤亡和财产损失发挥了重要作用。近年实施的 1∶50000 县域地质灾害风险调查评价工作，进一步查清了四川省地质灾害发育分布规律，划分了易发区、危险区和风险区，初步掌握了地质灾害风险隐患底数，提出了地质灾害综合防治对策建议和风险管控措施，为地质灾害防治管理和国土空间规划提供了基础依据。但由于工作目的和精度的不同，其工作成果已不能完全满足区内新型城镇化建设、生态文明建设等新形势下经济社会发展对地质灾害防灾减灾的新需求，在区域地质灾害的成因机制与背景、以城镇为中心的地质灾害精细化风险评价与数字化管理及调查评价方法等方面仍存在一定的不足。

(1)"就灾论灾"对区域地质灾害孕灾背景及发育规律的认识存在较大的局限性。

国家和地方各级政府在川西山区推进的地质灾害防治工作，取得了较显著的成效。但整体上均侧重于地质灾害群测群防网络建设需要的"县市地质灾害调查与区划""地质灾害避让搬迁调查与区划"工作，以及围绕城镇、人口集中居住区、风景名胜区、大中型工矿企业所在地和交通干线、重点水利电力工程等基础设施作为地质灾害重点防治区中的防治重点的地质灾害调查与区划工作和重大地质灾害治理的勘查、设计、治理等工作。这些工作从工作方法、成果表达与应用上，大多集中在单一的"就灾论灾"层面，对地质灾害的孕灾地质背景、潜在隐患的早期识别、可能致灾因素的作用方式与强度、受灾对象的承灾能力等均缺乏有效的调查评价，导致其成果的服务局限性，而对于为整个山区城镇建设发展服务的土地利用、城镇规划及地质环境综合利用与保护的调查和评价则更少。因此，适时开展大比例尺川西山区城镇地质灾害调查，重点突出对孕灾地质背景条件和潜在隐患的调查，围绕"人居环境安全"开展地质灾害调查与风险评估，提交为防灾减灾服务和城镇规划、土地利用服务的成果图件，将会使地质灾害调查评价的成果服务对象更全面，更具有针对性。

(2)以县市为单元的地质灾害详细调查注重区域性的整体评价，针对城镇地质灾害评价结果的精细化程度还不够。

本书是以县市为单位，服务以县市为单元的区域性防灾减灾规划，而对县市内重点城镇的风险调查与评价精度较低，其评价结果很难直接服务于城镇的规划建设。而主要针对重点城镇周边地质灾害风险开展精细化评价,评价的精度更高,还能实现评价结果的直观化表达,使地方政府部门在使用成果资料时更具有针对性,可实现城镇地质灾害风险调查评价的精细化、成果表达的直观化及减灾管理的数字化,探索山区城镇地质灾害的综合防灾减灾模式,直接服务于城镇一级的规划建设。

(3) 已有的地质灾害调查与评价成果技术方法较为传统,缺乏新技术与方法的应用。

在以往开展的地质灾害调查与评价成果中,调查方法多以地面调查为主,遥感调查为辅,并配合工程地质钻探、物探、槽探等手段。这种调查与评价结果在很大程度上会受到人们主观意识的影响,容易造成误判、漏判,其评价精度和成果很难直接服务于城镇规划建设所需的科技支撑。在调查与评价成果的表达上,已有的调查成果多基于传统的地形图进行表达,而很多专业的成果很难为地方政府管理部门提供直观的表达方式,导致很多专业评价信息不能充分在城镇地质灾害防灾减灾中发挥作用,使得调查与评价成果大打折扣。

(4) 已有地质灾害调查成果具有重调查、轻成果的特点,对成果的总结与提升水平相对较弱,缺乏有效和针对性的防灾减灾建议与对策。

目前,针对城镇地质灾害的风险评价既是热点也是难点,国外发达国家大多数已开展了城镇一级的地质灾害风险评价工作,并作为与监测预警、工程治理并重且作为先决条件的减灾防灾主要手段。但目前仍然存在对地质灾害防治工程性措施重视得多,预防性非工程性措施重视得少;对地质灾害风险评估与管理理论研究得多,实际实施、运用得少;研究地质灾害危险性的多,研究风险性的少;研究风险评估理论的多,研究风险管理、风险控制的少等不足。因此,开展本书研究工作是探索大比例尺城镇风险评价的理论、方法及推广应用,提高我国地质灾害风险评价与管理水平的需要。

综上可见,在国家倡导科学发展观,以人为本,努力构建和谐社会的今天,通过开展川西山区城镇灾害地质调查,将有利于查明这些受地质灾害威胁的城镇中,具体的危险源有哪些;在什么条件下可能发生什么样的风险;有哪些因素与要素可以提前调控或降低这些风险等一系列关键问题。新的减灾理念也更为重视灾害的风险管理与灾害预防的软措施,这些迫切需求必将会催生地质灾害调查评价、风险管理方法体系的诞生,全面提升我国地质灾害防治水平。本书研究工作不仅能直接服务于川西山区城镇防灾减灾,还可为城镇建设规划、土地利用规划提供基础性资料和依据,也可为各级政府履行地质灾害防治管理职能提供技术服务和技术支撑。

第二节 区域地质灾害风险评价与区划研究

一、地质灾害易发性评价与区划

地质灾害易发性是反映区域地质灾害孕灾本底条件的重要指标,利用地质灾害信息量法,分析坡度、岩性、构造及已有地质灾害隐患点等主控因子,得到川西山区地质灾害易发性评价图(图 6.2-1)。结果表明,川西山区地质灾害易发性的整体格局与该区域

"Y"字形地质构造高度关联，沿龙门山断裂带、鲜水河断裂带、安宁河—则木河断裂带空间展布，尤其以金沙江德格—得荣段、雅砻江新龙—雅江段、雅砻江下游盐源段、大渡河康定—汉源段、金沙江会东—雷波段、岷江茂县—汶川段危险性最高，受断裂带控制特征明显。

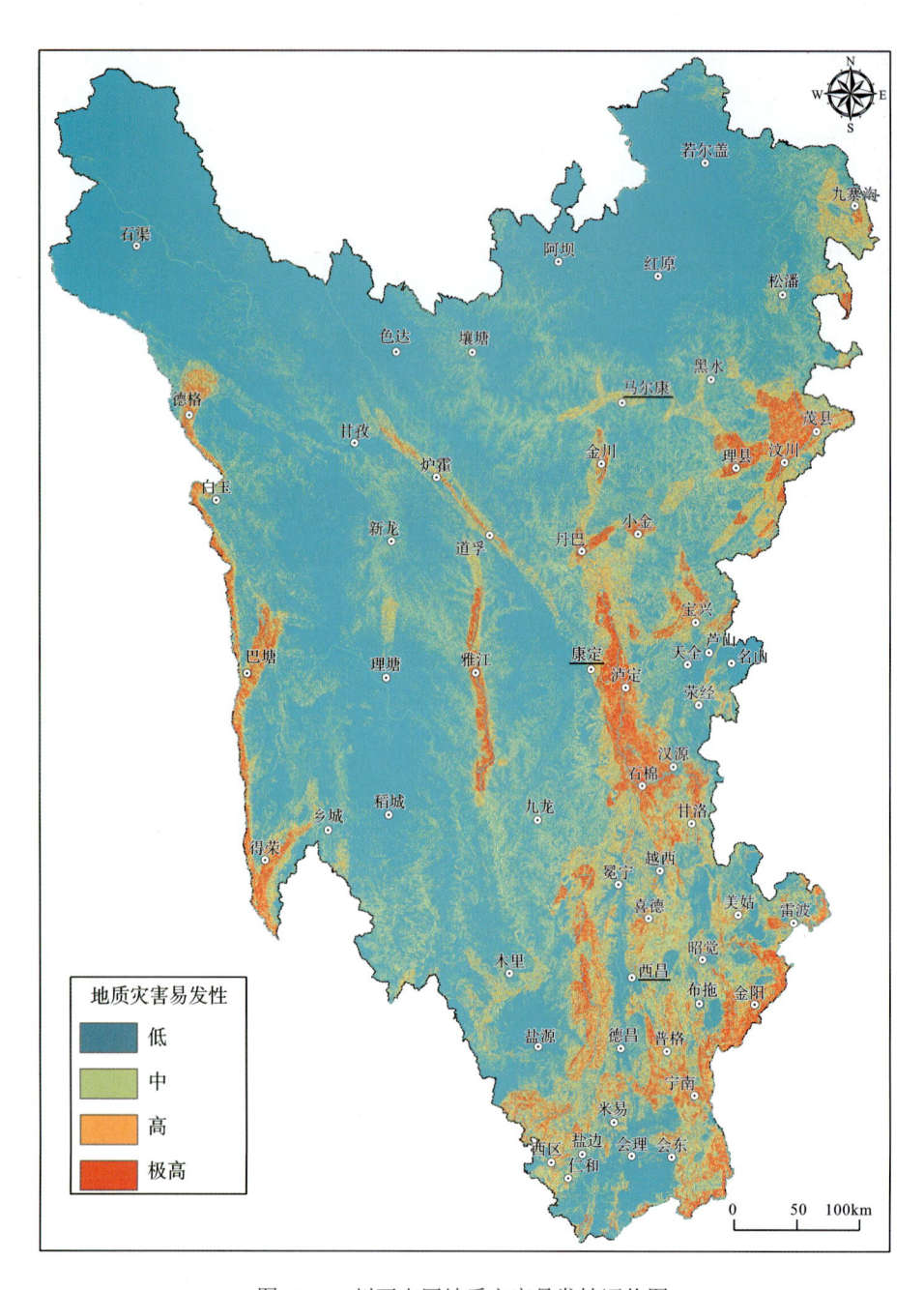

图 6.2-1　川西山区地质灾害易发性评价图

统计表明，川西山区地质灾害极高易发区、高易发区、中易发区的面积分别为 89.55km²、231.51km²、584.11km²，分别占川西山区总面积的 0.03%、0.07%、0.17%。极高易发区占比较大的县市包括：泸定县、金阳县、石棉县、汉源县、茂县、宁南县、会东县、雷波县、普格县、理县、甘洛县、宝兴县、汶川县、西昌市、巴塘县、盐边县、雅江县等。

根据川西山区地质灾害易发性评价结果，川西山区地质灾害需要重点防范西部得荣县至德格县金沙江沿岸带、雅砻江上游段、甘洛县至金川县大渡河沿岸带、宝兴县至芦山县片区、汶川县至理县岷江段、川西南部片区。针对川西地区地质灾害高易发特征、控灾条件及灾害类型，区域性地质灾害防范措施如下。

(1) 加强强震区地质灾害防治区划与规划，结合地质灾害孕灾条件及成灾特征有针对性地制定防范措施。例如，受断裂带控灾为主的理县至汶川片区地质灾害防治规划需重点防范人口或工程聚集区后山高陡斜坡风险，避免在强震作用下形成高位远程滑坡灾害，同时要做好流域沟口地质灾害防范，防止震后泥石流冲出沟口成灾。不管是避让搬迁还是提高设防标准等措施，都需要有系统的防灾减灾规划，结合国土空间规划用途管制要求并借助生态移民等多种手段，降低潜在地质灾害危险区承灾体数量，从源头上降低潜在地质灾害风险。

(2) 加强深切河谷区高位地质灾害风险源识别，重点防范高位远程滑坡形成的堵江链式灾害风险。重点防范川西山区金沙江、雅砻江、大渡河、岷江 4 条大河干流两岸高陡山体中上部高位滑坡。金沙江和雅砻江高位滑坡多以重力卸荷型为主，其形成机制相对更为复杂，在时间预测上有难度；大渡河和岷江高位滑坡多以地震诱发型为主，主要受地震作用沿临空面滑动，历史上曾发生过多起堵河形成灾害链的事件。需要加强川西深切河谷区潜在链式地质灾害空间位置预测、危险性区划及风险管控，特别是对于跨省界的链式地质灾害，需要形成跨区域协调联动、全流域分段防灾的机制。

(3) 加强大渡河石棉至金川段、金沙江宁南至雷波段暴雨泥石流灾害风险防控，特别是针对小流域沟口人口密集区或重要工程建设区的地质灾害防范。随着后工业时代的来临，生态环境得到很好保护，植被对泥石流物源的快速汇集起到了明显的抑制作用，一些高频泥石流活跃性受到限制，低频泥石流呈明显增加的趋势。川西山区因建设用地贫乏，历史上泥石流冲积扇均是城镇和村庄修建的最佳区，承灾体数量较多，低频泥石流具有典型的暴发周期长、规模大、成灾严重等特点，往往因多年不发生而容易被忽略。因此，需要加强对川西山区微小流域低频泥石流影响区的再评估，提前防范泥石流风险。

二、地质灾害危险性评价与区划

根据川西山区地质灾害孕灾背景、致灾因子和危险性情况，在地质灾害易发性的基础上叠加降雨工况，完成地质灾害危险性评价。根据评价结果，采用地形地貌分区的原则，将川西山区划分为 4 个地质灾害危险性区、21 个地质灾害危险性亚区(图 6.2-2)。

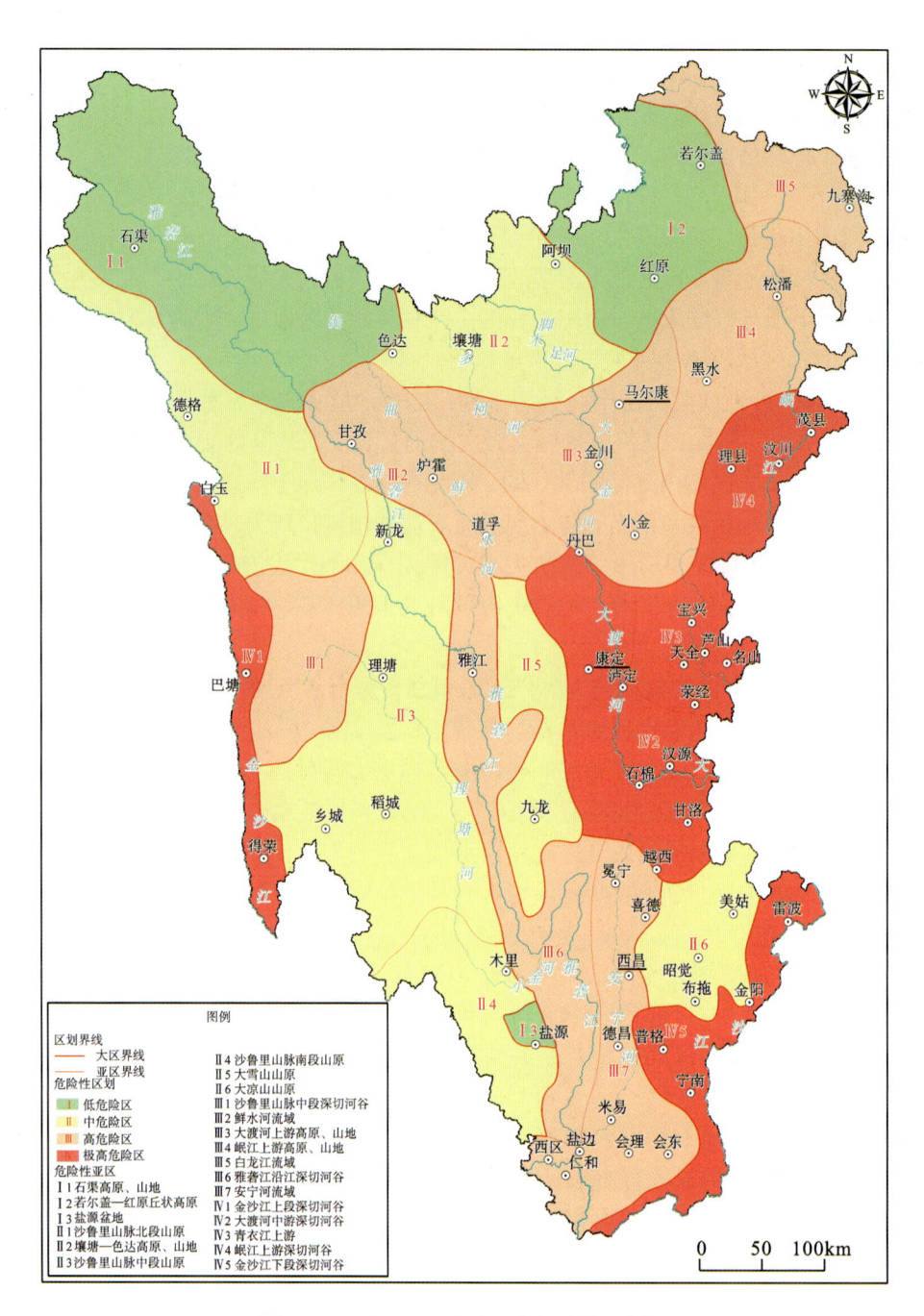

图 6.2-2 川西山区地质灾害危险性区划图

高危险性区(Ⅲ)，包括沙鲁里山脉中段深切河谷(Ⅲ1)、鲜水河流域(Ⅲ2)，大渡河上游高原、山地(Ⅲ3)，岷江上游高原、山地(Ⅲ4)，以及白龙江流域(Ⅲ5)、雅砻江沿江深切河谷(Ⅲ6)、安宁河流域(Ⅲ7) 7 个危险性亚区，总面积为 $3.12\times10^4 km^2$，占川西山区总面积的 9.31%。这些区域均位于河谷地带，地形起伏度大，地质结构复杂，地质灾害危险性高,现有地质灾害隐患点 7541 处,占川西山区地质灾害隐患点总数量的 43.88%,地质灾害隐患点密度约为 24.17 处/100km²。

极高危险性区(Ⅳ)包括金沙江上段深切河谷(Ⅳ1)与下段深切河谷(Ⅳ5)、大渡河中游深切河谷(Ⅳ2)、青衣江上游(Ⅳ3)、岷江上游深切河谷(Ⅳ4)5 个危险性亚区,总面积为 1.49×10⁴km²,占川西山区总面积的 4.45%。这些区域地势陡峻、地质结构复杂,地质灾害危险性极高,现有地质灾害隐患点 6619 处,占川西山区地质灾害隐患点总数量的 38.52%,地质灾害隐患点密度约为 44.42 处/100km²。

中危险性区(Ⅱ),包括沙鲁里山脉北段山原(Ⅱ1)、中段山原(Ⅱ3)和南段山原(Ⅱ4)、壤塘—色达高原、山地(Ⅱ2),大雪山山原(Ⅱ5),以及大凉山山原(Ⅱ6)6 个危险性亚区,总面积为 9.89×10⁴km²,占川西山区总面积的 29.52%。该区域地势起伏度较 Ⅰ 区明显增加,地质灾害危险性中等,现有地质灾害隐患点 2807 处,占川西山区地质灾害隐患点总数量的 16.33%,地质灾害隐患点密度约为 2.84 处/100km²。

低危险性区(Ⅰ),包括石渠高原、山地(Ⅰ1)、若尔盖—红原丘状高原(Ⅰ2)及盐源盆地(Ⅰ3)3 个危险性亚区,这些区域地势相对平缓,现有地质灾害隐患点 217 处,占川西山区地质灾害隐患点总数量的 1.26%。该大区地质灾害隐患点密度低,且以小型地质灾害为主,地质灾害危险性较低。

川西山区重大工程规划建设要重点防范金沙江段、大渡河中游段、青衣江上游段、岷江上游紫坪铺至叠溪段、雅砻江等深切河谷区地质灾害风险。这些区域地质灾害的诱发因素除常规的暴雨外,还叠加有地震、高寒冻融、深切河谷斜坡卸荷等外动力条件,需要开展综合的地质灾害危险性评估。

三、地质灾害风险评价与区划

地质灾害风险是地质灾害危险性与承灾体易损性的相关函数,在川西山区地质灾害易发性评价结果的基础上,叠加降雨和承灾体要素开展地质灾害风险评价。结果表明,川西山区地质灾害风险呈现东高西低的总体格局,地质灾害高风险区主要集中分布在映秀—汶川、雅安—康定、雅安—汉源—冕宁—西昌—攀枝花和金沙江沿江会理—会东—宁南—普格一带(图 6.2-3)。

统计表明,川西山区地质灾害极高风险、高风险、中风险、低风险等级区的面积分别为 0.19×10⁴km²、2.47×10⁴km²、13.99×10⁴km² 和 16.85×10⁴km²,分别占川西山区总面积的 0.57%、7.37%、41.76%和 50.30%。在各县域中,雅安市名山区地质灾害极高风险区面积达 474km²,占该区面积比例达到 76.75%;其次是雅安市雨城区和凉山州雷波县,地质灾害极高风险区面积分别为 322km² 和 178km²,占该区县面积比例分别为 30.38%和 6.28%。极高风险等级区面积大于 100km² 的县域还包括芦山县、天全县、金阳县、会东县和宁南县,分别占该县面积比例分别为 13.02%、6.35%、8.58%、3.74%和 6.85%。

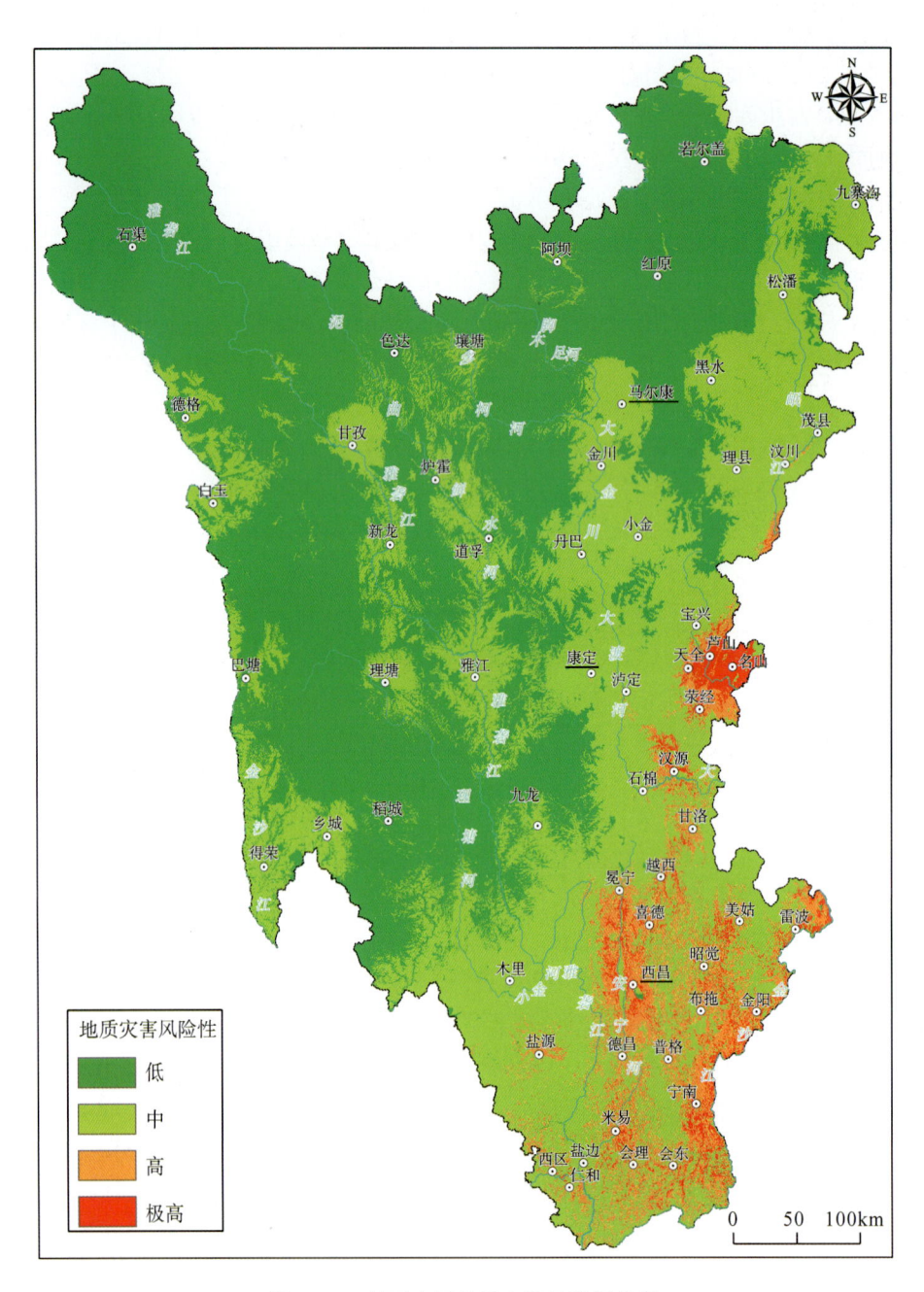

图 6.2-3　川西山区地质灾害风险评价图

第三节　典型县域尺度地质灾害风险评价与区划
——以喜德县为例

一、地质灾害概况

2020年，完成了喜德县幅(H48E023002)的地质灾害调查与评价工作，见表6.3-1。依据技术要求，编制了实际材料图、专门工程地质图、地质灾害隐患点分布图、地质灾害易发程度分区图等图件。

表6.3-1　川西山区城镇灾害地质调查完成图幅统计表

工作部署年度	图幅名		图幅编号	选择依据
2019	新沟幅		H48E013002	铁路沿线
	雅江县幅		H47E012021	铁路沿线
	康定市幅		H47E012024	铁路沿线
	沙坪幅		H48E012003	铁路沿线
	天全县幅		H48E012004	天全车站
2020	姑咱镇幅		H48E012001	铁路沿线姑咱镇
	营官幅		H47E012023	新都桥车站新都桥镇
	新都桥镇幅		H47E012022	新都桥车站新都桥镇
	牛西卡幅		H47E012020	雅江车站雅江县城
	喜德县幅		H48E023002	乌蒙山地区喜德县城
2021	四川省喜德县幅	两河口镇幅	—	1∶50000地质灾害风险调查评价示范
		沙马拉达乡幅	—	
		依洛乡幅	—	
		米市镇幅	—	
		洛哈镇幅	—	

2021年，川西山区城镇灾害地质调查选取喜德县作为评价示范区域开展县域1∶50000地质灾害风险调查与评价。喜德县位于四川省凉山州，县域面积为2206km², 常住人口为15.81万人，彝族人口占总人口的91.49%。县境内地质条件复杂，活动断层发育，历史地震频发，破碎和松散的岩土体为地质灾害的发育提供了有利条件，每年汛期地质灾害频发，成为制约该县经济发展的一个重要因素。目前，喜德县境内仍发育有地质灾害隐患点120处，灾害类型以滑坡为主，威胁约8652人、1527.5万元财产，地质灾害风险防范压力大。

采用光学遥感解译、InSAR解译、地面调查、钻探槽探、地球物理勘探、三维倾斜摄影与实景建模、三维激光扫描、无人机航拍等新技术和新方法(图6.3-1～图6.3-3)，开展

(a)平面图成果建立数据库　　　　　　　　　　(b)立体图成果完善属性库

图 6.3-1　三维倾斜摄影影像成果辅助易损性评价

图 6.3-2　朝王坪崩塌三维激光扫描点云数据

图 6.3-3　无人机航拍影像勾绘

喜德县域1∶50000地质灾害风险评价和重点城镇区域1∶10000地质灾害风险评价,细化和探索形成了不同比例尺风险调查评价技术方法,形成的基于层次分析法-信息量法和基于降雨历程-渗流条件下无限边坡稳定性评价模型使得评价结果更符合凉山州实际、更准确可信。

二、地质灾害易发性评价

喜德县滑坡、崩塌易发性评价时选取规则栅格单元作为评价单元,分辨率为12.5m×12.5m;进行泥石流易发性评价时采用流域单元,通过ArcGIS软件水文分析工具提取了全县1∶50000比例尺下的泥石流流域,然后结合现场已发育泥石流的调查情况,进行一定的人工修改,归并一些不合理的泥石流流域划分,最终得到喜德县1∶50000泥石流流域单元图(图6.3-4),共计307个流域子单元。

图6.3-4 喜德县1∶50000泥石流流域单元图

1. 滑坡易发性

根据喜德县内滑坡地质灾害发育的特点和孕灾条件选取评判因子。结合现状和客观科学的评价因子筛选原则,初步选取喜德县滑坡易发性评价(1∶50000)评价因子,应用ArcGIS软件空间分析工具对所有初选指标因素进行相关性分析,通过ArcGIS软件提取各因子图层的属性数据,运用空间分析工具计算得到各因素之间的相关性系数矩阵,剔除相关程度高的因子,即地势起伏度、剖面曲率及距水系距离3个因子,最终得到研究区一般评价区滑坡易发性评价因子体系(表6.3-2)。

表 6.3-2　喜德县滑坡易发性评价因子确定

因子级别	因子						
一级	地形地貌条件			地质构造	其他		
二级	坡度	平面曲率	高程	距断层距离	工程地质岩组	斜坡结构	公路切坡

参与信息量计算的滑坡灾害隐患点数量为 255 处，其中包括现有滑坡灾害隐患点 75 处，已销号滑坡灾害隐患点 44 处，遥感解译滑坡灾害隐患点(含 InSAR 点)136 处。易发性评价因子统计表见表 6.3-3，各评价因子图层如图 6.3-5～图 6.3-11 所示。

表 6.3-3　喜德县滑坡易发性评价因子统计表(1∶5000)

因子		面积/km²	灾害隐患点数量/处	信息量值
坡度/(°)	<10	190.45	26	0.271
	10～<20	613.39	112	0.401
	20～<30	748.50	91	−0.066
	30～<40	428.98	18	−0.792
	40～<50	116.72	8	−0.877
	50～<70	18.51	0	−1.000
	70～90	0.22	0	−1.000
平面曲率	−82.3～<−3.27	4.64	0	0
	−3.27～<−1.51	66.11	10	−1.321
	−1.51～<−0.63	380.38	32	−0.298
	−0.63～<0.246	890.87	126	0.221
	0.246～<1.123	591.36	78	0.151
	1.123～<2.88	176.09	9	−2.301
	2.88～29.66	7.31	0	0
工程地质岩组	红层(其他)	1144.91	17	−1.810
	昔格达组	5.13	39	4.195
	第四系	83.58	10	−0.186
	三叠系玄武岩、花岗岩	60.13	4	−0.773
	灰岩、白云岩	84.99	8	−0.426
	页岩、千枚岩	68.91	16	0.749
	白果湾组	280.82	6	−1.302
	益门组	52.82	132	2.994
	新村组	153.15	17	−0.261
	飞天山组	182.49	6	−1.478
距断层距离/km	<0.5	513.90	76	0.150
	0.5～<1	422.93	54	0.049

续表

因子		面积/km²	灾害隐患点数量/处	信息量值
距断层距离/km	1~<1.5	311.23	30	-0.248
	1.5~<2	220.28	33	0.180
	2~<2.5	162.66	15	0.065
	2.5~<3	116.99	21	0.220
	≥3	369.00	26	-0.390
高程/m	<2000	178.16	55	0.929
	2000~<2500	701.91	122	0.339
	2500~<3000	969.81	75	-0.396
	3000~<3500	248.03	3	-2.478
	3500~<4000	15.51	0	-4.000
	≥4000	3.35	0	-4.000
公路切坡/m	<100	227.56	50	0.828
	>100	1889.43	205	-0.169
斜坡结构	顺向	90.78	16	0.387
	切向	360.36	47	0.279
	横向	679.99	72	0.123
	水平、逆向	941.82	63	-0.306

注：公路切坡指因修建公路开挖山坡，对应所建公路段的长度。

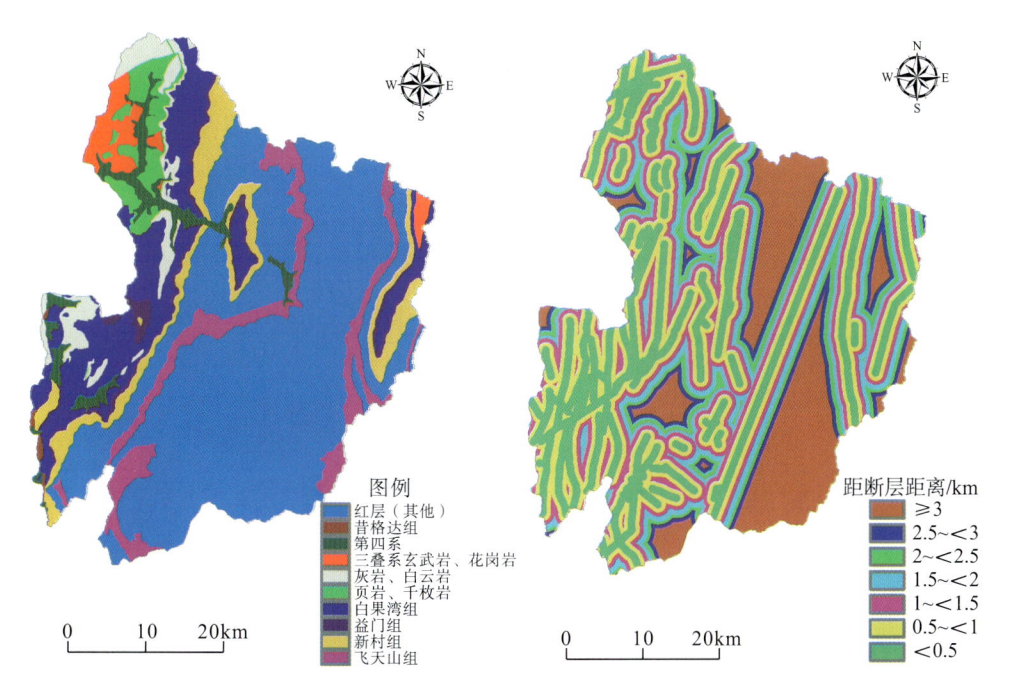

图 6.3-5 工程地质岩组评价图层

图 6.3-6 距断层距离评价图层

图 6.3-7　坡度评价图层

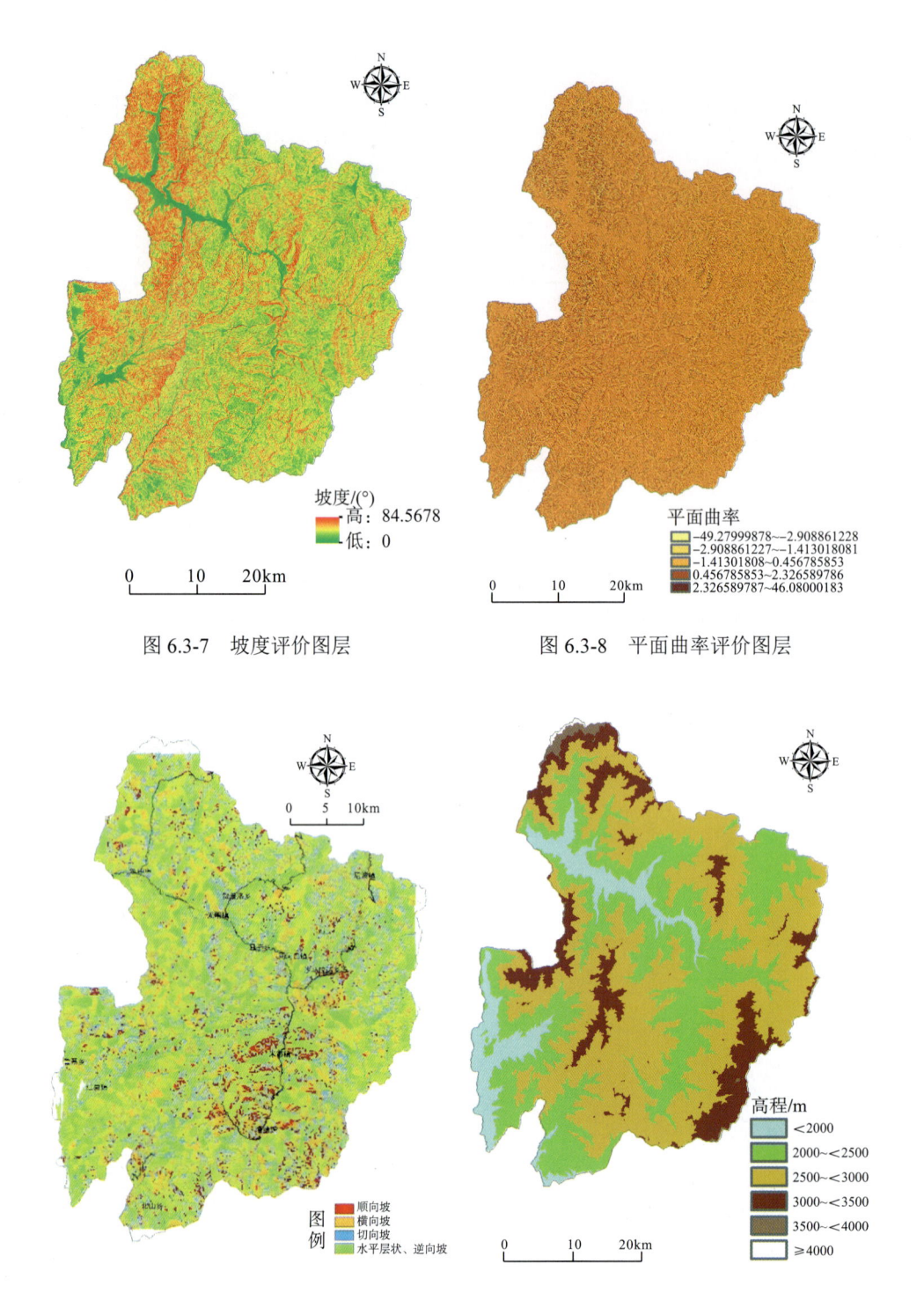

图 6.3-8　平面曲率评价图层

图 6.3-9　斜坡结构评价图层

图 6.3-10　高程评价图层

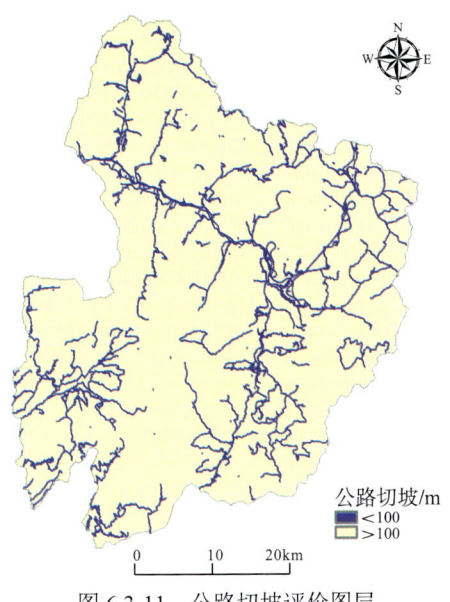

图 6.3-11　公路切坡评价图层

评价结果：根据层次分析法原理计算得到滑坡易发性评价因子权重值。对计算得到的各因子权重进行一致性检验，通过最大特征向量（λ_{max}）、一致性指标（CI）、查表随机一致性指标（RI），计算喜德县比较矩阵一致性比率（CR）为0.04，通过一致性检验，为有效矩阵。

基于GIS平台对赋予了信息量值的栅格图层进行叠加计算，得到滑坡易发性综合指数，根据结果可以看出综合易发性指数近似呈正态分布，总信息量最低值约为−7.8，最高值约为6.04，在自然断点分级法的基础上进行人工调整后，得到合理的高易发（4.15～6.04）、中易发（2.07～4.15）、低易发（−7.8～2.07）分级阈值，如图6.3-12所示。

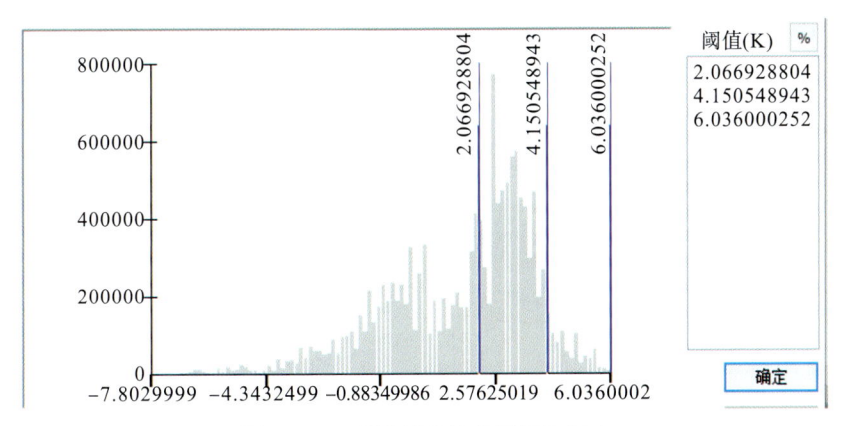

图 6.3-12　滑坡易发性分级阈值划定

评价结果显示，喜德县域滑坡易发性分为高、中、低三级，其中高易发区面积约为191.77km²，占调查区面积的9.02%，主要分布在冕山镇—光明镇沿孙水河两侧河岸区、沙马拉达乡—米市镇—洛哈镇沿米市河两侧河岸区、鲁基乡—红莫镇中山区；中易发区面积约为830.29km²，占调查区面积的39.06%；低易发区面积约为1103.59km²，占调查区面积的 51.92%（表 6.3-4、图 6.3-13）。

表 6.3-4　喜德县一般调查区（1∶50000）滑坡易发性结果

参数	高易发区	中易发区	低易发区
面积/km²	191.77	830.29	1103.59
占调查区面积比/%	9.02	39.06	51.92
已有滑坡灾害隐患点数量/处	22	93	60
已有滑坡灾害隐患点数量占比/%	12.57	53.14	34.29

2. 崩塌易发性

崩塌按照上述滑坡的易发性因子选取思路，结合崩塌孕灾地质条件分析，初步选取评价因子，对崩塌易发性评价指标进行相关性分析，剔除掉相关性高的因子，结合地质认识得到喜德县崩塌易发性评价指标。按照信息量法计算崩塌各评价因子的信息量，参与计算的数量为 24 处，其中现有崩塌灾害隐患点为 6 处，遥感解译的崩塌灾害隐患点为 18 处，得到表 6.3-5 所示的结果。各评价因子的权重见表 6.3-6。

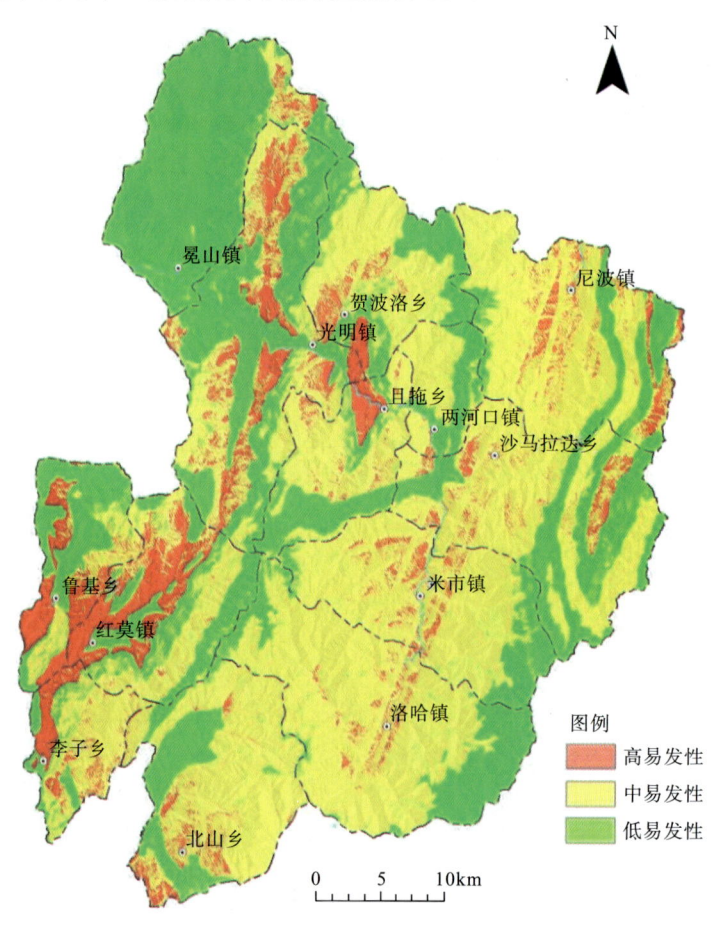

图 6.3-13　喜德县一般调查区（1∶50000）滑坡易发性评价图

表 6.3-5　喜德县崩塌易发性评价因子统计表（1∶50000）

因子		面积/km²	灾害隐患点数量/处	信息量值
坡度/(°)	<10	190.45	0	0
	10~<20	613.39	0	0
	20~<30	748.50	0	0
	30~<40	428.98	6	0.271
	40~<50	116.72	12	0.401
	50~<70	18.51	3	−0.792
	70~90	0.22	3	−0.892
工程地质岩组	红层（其他）	1144.91	3	0.810
	昔格达组	5.13	0	0
	第四系	83.58	0	0
	三叠系玄武岩、花岗岩	60.13	5	0.749
	灰岩、白云岩	84.99	6	2.994
	页岩、千枚岩	68.91	0	0
	白果湾组	280.82	3	0.749
	益门组	52.82	2	−0.261
	新村组	153.15	4	0.761
	飞天山组	182.49	1	−1.478
距断层距离/km	<0.5	513.90	9	0.280
	0.5~<1	422.93	6	0.220
	1~<1.5	311.23	5	0.150
	1.5~<2	220.28	4	0.065
	2~<2.5	162.66	0	0
	2.5~<3	116.99	0	0
	≥3	369.00	0	0
高程/m	<2000	178.16	0	0
	2000~<2500	701.91	4	0.03
	2500~<3000	969.81	10	0.929
	3000~<3500	248.03	6	0.339
	3500~<4000	15.51	2	−0.14
	≥4000	3.35	2	−0.06
斜坡结构	顺向	90.78	5	0.347
	切向	360.36	7	0.219
	横向	679.99	6	0.103
	水平、逆向	941.82	6	−0.216
距水系距离/m	<200	252.46	5	0.175
	200~<400	188.20	3	0.211
	400~<600	276.91	4	0.183
	600~<800	376.69	3	0.014
	800~<1000	469.23	5	0.017
	≥1000	553.49	4	−0.02

表 6.3-6　喜德县崩塌易发性评价因子权重值

因子	坡度	高程	距断层距离	工程地质岩组	斜坡结构	距水系距离
权重值	0.149	0.170	0.186	0.208	0.197	0.090

评价结果显示，喜德县域崩塌易发性分为高、中、低三级，其中高易发区面积约为 75.37km²，占调查区面积的 3.56%，主要分布在冕山镇、光明镇、且拖乡、鲁基乡河谷陡峻岸坡带；中易发区面积约为 518.24km²，占调查区面积的 24.48%；低易发区面积约为 1523.39km²，占调查区面积的 71.96%（表 6.3-7）。

表 6.3-7　喜德县一般调查区（1∶50000）崩塌易发性结果

参数	高易发区	中易发区	低易发区
面积/km²	75.37	518.24	1523.39
占调查区面积比/%	3.56	24.48	71.96
已有崩塌灾害隐患点数量/处	9	8	7
已有崩塌灾害隐患点数量占比/%	37.50	33.33	29.17

3. 泥石流易发性

根据孕灾条件的数量统计分析，参与信息量计算的泥石流灾害隐患点共有 83 处，其中现有泥石流灾害隐患点有 39 处，已销号的泥石流灾害隐患点有 14 处，遥感解译的泥石流灾害隐患点有 30 处，按照信息量法计算泥石流评价因子信息量，得到的结果见表 6.3-8。各评价因子的权重见表 6.3-9。

表 6.3-8　喜德县泥石流易发性评价因子信息量值（1∶50000）

序号	评价因子与分级		灾害隐患点数量/处	面积/km²	信息量值
C1	流域平均坡度 /(°)	12.41~<17.89	3	66.05	−0.25
		17.89~<20.90	18	435.54	0.1
		20.90~<23.18	9	309.59	−0.15
		23.18~<25.56	21	429.86	0.12
		25.56~<27.94	14	482.47	−0.06
		27.94~<31.46	13	234.99	0.16
		31.46~38.81	5	162.50	−0.29
C2	流域崩塌滑坡密度 /(处/km²)	0~<0.049	25	1077.83	−0.59
		0.049~<0.117	20	381.04	0.33
		0.117~<0.206	12	343.02	0.06
		0.206~<0.342	16	117.18	0.68
		0.342~<0.598	10	101.92	0.993

续表

序号	评价因子与分级		灾害隐患点数量/处	面积/km²	信息量值
C3	流域Melton比率	0.047～<0.289	9	688.93	−1.01
		0.289～<0.423	19	712.47	−0.37
		0.423～<0.556	23	359.04	0.34
		0.056～<0.698	20	247.65	0.71
		0.698～<0.865	10	101.34	1.25
		0.865～<1.258	2	11.36	1.93
		1.258～2.177	0	0.21	0.00
C4	径流强度指数	−10.397～<−3.179	0	54.92	0.00
		−3.179～<1.194	10	131.36	0.74
		1.194～<2.725	28	553.03	0.16
		2.725～<4.146	24	717.24	−0.11
		4.146～<5.786	21	511.27	0.15
		5.786～<8.411	0	99.47	0.00
		8.411～17.487	0	53.71	0.00

表6.3-9 一般评价区泥石流易发性评价因子权重值

因子	流域平均坡度	流域崩塌滑坡密度	流域Melton比率	径流强度指数
权重	0.27	0.30	0.18	0.25

在数学模型评价结果的基础上，随机挑选部分泥石流灾害隐患点进行人工复核，以此来检验评价结果的合理性，共挑选了30处泥石流灾害隐患点，经人工复核后，发现共有24处泥石流灾害隐患点易发性等级与现场调查判断一致，说明评价结果较好。

根据评价结果(表6.3-10)，高易发泥石流灾害隐患点主要位于李子乡—鲁基乡和且拖乡—光明镇，高易发流域单元灾害隐患点共11处，占总数的3.58%，流域面积共约75.78km²；中易发流域单元灾害隐患点共65处，占总数的21.17%，流域面积为448.17km²；低易发流域单元灾害隐患点共计231处，占总数的75.24%，流域面积为1592.8km²。

表6.3-10 喜德县泥石流易发性评价结果统计表(1∶50000)

参数	高易发区	中易发区	低易发区
灾害隐患点数量/处	11	65	231
占总泥石流灾害隐患数量的百分比/%	3.58	21.17	75.24
流域面积/km²	75.78	448.17	1592.8

注：因数值修约，各易发区泥石流灾害隐患点数量占比之和不为100%。

4. 综合易发性评价

按照《地质灾害风险调查评价规范(1∶50000)》(DZ/T 0438—2023),将县域内基于栅格单元的崩塌、滑坡易发性区划结果与基于流域单元的泥石流易发性分区结果叠加,得到喜德县地质灾害易发性综合评价图(图6.3-14)。通过统计高、中、低三个等级易发性区域的面积占比、灾害隐患点数量占比,高易发区面积占比约为 19.39%,灾害隐患点数量占比为39%;中易发区面积占比约为60.15%,灾害隐患点数量占比约为61%;低易发区面积占比约为20.46%,灾害隐患点数量占比为0(表6.3-11)。

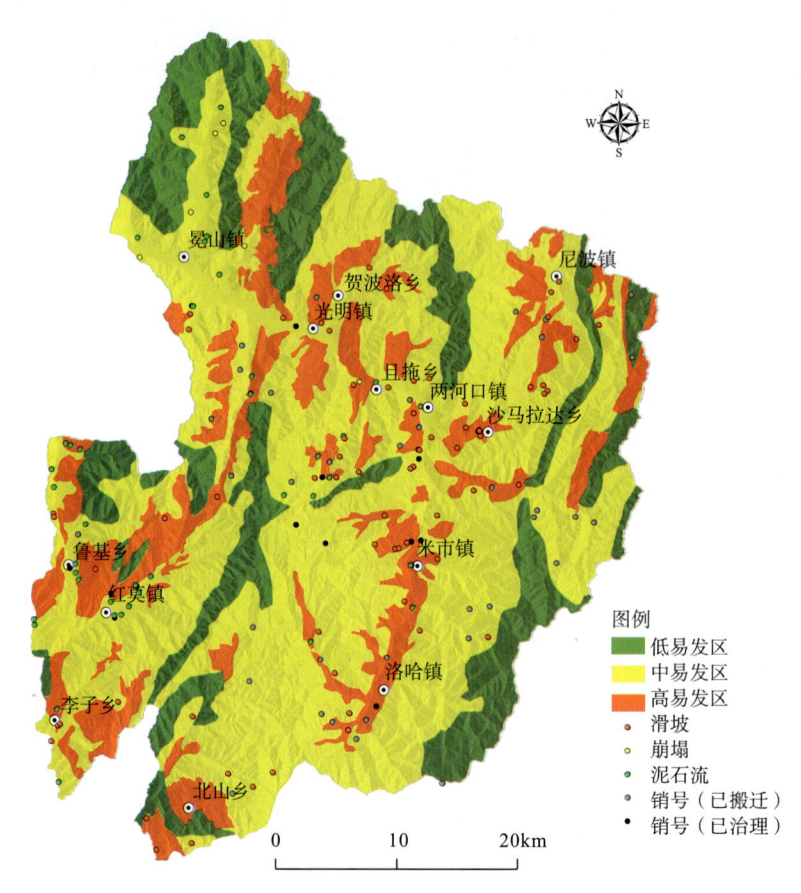

图 6.3-14　喜德县地质灾害易发性综合评价图

表 6.3-11　综合易发性评价结果统计

易发性等级	面积/km²	面积占比/%	灾害隐患点数量/处	灾害隐患点数量占比/%	灾害隐患点密度/(处/km²)
高	410.46	19.39	69	39	0.168
中	1273.36	60.15	108	61	0.085
低	433.17	20.46	0	0	0

根据易发性评价结果,划分高易发区49个、中易发区76个、低易发区19个。

三、地质灾害危险性评价

地质灾害危险性评价是指在地质灾害易发性的基础上，考虑外在易于诱发地质灾害发生的各种因素对地质灾害发生的影响，进一步刻画和预测地质灾害影响的范围及发生的概率。本次地质灾害危险性评价是在易发性的基础上叠加月累计平均降水量（图 6.3-15、表 6.3-12），得到危险性评价图。

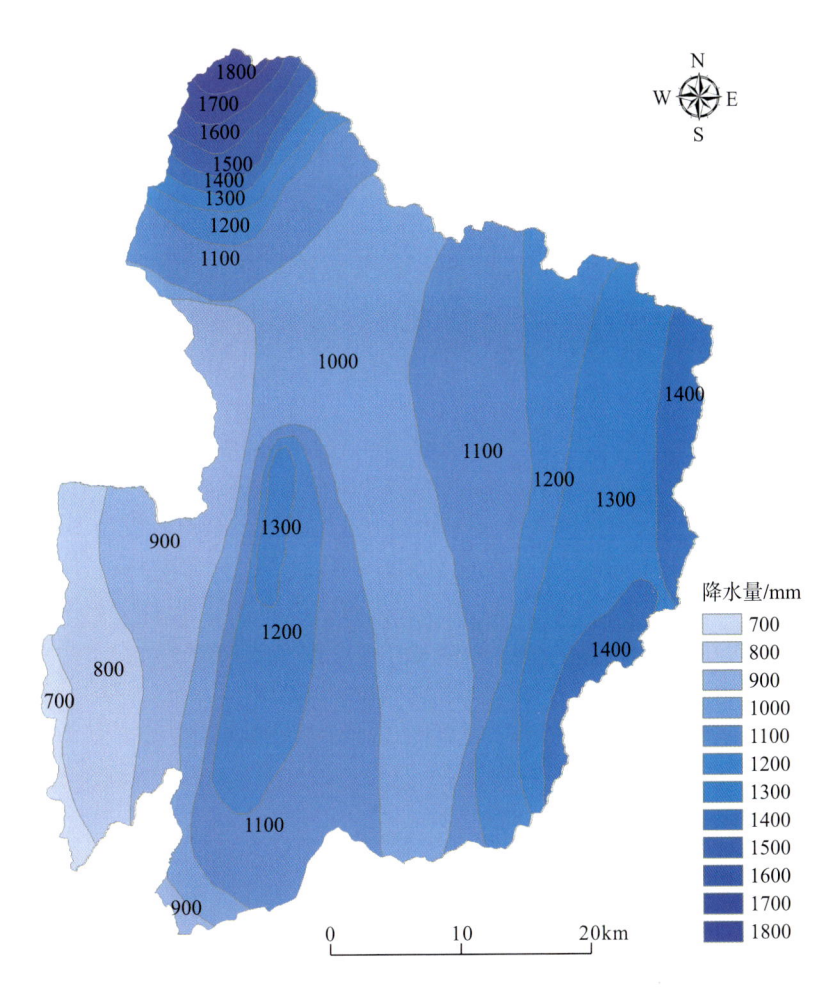

图 6.3-15　喜德县月累计平均降水量等值线图

表 6.3-12　降水量信息量值统计表

月平均降水量/mm	栅格数/个	面积/km²	灾害隐患点数量/处	灾害隐患点密度/(处/km²)	信息量值
<58	157932	24.68	10	0.41	1.03
58~<67	768239	120.04	41	0.34	0.86
67~<75	1192656	186.35	21	0.11	−0.25

续表

月平均降水量/mm	栅格数/个	面积/km²	灾害隐患点数量/处	灾害隐患点密度/(处/km²)	信息量值
75~<83	3171144	495.49	65	0.13	-0.10
83~<92	3517794	549.66	86	0.16	0.08
92~<100	1924563	300.71	27	0.09	-0.48
100~<108	1618868	252.95	34	0.13	-0.07
108~<117	728007	113.75	6	0.05	-1.01
117~<125	142704	22.30	14	0.63	1.47
125~<133	126117	19.71	1	0.05	-1.05
133~<142	94831	14.82	0	0	-1.00
≥142	68573	10.71	0	0	-1.00

基于 GIS 平台对赋予了信息量值的降雨栅格图层和易发性栅格图层叠加计算，得到危险性综合指数，根据结果可以看出综合危险性指数近似呈正态分布，总信息量最低值为-8.8，最高值为6.93，在自然断点分级法的基础上进行人工调整后，将危险性划分为四个等级，得到合理的极高危险(4.9~6.93)、高危险(3.69~<4.9)、中危险(-0.11~<3.69)、低危险(-8.8~<-0.11)分级阈值。

通过统计高、中、低、非 4 个等级危险性区域的面积占比、灾害隐患点数量(包括现有地质灾害隐患点数量和已销号地质灾害隐患点)占比，检验评价结果的合理性。极高危险区面积占比约为 4.57%，灾害隐患点数量占比为 11.3%；高危险区面积占比约为 14.65%，灾害隐患点数量占比约为 50.8%；中危险区面积占比约为 59.56%，灾害隐患点数量占比约为 37.9%；低危险区面积占比约为 21.21%，灾害隐患点数量占比为 0(表 6.3-13)。

表 6.3-13 危险性评价结果统计表

危险性等级	面积/km²	面积占比/%	灾害隐患点数量/处	灾害隐患点数量占比/%	灾害隐患点密度/(处/km²)
极高	96.75	4.57	20	11.3	0.207
高	310.17	14.65	90	50.8	0.290
中	1260.96	59.56	67	37.9	0.053
低	449.11	21.21	0	0	0

注：因数值修约，各危险区面积占比之和不为100%。

喜德县共划分极高危险区 60 处，编号为 I 1~ I 60，总面积为96.75km²，灾害隐患点 20 处，灾害隐患点密度为 0.207 处/km²；高危险区共划分了 75 个区域，编号为 II 1~ II 75，总面积为 310.17km²，灾害隐患点 90 处，灾害隐患点密度为 0.290 处/km²；中危险区主要分布喜德县北部、中部和南部地区，分布面积为 1260.96km²，区内共分布 67 处灾害隐患点，灾害隐患点密度为 0.053 处/km²；低危险区主要分布在喜德县东部和西部地区，以及中部高山地区，其他地区也略有分布，分布面积为449.11km²，如图 6.3-16所示。

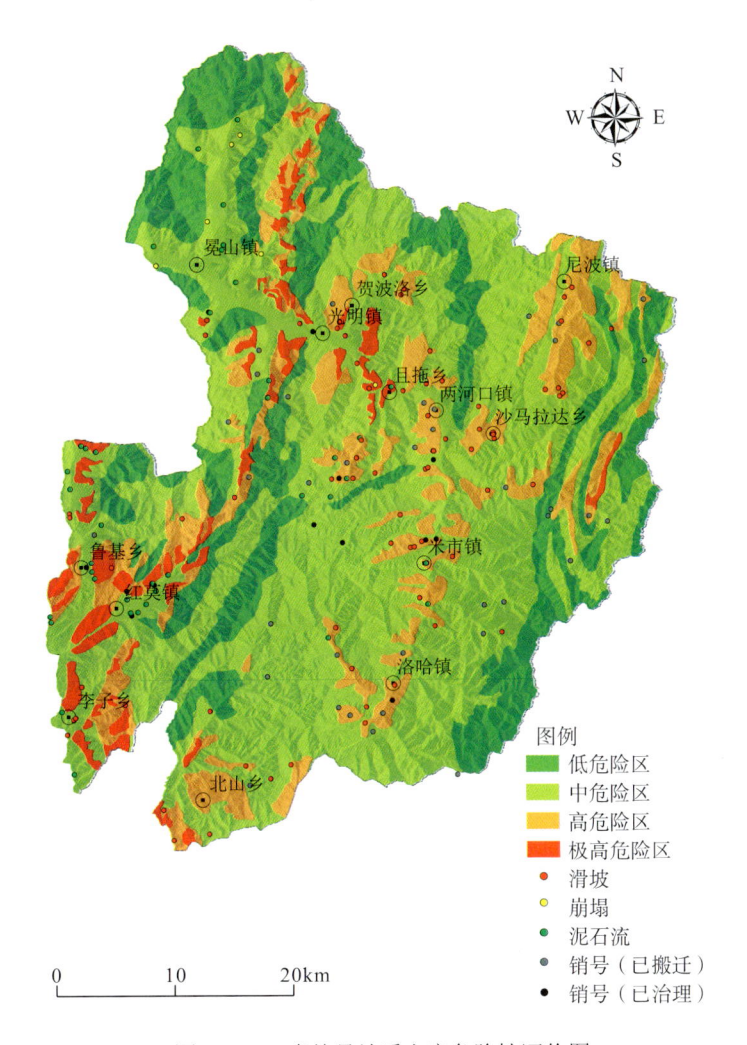

图 6.3-16 喜德县地质灾害危险性评价图

四、地质灾害易损性评价

承灾体包括区域内受灾害影响的人、建筑物、工程设施、基础设施、运输工具、环境以及经济资源等。易损性评价主要依靠收集到的第三次全国国土调查(简称三调)数据和遥感解译数据进行分析评价。喜德县城镇和农村建筑物分布、交通设施分布、耕地分布、林地分布如图 6.3-17～图 6.3-21 所示。使用 ArcGIS 软件空间分析工具里的核密度分析功能，对喜德县的人口密度进行计算分析，数据源为三调数据中的建筑物分布图层，核密度分析搜索半径设置为 500m，数据栅格大小为 12.5m×12.5m。将得到的人口核密度图划分为 4 个等级，极高(核密度值 54.7～167.4)、高(核密度值 26.4～<54.7)、中(核密度值 7.9～<26.4)、低(核密度值 0～<7.9)。

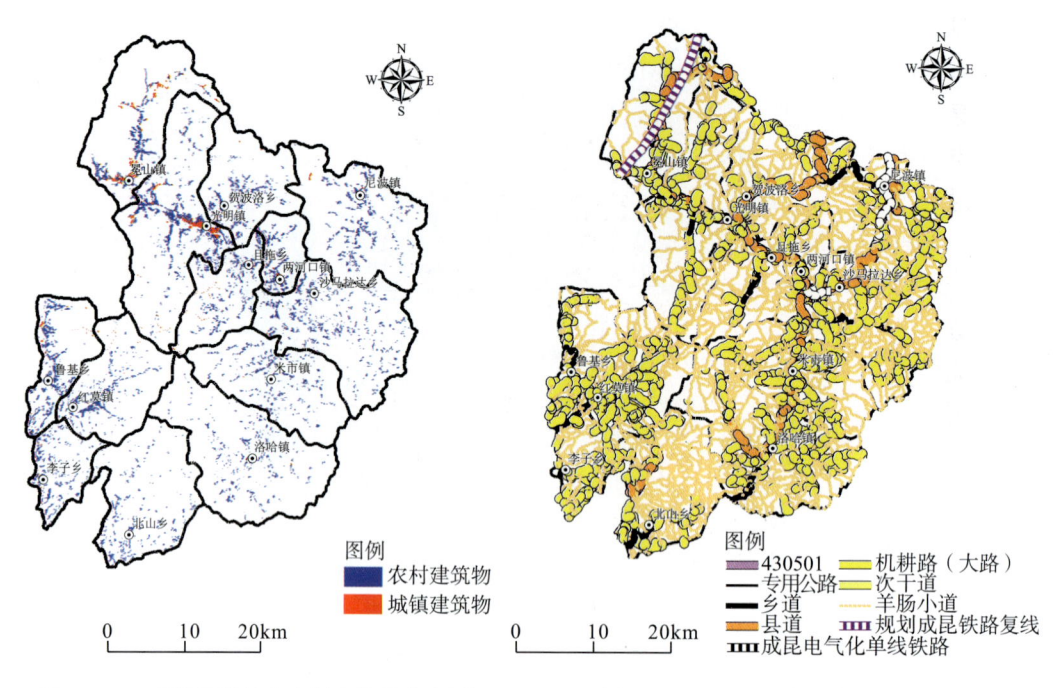

图 6.3-17　喜德县城镇和农村建筑物分布图

图 6.3-18　喜德县交通设施分布图

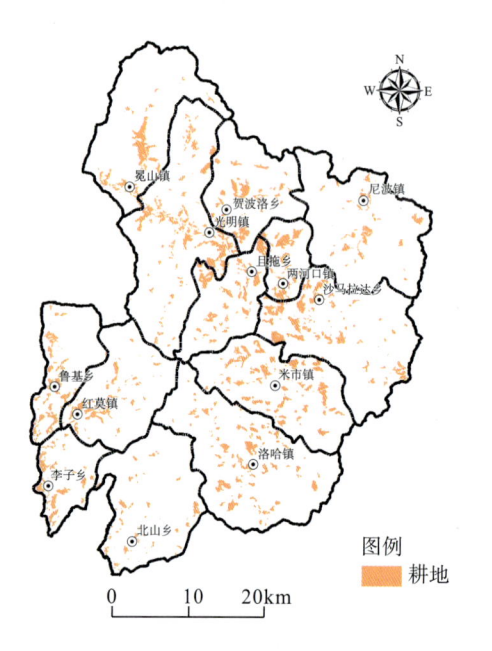

图 6.3-19　喜德县耕地分布图

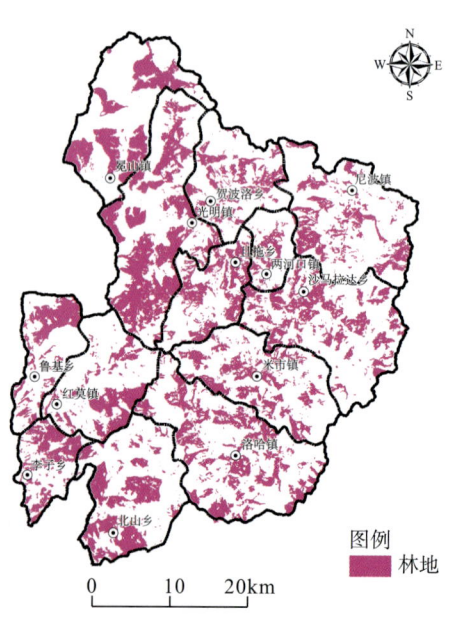

图 6.3-20　喜德县林地分布图

图 6.3-21　喜德县人口核密度分布图

将综合易损性细分为人口易损性、建筑物易损性、交通设施易损性、耕地易损性几大类，分别得到每一类的易损性后再按照不同权重（表 6.3-14），使用 ArcGIS 软件中的"加权总和"功能进行叠加，得到综合易损性。本次计算中，将人口、建筑物、交通设施、耕地等类型的易损性按照以人为本的原则，同时考虑人口核密度差异、城镇和农村建筑物面积差异、各用地类型的实际价值进行赋值，赋值情况见表 6.3-14。

表 6.3-14　一般调查区承灾体易损性赋值建议表

承灾体类型	权重	亚类	亚类赋值
人口	0.45	极高核密度	8
		高核密度	5
		中核密度	3
		低核密度	1
建筑物	0.25	城镇建筑物面积	8
		农村建筑物面积	4
		建筑物之外区域面积	0
交通设施	0.2	交通用地	8
		交通用地之外区域	0
耕地	0.1	水田果园	8
		旱地	6
		其他	4
		空地	0

通过将各种类型的承灾体易损性叠加得到综合易损性，综合易损性最大值为 8，最小值为 0.45，采用自然断点分级法，划分综合易损性等级为极高(综合易损性值介于 4.62～8)、高(综合易损性值介于 3.03～＜4.62)、中(综合易损性值介于 1.43～＜3.03)、低(综合易损性值介于 0.45～＜1.43)4 个等级，最终得到喜德县易损性评价图，如图 6.3-22 所示。其中，极高易损区域面积约为 25.21km², 高易损区域面积约为 81.42km², 中易损区域约为 291.05km²(表 6.3-15)。

表 6.3-15 易损性评价统计表

易损性等级	栅格数量/个	面积/km²	面积占比/%
极高	161318	25.21	1.19
高	521116	81.42	3.85
中	1862709	291.05	13.78
低	10975477	1714.92	81.18

图 6.3-22 喜德县易损性评价图

五、地质灾害风险评价与区划

按照《地质灾害风险调查评价规范(1∶50000)》(DZ/T 0438—2023)，将地质灾害的危险性和易损性评价结果叠加运算后，采用矩阵分析法得到地质灾害风险评价图，通过 ArcGIS 软件焦点统计功能将离散的栅格单元进行合并处理。

在前述风险评价的基础上，将栅格计算结果转为矢量，根据临近性及相似性，将离散的区块合并到周围区块的风险等级，人工校正后得到风险评价区划图，然后针对风险等级为极高、高风险的区域进行现场复核，由于篇幅限制，极高、高风险区的现场复核表未录入本书。结合现场认识，同时结合喜德县 2021 年度汛期排查成果和防火通道地质灾害隐患排查成果，对评价结果有偏差的地方进行适当人工修正，从而得到一般调查区风险区划结果统计表（表 6.3-16）和风险区划图（图 6.3-23）。最终全县确定 7 处极高风险区灾害隐患点、42 处高风险区灾害隐患点，极高风险区面积约为 7.89km²，占比约为 0.37%；高风险区面积约为 44.49km²，占比约为 2.10%；中风险区面积约为 344.50km²，占比约为 16.27%；低风险区面积约为 1720.09 km²，占比约为 81.25%。

表 6.3-16　风险区划结果统计表

风险等级	面积/km²	占比/%	灾害隐患点数量/处	灾害隐患点数量占比/%	灾害隐患点密度/(处/km²)
极高	7.89	0.37	7	5.83	0.887
高	44.49	2.10	42	35.00	0.944
中	344.50	16.27	71	59.17	0.206
低	1720.09	81.25	0	0	0

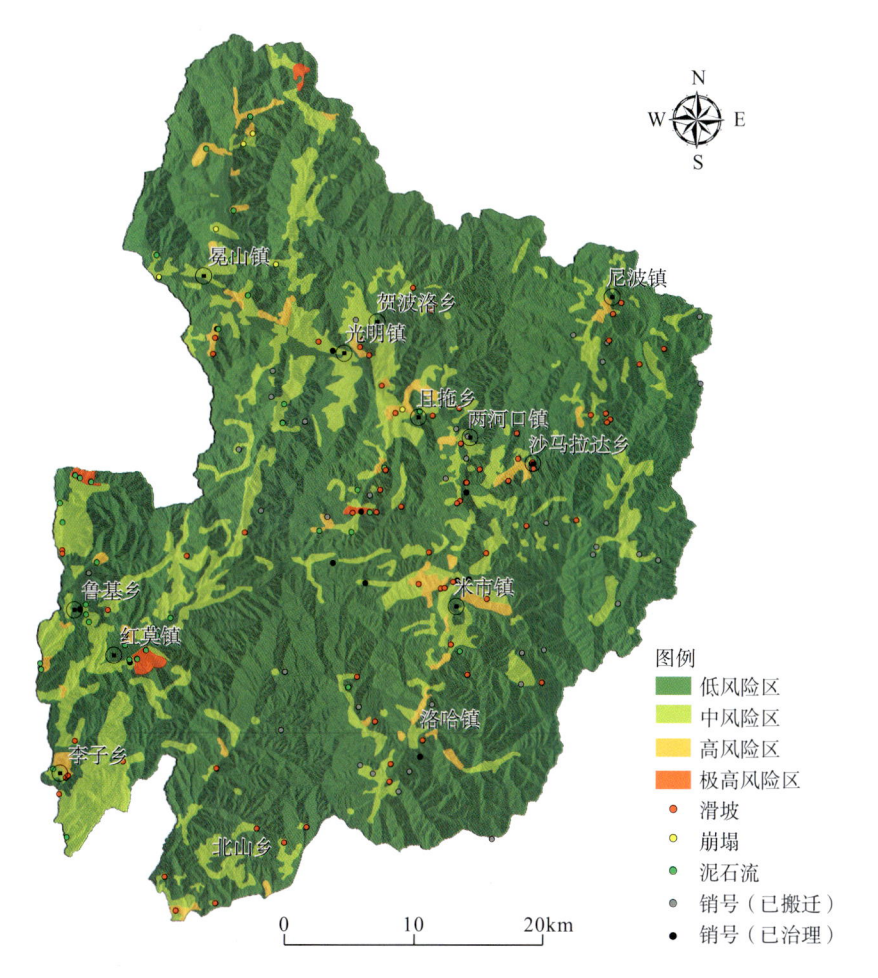

图 6.3-23　喜德县地质灾害风险区划图

第四节　典型城镇地质灾害风险评价
——以喜德县洛哈镇为例

一、地质灾害概况

针对 1：10000 城镇重点区，在传统的高精度遥感识别、地质灾害调查和勘查的基础上，采用 InSAR、机载 LiDAR、无人机倾斜摄影及三维实景建模相结合的方法，开展地质灾害隐患信息识别与提取，包括灾害体几何尺寸调查、大比例尺地形图获取、地质断面提取、岩体结构面测量、边界识别、形变特征分析等内容。基于斜坡单元进行边坡稳定性评价，结合暴雨频率及地震动加速度分析在不同频率下的易发性及危险区。

浅层滑坡、群发性泥石流优势发育地区的数值计算方法较为成熟，可以用于精度要求高的重点区、典型城镇地质灾害危险性评价，常用评价流程简图如图 6.4-1 所示。本节以典型红层地区浅层滑坡为研究对象，选用滑坡流体力学触发(landslide hydromechanical triggering，LHT)模型进行喜德县洛哈镇集镇区的地质灾害危险性评价。以喜德县"8·31"群发性滑坡泥石流事件中灾害解译点为验证数据，探索不同降雨频率条件下重点区浅层滑坡危险性评价方法及基于数值模拟的不同降雨频率下 1：10000 地质灾害危险性定量计算方法。

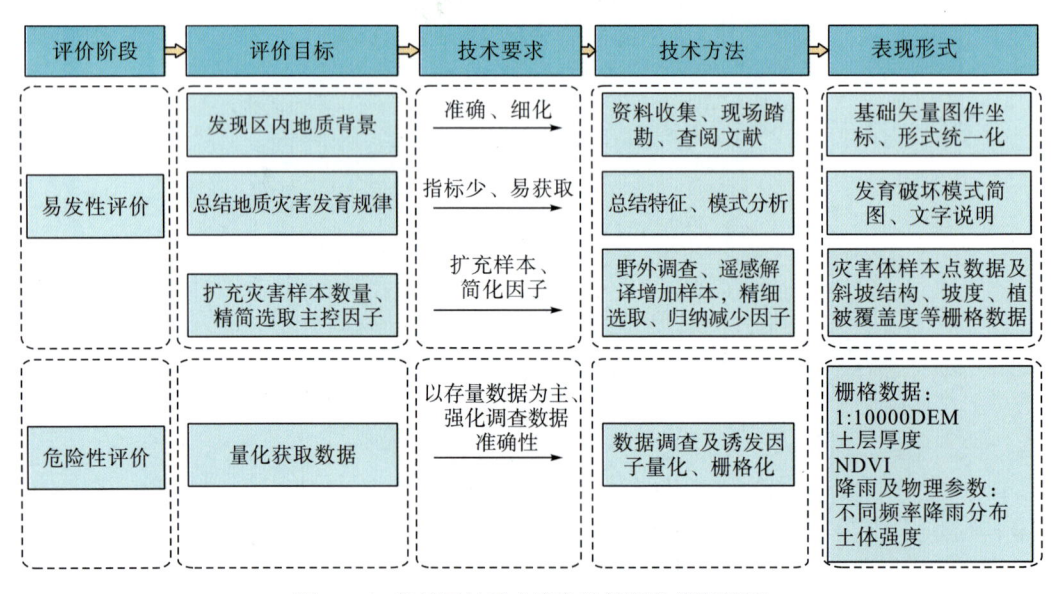

图 6.4-1　集镇区地质灾害危险性评价流程简图

（一）工程地质概况

喜德县洛哈镇集镇区的面积为 44.5km^2，如图 6.4-2 所示。区域内主要构造为米市向斜，轴线经过米市镇、洛哈镇，呈 NE27°，南起额尼村，向北延伸。向斜轴部及两翼地层均为上白垩统雷打树组上段(K_2l^2)砂质泥岩。东翼倾向 NS270°~318°，倾角为 2°~19°；西翼倾向 SE120°~145°，倾角为 10°~15°。局部地形起伏大，沿路及沿河陡坡区域卸荷裂隙发育，岸坡风化层厚度大，为小规模浅层滑坡提供了良好的地形条件。此外，该区域植被覆盖度较差，尤其是裸露山地，为长历时及强降雨作用下浅层滑坡的发生提供了条件。

喜德县洛哈镇共发育滑坡 14 处，其中小型 12 处，中型 2 处；发育泥石流 1 处。评价区为洛哈镇集镇区，该地区具有冬季干燥无严寒，夏季温凉多雨，四季不分明，气温日差大、年差较小，风多、夜雨多、冰雹多的典型亚热带季风和高原气候特征。

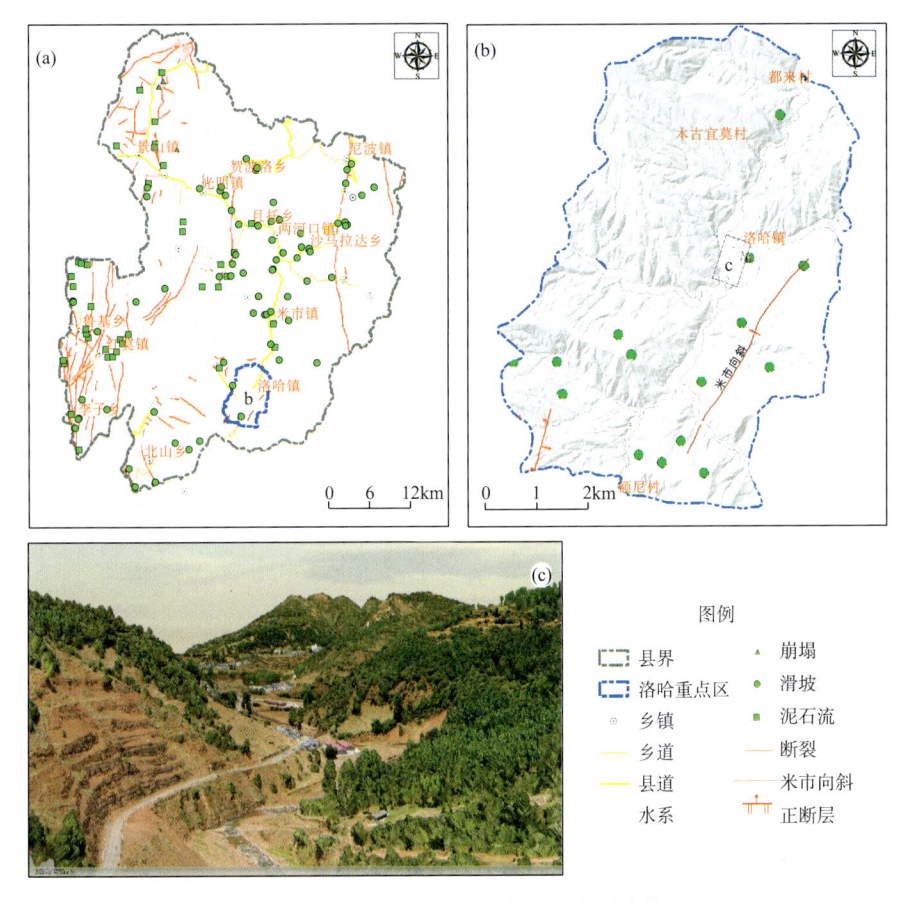

图 6.4-2　研究区位置示意图及典型地貌

研究区岩性为灰黄色泥质砂岩和紫红色泥岩。河流及筑路切坡处陡坡基岩以泥岩为主，夹薄层砂岩。强风化基岩破碎呈碎块状、中风化基岩呈短柱状，强度较低。人类居住区和耕植区的地形受人类活动影响较大，主要表现为农作物耕植过程中在坡体上开挖形成梯田状小土坎。长度一般为 8~15m，坡高一般为 0.5~1.5m。总体来说，区内人类工程活动较强烈，使地形发生改变，这为滑坡体的滑动提供了有利的空间。

（二）数据来源

研究区数据主要包括研究区高分二号卫星数据（分辨率为 0.8m，拍摄时间为 2020 年）、

1∶10000 地形图、1∶50000 地质图、1∶50000 地质灾害分布图、综合遥感解译图及野外地质调查资料等，可通过上述资料获取该区域危险性评价基础数据(图 6.4-3)。通过前期资料收集及野外调查，获取区内既有地质灾害隐患点、综合遥感识别点和浅层滑坡解译点数据，上述灾害点位可用于危险性评价、土层厚度估计及准确性判别。本书中原有灾害隐患点 3 处，初步光学遥感解译及 InSAR 识别获取滑坡灾害隐患点 17 处，通过精细光学遥感解译共获取浅层滑坡灾害隐患点 409 处，滑坡面积共计 1.07km²，占研究区总面积的 2.4%。

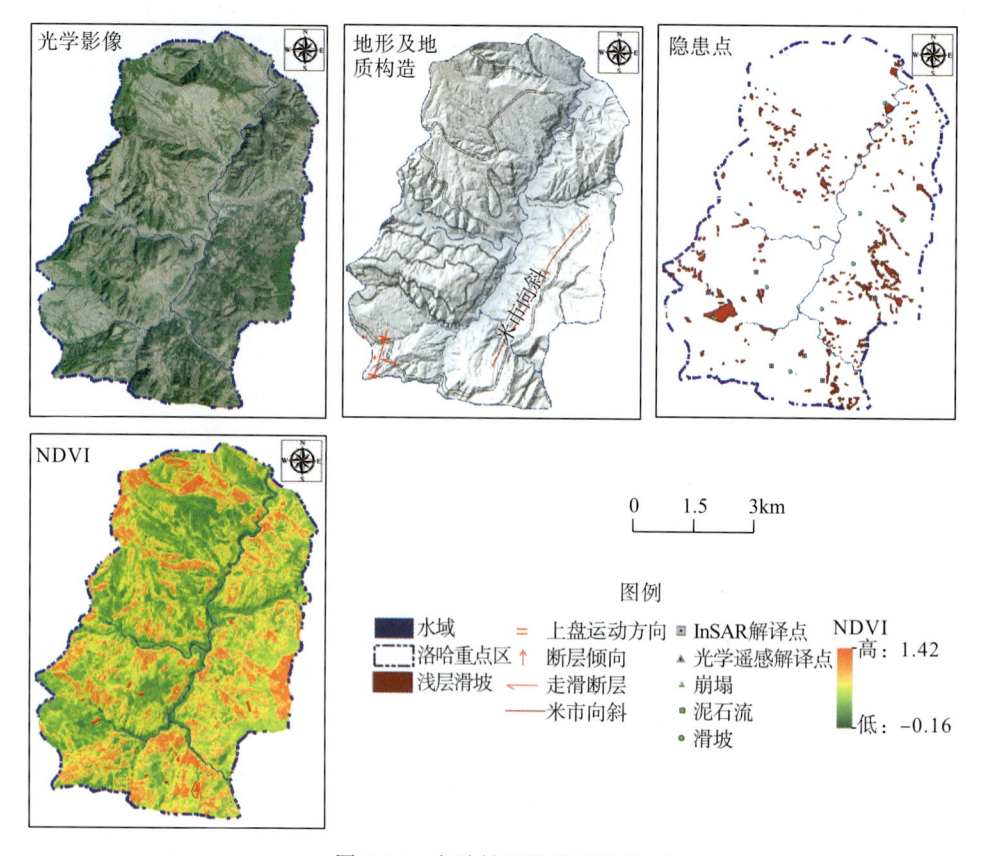

图 6.4-3　危险性评价基础数据

二、地质灾害风险评价模型

(一)易发性评价

采用基于栅格计算斜坡稳定性的滑坡流体力学触发(LHT)模型，LHT 模型是一种基于力学公式的数值模型，能完整地模拟坡体在降雨条件下的失稳破坏过程。LHT 模型是一种在降雨条件下土体发生渐进性破坏，最终整体失稳的模型(Lehmann and Or，2012)。它通过物理模型将土体的水文状态和力学状态联系起来，以摩擦力、黏聚力、毛细力及植物根强度来保持坡面土体的稳定性。在降雨条件下，土体内部强度降低，基岩与坡面土体之间的摩擦力减小,同时由于地下水位的上升,土体有效应力减小,坡面土体容易发生失稳而破坏。LHT 模型将纤维束模型(fiber bundle model,FBM)与相互连接的土柱阈值力学模型耦合起来,使局部渐进破坏达到顶点,最终导致土体突然释放而发生整体破坏。模型把覆盖在基岩上的土体离散成一组机械连接的六角形土柱,通过考虑降雨入渗、地表径流、基质流和基岩界面快速水流的详细水文模型,得到土壤含水量的动态变化规律。而纤维束模型则把土与基岩之间以及相邻土柱之间的连接力由机械键连接,机械键由各种土单元力学行为(如摩擦、胶结剂、毛细管桥、根)的机械 FBM 表示。机械键内部的良性破坏发展可能引发后续宏观破坏的连锁反应,最终导致局部质量释放(Fan et al.,2017)。

六棱柱触发模型基本单元如图 6.4-4 所示,在降雨条件下六棱柱的破坏过程分为 3 个阶段(图 6.4-5),单个六棱柱的力学参数包括正应力 σ_N、土柱体积重度 W 和不饱和抗剪强度 τ_s,分别为

$$\sigma_N = H_{sd}\left[\theta\rho_w + (1-\phi)\rho_r\right]g\cos^2\beta$$

$$W = H_{sd}\left[\theta\rho_w + (1-\phi)\rho_r\right]g\cos\beta\sin\theta$$

$$\tau_s = C_{soli} + \left\{H_{sd}\left[\theta\rho_w + (1-\phi)\rho_r\right]g\cos^2\beta - \chi h\rho_w g\right\}\tan\gamma$$

式中,H_{sd} 为土壤厚度;θ 为体积含水量;h 为毛细管水上升高度;ρ_w 为水的密度;ρ_r 为土体矿物密度;β 为坡度;ϕ 为孔隙率;C_{soli} 为土壤黏聚力;χ 为剪切强度与毛细管压力的比例因子;γ 为土体内摩擦角。

图 6.4-4 六棱柱触发模型基本单元(Lehmann and Or,2012)

图 6.4-5 在降雨条件下六棱柱的破坏过程

该模型将滑坡建模为一个瞬时事件,没有去描述滑坡土体运动的具体过程,也没有跟踪滑坡的质量变化。通过由微观到宏观的力学描述,实现了降雨条件下滑坡的触发模拟。

本书采用 STEM TRAMM 软件进行计算,输入数据包括栅格数据(土层厚度、植被覆盖度、1:10000 地表数字高程模型(DEM)及土体强度指标(该条件下降雨参数设置为 0),如图 6.4-6~图 6.4-9 所示。其中,土层厚度需基于精细斜坡单元划分而成的不同集水区面

积内野外土层厚度调查及坡度数据并采用地形指数法计算获得；植被覆盖度为基于 Landset8 影像提取的归一化植被指数（NDVI）估算；土体强度参考区内 21 份勘查报告实验结果。因该方法计算参数均来源于真实灾害事件统计、调查案例、实验数据，数据获取方便，计算结果较为可信，可以在类似区域推广。

$$D_j = C_s \ln(\alpha/\tan\beta)$$

式中，D_j 为 j 处的土层厚度；$\ln(\alpha/\tan\beta)$ 为 j 处的地形指数，其中 α 为 j 处流域面积，β 为坡度；C_s 为待定系数，通过实地调查计算取得。

图 6.4-6　洛哈镇集镇区植被覆盖度

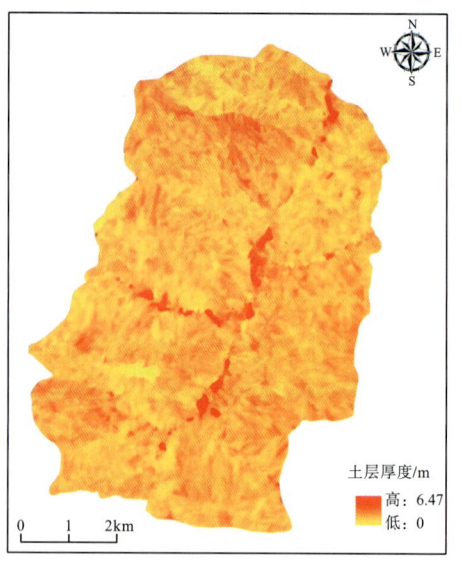

图 6.4-7　洛哈镇集镇区土层厚度分布图

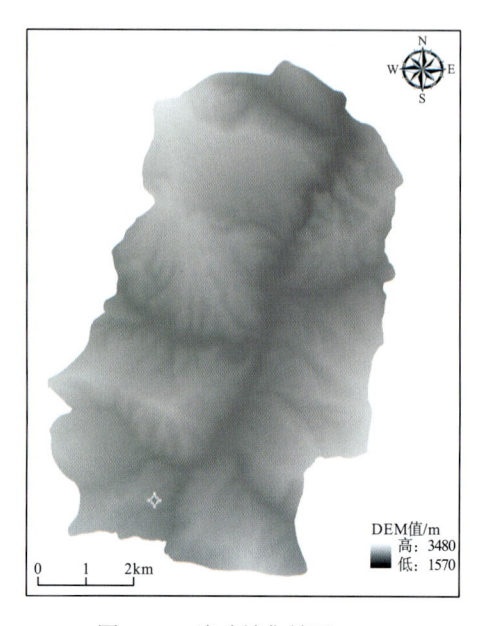

图 6.4-8　洛哈镇集镇区 DEM

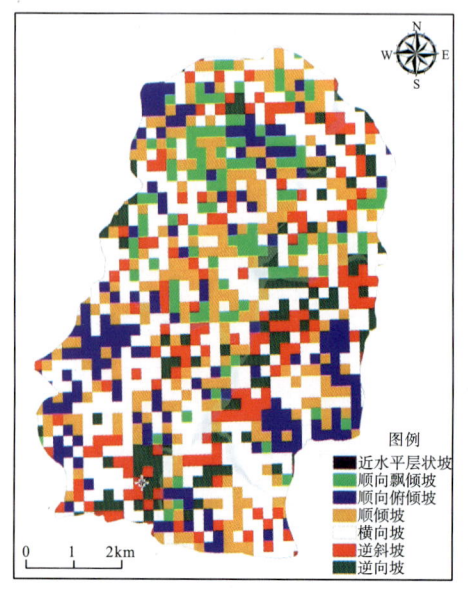

图 6.4-9　洛哈镇集镇区斜坡结构图

第六章 川西高原山区多尺度地质灾害风险评价与区划

洛哈镇集镇区地质灾害易发性分为高易发、中易发及低易发3个等级。其中，高易发区面积约为27.32km²，占重点区面积的64.36%；中易发区面积约为9.77km²，占重点区面积的23.02%；低易发区面积约为5.36km²，占重点区面积的12.63%（表6.4-1、图6.4-10）。

表6.4-1 洛哈镇集镇区地质灾害易发性评价结果

低易发区		中易发区		高易发区	
面积/km²	面积占比/%	面积/km²	面积占比/%	面积/km²	面积占比/%
27.32	64.36	9.77	23.02	5.36	12.63

注：因数值修约，各易发区面积占比之和不为100%。

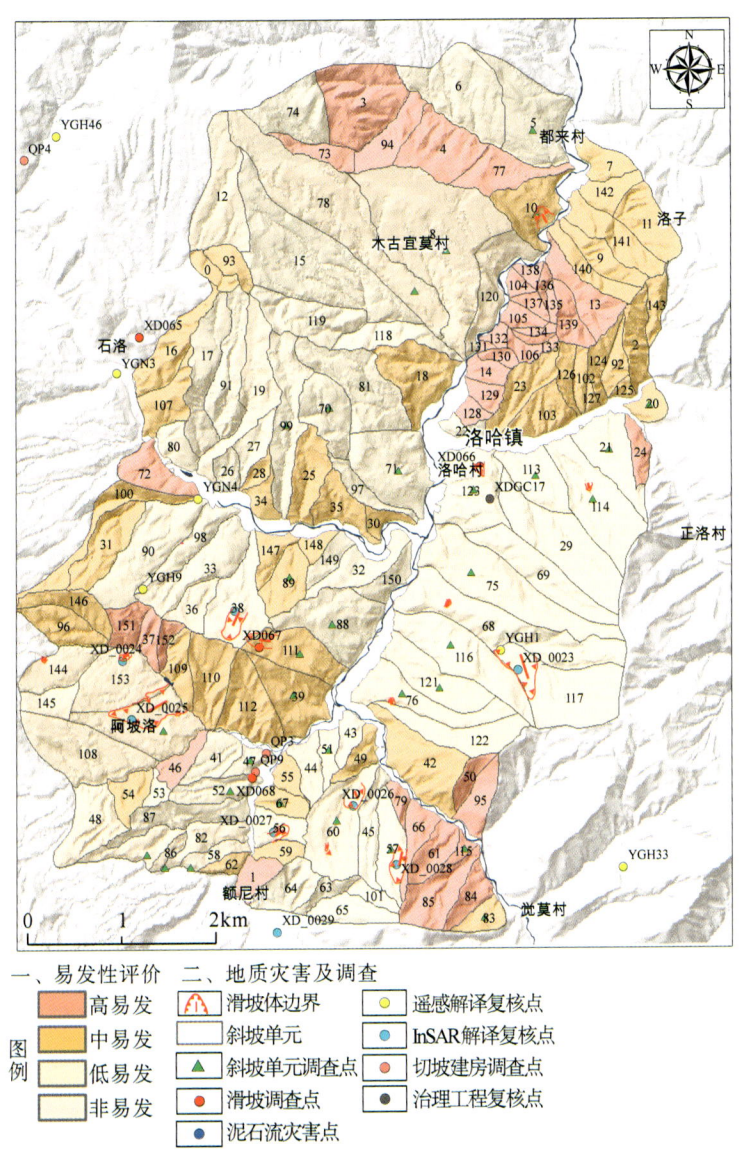

图6.4-10 洛哈镇集镇区地质灾害易发性评价图

(二)危险性评价

在易发性评价的基础上,结合10年一遇、20年一遇、50年一遇、100年一遇的降雨工况、基本地震工况,分别进行地质灾害危险性评价。

1. 不同降雨工况下地质灾害危险性评价方法

目前主要探索了不同降水强度下1∶10000地质灾害危险性定量计算方法。参考《中国暴雨统计参数图集》(2006年)中所附暴雨量等值线图,洛哈镇的$\frac{1}{6}$h、1h、6h、24h多年暴雨降水强度平均值(H)、变异系数(C_v)等参数分别见表6.4-2。查询皮尔逊Ⅲ型曲线得到不同频率下模比系数(K_p),并求得不同频率(P)下的降水强度。

表6.4-2 洛哈镇不同频率下暴雨统计参数

频率/%	$\frac{1}{6}$h 降水强度				1h 降水强度				6h 降水强度				24h 降水强度			
	平均值/mm	变异系数	模比系数	设计值/mm	平均值/mm	变异系数	模比系数	设计值/mm	平均值/mm	变异系数	模比系数	设计值/mm	平均值/mm	变异系数	模比系数	设计值/mm
1	15.0	0.40	2.58	34.63	35	0.43	2.62	85.20	60	0.41	2.95	140.90	68	0.40	2.62	157.00
2			2.28	31.23			2.32	76.30			2.55	126.80			2.32	141.60
5			1.89	26.63			1.91	64.40			2.06	107.70			1.91	120.70
10			1.59	23.30			1.61	55.51			1.68	92.80			1.61	104.30

评价集镇区降雨的过程特征是针对不同区域不同频率降雨诱发地质灾害的基础。本次评价选取2013年1月1日至2018年6月28日这段时间6~9月的降雨资料进行数据分析。对雨量数据的有效降雨场次进行筛选,即采取1h降水强度大于1mm为开始,连续6h降水强度小于1mm为结束,在2013~2018年中3个雨量站点6月1日至9月30日中选择了165场有效降雨。在调查和资料收集的基础上,选取地质灾害发生时间准确、降雨数据连续的地质灾害事件绘制了发生时刻与降雨过程中最大降水强度出现的时间关系图(图6.4-11~图6.4-13)。

喜德县群发性浅层滑坡均发生于前期长历时降雨之后的短时强降雨期间。对比前述雨型分布特征的描述,喜德县群发性地质灾害发生条件与雨型Ⅳ的分布特征更为一致。图6.4-14为以喜德县光明镇区域不同频率下24h降水强度(即24h累计降水量)所计算的降雨过程曲线。

根据图6.4-14中所示的降雨过程输入数值计算模型,结合前述易发性评价中地形、覆盖层厚度、植被覆盖度及岩土体力学参数进行降雨条件下的稳定性计算,将计算结果中基于栅格的最终破坏程度(0~1)作为灾害发育危险性值。将基于栅格的危险性评价图采用ArcGIS软件中的分区统计进行分区,采用众数作为危险性分区的指标,并作为斜坡单元的危险性等级。

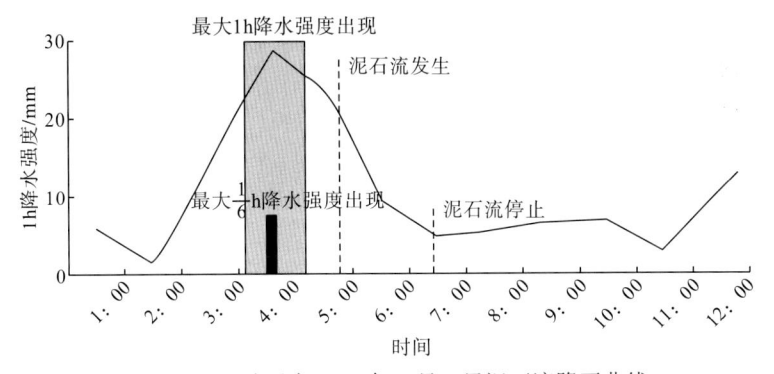

图 6.4-11　马厂沟 1985 年 7 月 1 日泥石流降雨曲线

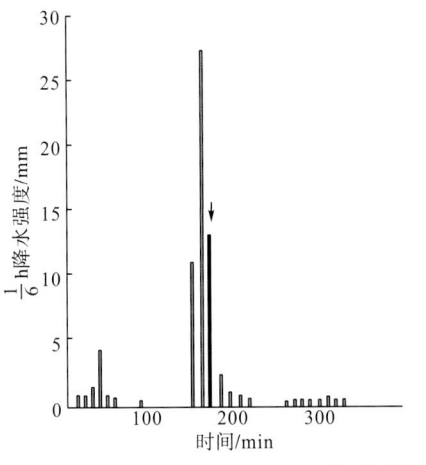

图 6.4-12　1983 年 7 月 1 日群发地质灾害对应降雨数据

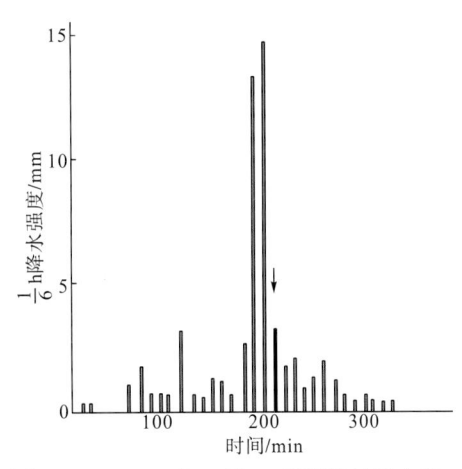

图 6.4-13　1973 年 6 月 30 日群发地质灾害对应降雨数据

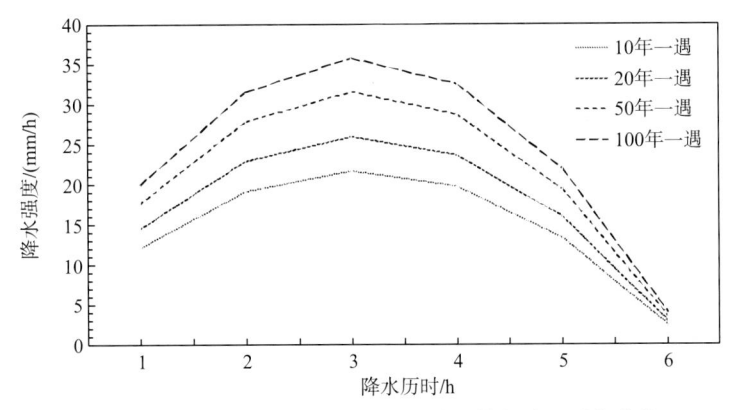

图 6.4-14　光明镇区域不同频率条件下模拟降雨过程曲线

2. 基本地震工况下的地质灾害危险性评价

基于 ArcGIS 软件的坡型分析，在易发性评价结果的基础之上进行地震工况下的地质灾害危险性评价。坡型分析采用曲率类型进行计算，曲率类型着重强调不同的坡向。由于尚未有同一地震在不同坡型条件下的稳定性影响研究的成果，根据图中研究结果，将对应的坡型进行折减，然后运用与上述危险性评价方法中同样的分级标准进行地震工况下的危险性分级。根据上述危险性评价方法，得到洛哈镇重点调查区不同工况（10 年一遇、20 年一遇、50 年一遇、100 年一遇及基本地震工况）下地质灾害危险性评价结果（图6.4-15）。

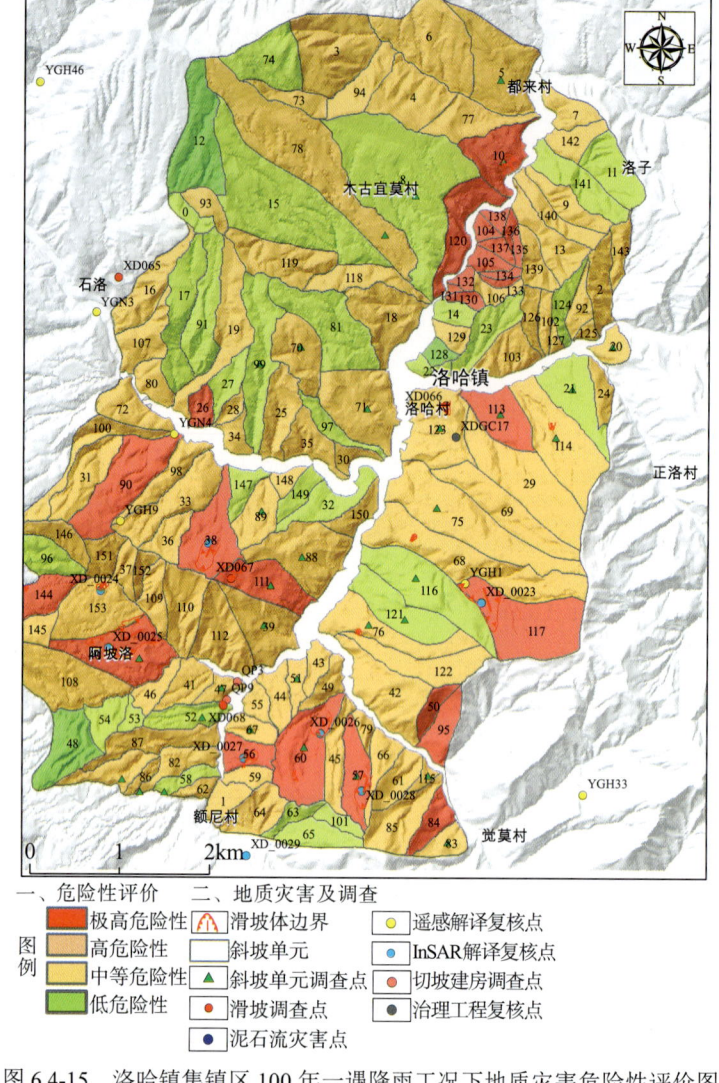

图 6.4-15　洛哈镇集镇区 100 年一遇降雨工况下地质灾害危险性评价图

评价结果表明，10 年一遇降雨工况下高危险区面积为 2.01km², 占洛哈镇重点调查区的 4.74%, 极高危险区面积为 0.45km², 占重点调查区的 1.06%; 20 年一遇降雨工况下高危险区面积为 7.49km², 占重点调查区的 17.65%, 极高危险区面积为 0.45km², 占重点调查区的 1.06%; 50 年一遇降雨工况下高危险区面积为 10.77km², 占重点调查区的 25.38%, 极高危险区面积为 1.38km², 占重点调查区的 3.25%; 100 年一遇降雨工况下高危险区面积为 10.45km², 占重点调查区的 24.62%, 极高危险区面积为 5.40km², 占重点调查区的 12.72%（表 6.4-3）。

表 6.4-3　洛哈镇集镇区不同工况下危险区分布面积

工况	低危险区 面积/km²	低危险区 面积占比/%	中危险区 面积/km²	中危险区 面积占比/%	高危险区 面积/km²	高危险区 面积占比/%	极高危险区 面积/km²	极高危险区 面积占比/%
10年一遇	34.83	82.07	5.15	12.13	2.01	4.74	0.45	1.06
20年一遇	27.09	63.83	7.41	17.46	7.49	17.65	0.45	1.06
50年一遇	5.84	13.76	24.45	57.61	10.77	25.38	1.38	3.25
100年一遇	5.28	12.44	21.31	50.21	10.45	24.62	5.40	12.72
基本地震	13.97	32.92	10.45	24.62	8.83	20.81	9.19	21.65

（三）易损性评价

按照《地质灾害风险调查评价规范（1∶50000）》（DZ/T 0438—2023）中关于 1∶10000 集镇区的易损性评价要求（表 6.4-4），对各类承灾体进行赋值，进而评价综合易损性。

表 6.4-4　洛哈镇集镇区承灾体易损性赋值建议表

承灾体类型	评价指标	权重	分级	赋值
人口	人口密度/(人/m²)	0.8	≥0.20	(0.8,1.0]
			0.03~<0.20	(0.5,0.8]
			<0.03	(0.3,0.5]
	年龄结构（中青年：幼老年）	0.2	<1	(0.7,1.0]
			1~<3	(0.5,0.7]
			≥3	(0.3,0.5]
建筑物	结构类型	0.5	钢结构	(0.8,1.0]
			钢混	(0.7,0.8]
			砖混	(0.4,0.7]
			砖木	(0.3,0.4]
			土木	(0.1,0.3]
	建筑类型	0.4	学校	[0.8,0.9]
			医院	[0.8,1.0]
			其他	[0.6,0.8]
	楼层数	0.1	<3	(0.3,0.5]
			3~<7	(0.5,0.7]
			7~<15	(0.7,0.8]
			≥15	(0.8,1.0]
交通设施	设施类型	1	高速公路	(0.8,0.9]
			国家级公路	(0.5,0.8]
			省级公路	(0.3,0.5]
			城市道路	(0.2,0.3]
			一般公路	(0.1,0.3]
			高速铁路	[0.8,1.0]
			城市路面轨道	[0.7,0.9]
			轻轨	[0.6,0.8]
			一般铁路	[0.3,0.6]
			地铁	[0.3,0.5]

续表

承灾体类型	评价指标	权重	分级	赋值
重要工程	工程类型	1	油气线路	[0.8,1.0]
			输水线路	[0.4,0.7]
			输电线路	[0.4,0.7]
			通信线路	[0.3,0.6]

洛哈镇地质灾害易损性评价结果按 4 个等级进行划分（图 6.4-16）。

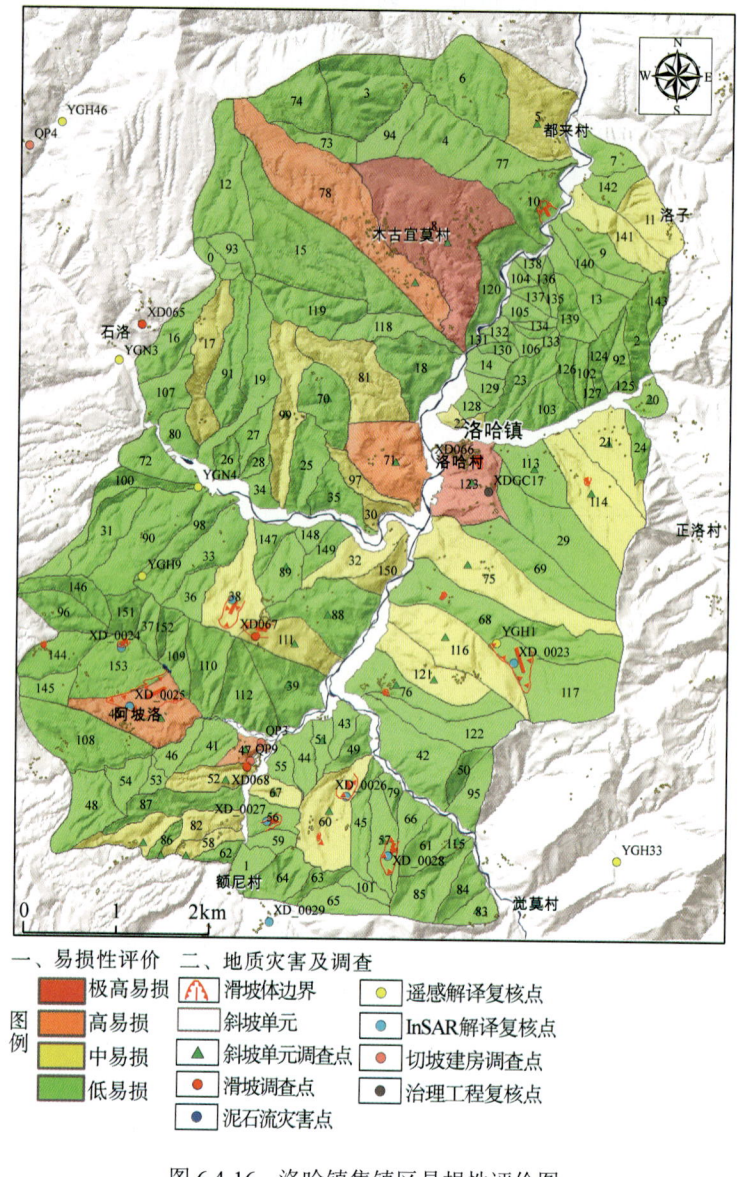

图 6.4-16 洛哈镇集镇区易损性评价图

三、地质灾害风险分区评价

洛哈镇集镇区的风险评价以斜坡单元为单位开展,通过将每个斜坡单元在不同工况下的危险性评价结果和易损性评价结果采用矩阵分析方法进行计算,得到每个斜坡单元的风险等级(图6.4-17)。

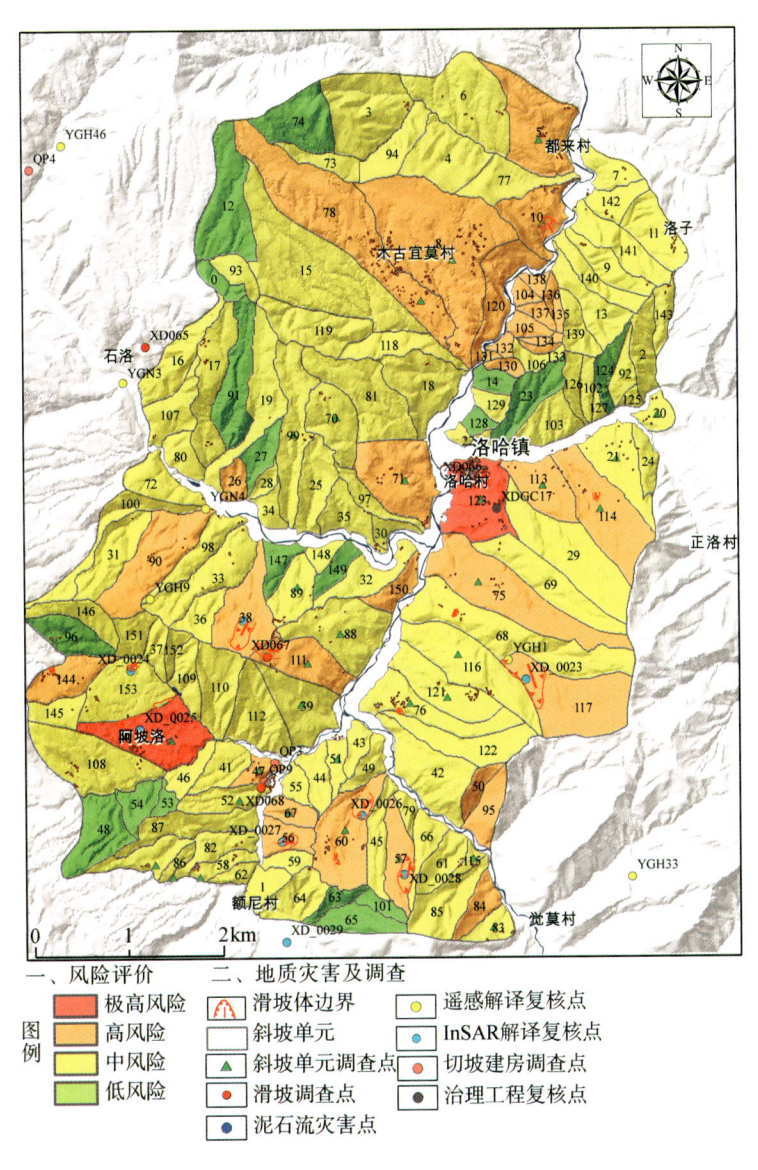

图6.4-17 洛哈镇集镇区100年一遇降雨工况下地质灾害风险评价图

评价结果表明,10年一遇降雨工况下低风险区面积为35.47km²,占冕山镇集镇区的83.58%,中风险区面积为6.52km²,占集镇区的15.36%,高风险区面积为0.45km²,占集镇区的 1.06%；20 年一遇降雨工况下低风险区面积为 28.75km², 占集镇区的 67.74%, 中风险区面积为 12.67km², 占集镇区的 29.85%, 高风险区面积为 1.02km², 占集镇区的 2.40%；50 年一遇降雨工况下中风险区面积为 19.85km², 占集镇区的 46.77%, 高风险区面积为 3.68km², 占集镇区的 8.67%；100 年一遇降雨工况下高风险区面积为 7.62km², 占集镇区的 17.95%, 极高风险区面积为 0.54km², 占集镇区的 1.27%；基本地震工况下中风险区面积为 13.26km², 占集镇区的 31.24%, 高风险区面积为 12.1km², 占集镇区的 28.51%。(表 6.4-5)。

表 6.4-5　洛哈镇集镇区不同工况下风险区分布面积

工况	低风险区 面积/km²	低风险区 面积占比/%	中风险区 面积/km²	中风险区 面积占比/%	高风险区 面积/km²	高风险区 面积占比/%	极高风险区 面积/km²	极高风险区 面积占比/%
10 年一遇	35.47	83.58	6.52	15.36	0.45	1.06	—	—
20 年一遇	28.75	67.74	12.67	29.85	1.02	2.40	—	—
50 年一遇	18.91	44.56	19.85	46.77	3.68	8.67	—	—
100 年一遇	19.24	45.33	15.04	35.44	7.62	17.95	0.54	1.27
基本地震	17.08	40.25	13.26	31.24	12.10	28.51	—	—

注：因数值修约，不同工况下的各风险区面积占比之和不为 100%。

第五节　小　　结

(1) 系统摸清了喜德县风险隐患底数，提出针对性风险管控措施建议。喜德县共确定 7 处极高风险区灾害隐患点、42 处高风险区灾害隐患点，极高、高风险区面积分别约为 7.89km²、44.49km²，分别约占全县面积的 0.37%、2.10%。极高、高风险区共威胁约 6084 人、建筑物及交通设施等财产约 2.93 亿元。目前，已对地质灾害隐患点和风险区按轻重缓急进行了排序，对风险分级分类管控和风险动态预警提出针对性风险管控措施建议，评价成果已提交喜德县自然资源局使用。

(2) 细化和探索形成的不同比例尺风险调查评价技术方法在凉山州 13 个县(市)推广应用。基于层次分析法-信息量法和基于降雨历程-渗流条件形成的无限边坡稳定性评价模型使得评价结果更符合凉山州实际、更准确可信。通过业务培训、线上交流等形式及时将该方法在凉山州进行推广应用，显著提升了该州其他县(区)地质灾害风险评价的合格率，得到地方政府和四川省自然资源厅的一致认可。鉴于以上成效，喜德县也被纳入四川省下一步"一坡一卡"示范县名单，由中国地质调查局成都地质调查中心继续开展试点示范工作。

(3) 由点及面，示范性成果上升为地方标准进行应用示范。基于四川省喜德县示范性风险调查评价成果，充分结合西藏特殊地质灾害类型和发育特征，牵头编写的《西藏自治区地质灾害风险调查评价实施细则(1∶50000)》在西藏自治区 74 个县/市地质灾害风险调查评价中作为地方标准发布,为西藏自治区该项工作的快速推进和全区成果的统一性和科学性提供了有力支撑。

(4) 示范性成果有力支撑了四川省 2022 年地质灾害风险区监测预警实验试点工作。此次喜德县地质灾害风险区划结果中的 72 处被选为四川省 2022 年首批地质灾害风险区监测预警试点,为自然资源部下一轮地质灾害隐患点+风险区"双控"模式提供了基础支撑。

(5) 探索形成 1∶10000 城镇集镇区域的风险调查评价技术方法。针对 1∶10000 城镇集镇区,在传统的高精度遥感识别、地质灾害调查、勘查等的基础上,采用 InSAR、机载 LiDAR、无人机倾斜摄影及三维实景建模相结合的方法,开展地质灾害及隐患信息识别与提取。基于斜坡单元进行边坡稳定性评价,选用滑坡流体力学触发(LHT)模型,结合暴雨频率及地震动加速度开展喜德县洛哈镇集镇区 10 年一遇、20 年一遇、50 年一遇、100 年一遇降雨工况和基本地震工况的地质灾害危险性评价,评价结果更符合凉山州实际、更准确可信。

参 考 文 献

巴仁基, 王丽, 郑万模, 等, 2011. 大渡河流域地质灾害特征与分布规律[J]. 成都理工大学学报(自然科学版), 38(5): 529-537.

白永健, 倪化勇, 葛华, 2019. 青藏高原东南缘活动断裂地质灾害效应研究现状[J]. 地质力学学报, 25(6): 1116-1128.

白永健, 郑万模, 邓国仕, 等, 2011. 四川丹巴甲居滑坡动态变形过程三维系统监测及数值模拟分析[J]. 岩石力学与工程学报, 30(5): 974-981.

曹波, 康玲, 谭德宝, 等, 2015. 地震诱发堰塞湖下游淹没风险评估方法对比研究[J]. 武汉大学学报(信息科学版), 40(3): 333-340.

柴贺军, 刘汉超, 张倬元, 1995. 一九三三年叠溪地震滑坡堵江事件及其环境效应[J]. 地质灾害与环境保护, 6(1): 7-17.

常鸣, 唐川, 李为乐, 等, 2012. 汶川地震区绵远河流域泥石流形成区的崩塌滑坡特征[J]. 山地学报, 30(5): 561-569.

陈宁生, 张飞, 2006. 2003年中国西南山区典型灾害性暴雨泥石流运动堆积特征[J]. 地理科学, 26(6): 701-705.

陈宁生, 邓明枫, 胡桂胜, 等, 2010. 地震影响下西南干旱山区泥石流危险性特征与防治对策[J]. 四川大学学报(工程科学版), 42(S1): 1-6.

陈晓清, 李泳, 崔鹏, 2004. 滑坡转化泥石流起动研究现状[J]. 山地学报, 22(5): 562-567.

陈晓清, 崔鹏, 冯自立, 等, 2006. 滑坡转化泥石流起动的人工降雨试验研究[J]. 岩石力学与工程学报, 25(1): 106-116.

陈绪钰, 倪化勇, 郭少文, 等, 2014. 四川雅江县城北危岩体变形特征与形成机理探讨[J]. 人民长江, 45(S2): 112-115.

程谦恭, 张倬元, 崔鹏, 等, 2004. 中部"砥柱"锁固平面旋转切向层状岩质滑坡启动力学机理与稳定性判据[J]. 岩石力学与工程学报, 23(16): 2718-2725.

崔鹏, 2014. 中国山地灾害研究进展与未来应关注的科学问题[J]. 地理科学进展, 33(2): 145-152.

崔鹏, 郭剑, 2021. 沟谷灾害链演化模式与风险防控对策[J]. 工程科学与技术, 53(3): 5-18.

崔鹏, 杨坤, 朱颖彦, 等, 2004. 西部山区交通线路的泥石流灾害与减灾对策[J]. 山地学报, 22(3): 326-331.

褚宏亮, 2016. 三维激光扫描技术在地质灾害调查、形变监测和早期识别方面的研究[D]. 北京: 中国地质大学.

戴可人, 铁永波, 许强, 等, 2020. 高山峡谷区滑坡灾害隐患InSAR早期识别: 以雅砻江中段为例[J]. 雷达学报, 9(3): 554-568.

董金玉, 杨国香, 杨继红, 等, 2011. 汶川地震灾区滑坡的成因及典型实例分析[J]. 华北水利水电学院学报, 32(5): 10-13.

方群生, 2017. 震区溃决型泥石流冲出量特征及预测方法研究[D]. 成都: 成都理工大学.

丰强, 唐川, 陈明, 等, 2022. 汶川震区绵虒镇"8·20"登溪沟泥石流灾害调查与分析[J]. 防灾减灾工程学报, 42(1): 51-59.

甘孜藏族自治州地方志编纂委员会, 2010. 甘孜州志: 1991—2005[M]. 成都: 四川人民出版社.

高延超, 陈宁生, 葛华, 等, 2018. 康定市子耳沟泥石流的物源特征与危险区划[J]. 水土保持研究, 25(6): 403-407.

龚凌枫, 徐伟, 铁永波, 等, 2022. 基于数值模拟的城镇地质灾害危险性评价方法[J]. 中国地质调查, 9(4): 82-91.

辜学达, 李宗凡, 黄盛碧, 等, 1996. 四川西部地层多重划分对比研究新进展[J]. 中国区域地质, 15(2): 114-122.

郭晓军, 范江琳, 崔鹏, 等, 2015. 汶川地震灾区泥石流的诱发降雨阈值[J]. 山地学报, 33(5): 579-586.

国家地震局震害防御司, 1995. 中国历史强震目录(公元前23世纪—公元1911年)[M]. 北京: 地震出版社.

韩金良, 吴树仁, 何淑军, 等, 2009. 5.12汶川8级地震次生地质灾害的基本特征及其形成机制浅析[J]. 地学前缘, 16(3): 306-326.

何满潮, 武雄, 鹿粗, 等, 2003. "滑坡岩体"鉴别的实验方法研究[J]. 岩石力学与工程学报, 22(4): 630-632.

胡夏嵩, 赵法锁, 马双科, 2001. 运用层序地层学划分工程地质岩组新方法探讨[J]. 西安工程学院学报, 23(3): 55-59.

花利忠, 崔胜辉, 李新虎, 等, 2008. 汶川大地震滑坡体遥感识别及生态服务价值损失评估[J]. 生态学报, 28(12): 5909-5916.

黄润秋, 2007. 20世纪以来中国的大型滑坡及其发生机制[J]. 岩石力学与工程学报, 26(3): 433-454.

黄润秋, 2009. 汶川地震地质灾害研究[M]. 北京: 科学出版社.

黄润秋, 2011. 汶川地震地质灾害后效应分析[J]. 工程地质学报, 19(2): 145-151.

黄润秋, 李为乐, 2008. "5·12"汶川大地震触发地质灾害的发育分布规律研究[J]. 岩石力学与工程学报, 27(12): 2585-2592.

黄润秋, 祁生文, 2017. 工程地质: 十年回顾与展望[J]. 工程地质学报, 25(2): 257-276.

季伟峰, 胡时友, 宋军, 2007. 中国西南地区主要地质灾害及常用监测方法[J]. 中国地质灾害与防治学报, 18(S1): 38-41.

蒋忠信, 1994. 西南山区暴雨泥石流沟简易判别方案[J]. 自然灾害学报, 3(1): 75-83.

靳德武, 牛富俊, 陈志新, 等, 2004. 青藏高原融冻泥流型滑坡灾害及其稳定性评价方法[J]. 煤田地质与勘探, 32(3): 49-52.

康志成, 李焯芬, 马蔼乃, 等, 2004. 中国泥石流研究[M]. 北京: 科学出版社.

李长安, 1997. 三峡地区滑坡与构造运动、气候变化的关系[J]. 地质科技情报, 16(3): 88-91.

李朝阳, 王京彬, 肖荣阁, 等, 1993. 滇西地区陆相热水沉积成矿作用[J]. 铀矿地质, 9(1): 14-22.

李德基, 1996. 我国西南泥石流灾害防治现状与最新进展[J]. 中国地质灾害与防治学报, 7(1): 10-14.

李光辉, 铁永波, 白永健, 等, 2022. 则木河断裂带(普格段)地质灾害发育规律及易发性评价[J]. 中国地质灾害与防治学报, 33(3): 123-133.

李鸿琏, 蔡祥兴, 1989. 中国冰川泥石流的一些特征[J]. 水土保持通报, 9(6): 1-9.

李吉均, 文世宣, 张青松, 等, 1979. 青藏高原隆起的时代、幅度和形式的探讨[J]. 中国科学, 9(6): 608-616.

李椷, 钟敦伦, 1990. 四川境内成昆铁路泥石流研究进展[J]. 山地研究, 8(2): 69-74.

李明辉, 王东辉, 高延超, 等, 2014. 鲜水河断裂带炉霍7.9级地震地质灾害研究[J]. 灾害学, 29(1): 37-41.

李明威, 熊江, 陈明, 等, 2023. 汶川震区植被恢复与同震滑坡活动性动态演化分析[J]. 水文地质工程地质, 50(3): 182-192.

李宁, 唐川, 龚凌枫, 等, 2020. 急陡沟道泥石流起动特征模型试验研究: 以汶川县福堂沟为例[J]. 地质学报, 94(2): 634-647.

李秀珍, 刘希林, 苏鹏程, 2005. 四川凉山州安宁河流域泥石流危险性评价[J]. 防灾减灾工程学报, 25(4): 426-430, 457.

梁京涛, 马志刚, 赵聪, 等, 2020a. 西南深切河谷区滑坡早期识别及斜坡微地貌动态演化特征研究: 以北川县白什乡老街后山滑坡为例[J]. 灾害学, 35(2): 122-126, 135.

梁京涛, 铁永波, 赵聪, 等, 2020b. 基于贴近摄影测量技术的高位崩塌早期识别技术方法研究[J]. 中国地质调查, 7(5): 107-113.

梁京涛, 赵聪, 马志刚, 2022. 多源遥感技术在地质灾害早期识别应用中的问题探讨: 以西南山区为例[J]. 中国地质调查, 9(4): 92-101.

梁明剑, 陈立春, 冉勇康, 等, 2020. 鲜水河断裂带雅拉河段晚第四纪活动性[J]. 地震地质, 42(2): 513-525.

刘文, 王猛, 朱赛楠, 等, 2021. 基于光学遥感技术的高山极高山区高位地质灾害链式特征分析: 以金沙江上游典型堵江滑坡为例[J]. 中国地质灾害与防治学报, 32(5): 29-39.

刘希林, 张松林, 唐川, 1993. 中国西南山区沟谷暴雨泥石流危险度判定的基本原理和方法[J]. 云南地理环境研究, 5(2): 62-70.

刘朝基, 1995. 川西藏东板块构造体系及特提斯地质演化[J]. 地球学报, 16(2): 121-134.

刘宗祥, 葛文彬, 魏昌利, 等, 2009. 四川红层丘陵区地下水开发利用空间数据库建设与调查区划工作关系的研究[J]. 四川地质学报, 29(3): 349-352.

罗改, 王全伟, 秦宇龙, 等, 2021. 四川省大地构造单元划分及其基本特征[J]. 沉积与特提斯地质, 41(4): 633-647.

吕儒仁, 李德基, 1985. 四川大型泥石流[J]. 科学, 37(1): 39-45, 79.

欧敏, 张永兴, 胡居义, 等, 2005. 基于GeoCA和GIS的滑坡滑动面演化规律研究[J]. 水文地质工程地质, 32(1): 22-25.

潘桂棠, 肖庆辉, 陆松年, 等, 2009. 中国大地构造单元划分[J]. 中国地质, 36(1): 1-16, 17-28, 255.

曲景川, 1984. 藏东、川西及青海南部二叠—三叠纪时期地质构造特征的讨论: 地块自身的解体和敛合[J]. 中国地质科学院院报, 5(3): 117-127.

冉涛, 徐如阁, 周洪福, 等, 2022. 雅砻江流域深切河谷区滑坡类型、成因及分布规律: 以子拖西—麻郎错河段为例[J/OL]. 中国地质. http://www.cnki.com.cn/Article/CJFDTotal-DIZI2022082000D.htm.

乔建平, 王萌, 吴彩燕, 2016. 汶川地震扰动区小流域滑坡泥石流风险区划[J]. 灾害学, 31(2): 1-5.

屈永平, 肖进, 2018. 强震区急陡沟道泥石流特征研究[J]. 长春工程学院学报(自然科学版), 19(4): 57-61.

冉涛, 周洪福, 徐伟, 等, 2020. 川西交通廊道雅安—泸定段典型岩质边坡失稳模式、破坏机理及防治措施[J]. 自然灾害学报, 29(4): 200-212.

邵铁全, 2006. 滑坡地质灾害超前地质预判技术研究[D]. 西安: 长安大学.

沈寿长, 谭炳炎, 1984. 铁路泥石流灾害概况及研究方向[J]. 铁道工程学报(1): 74-79.

四川地震资料汇编编辑组, 1980. 四川地震资料汇编: 第一卷[M]. 成都: 四川人民出版社.

孙萍, 殷跃平, 吴树仁, 等, 2010. 东河口滑坡岩石微观结构及力学性质试验研究[J]. 岩石力学与工程学报, 29(S1): 2872-2878.

孙尧, 吴中海, 安美建, 等, 2014. 川滇地区主要活动断裂的活动特征及其近十年的地震活动性[J]. 地震工程学报, 36(2): 320-330.

谭炳炎, 2005. 二十世纪中国铁路沿线泥石流防治理论与实践[J]. 铁道工程学报, 22(S1): 369-372.

谭炳炎, 邱沛基, 谢慎良, 1981. 铁路泥石流及其防治[J]. 铁道建筑, 21(1): 16-22.

唐邦兴, 柳素清, 刘世建, 1996. 我国山地灾害及其防治[J]. 山地研究, 14(2): 103-109.

唐川, 2010. 汶川地震区暴雨滑坡泥石流活动趋势预测[J]. 山地学报, 28(3): 341-349.

唐亚明, 张茂省, 薛强, 2011. 一种大比例尺的滑坡风险区划方法: 以延安市区黄土滑坡风险评价为例[J]. 地质通报, 30(1): 166-172.

陶舒, 薛东剑, 程滔, 等, 2015. 汶川地震前后滑坡分布变化规律: 以川北山区为例[J]. 自然灾害学报, 24(1): 177-184.

田晓, 占伟, 郑洪艳, 等, 2021. 川滇地区现今三维地壳运动特征[J]. 大地测量与地球动力学, 41(7): 739-746.

铁永波, 2019. 夏季大山里的隐形杀手: 滑坡[J]. 百科知识(19): 33-35.

铁永波, 塞代君, 2021. 从巨震中归来九寨沟"疗伤"的背后[J]. 中国国家地理(7): 86-99.

铁永波, 徐如阁, 刘洪, 等, 2020. 西昌市泸山地区典型火后泥石流特征与成因机制研究: 以响水沟左岸3#支沟为例[J]. 中国地质调查, 7(3): 82-88.

铁永波, 徐伟, 向炳霖, 等, 2022a. 西南地区地质灾害风险"点面双控"体系构建与思考[J]. 中国地质灾害与防治学报, 33(3): 106-113.

铁永波, 张宪政, 卢佳燕, 等, 2022b. 四川省泸定县M_S6.8级地震地质灾害发育规律与减灾对策[J]. 水文地质工程地质, 49(6): 1-12.

王东辉, 田凯, 2014. 鲜水河断裂带炉霍段地震滑坡空间分布规律分析[J]. 工程地质学报, 22(2): 292-299.

王根龙, 张军慧, 刘红帅, 2009. 汶川地震北川县城地质灾害调查与初步分析[J]. 中国地质灾害与防治学报, 20(3): 47-51.

王家柱, 高延超, 铁永波, 等, 2021. 基于斜坡单元的山区城镇滑坡灾害易发性评价: 以康定为例[J/OL]. 沉积与特提斯地质. https://doi.org/10.19826/j.cnki.1009-3850.2021.03001.

文宝萍, 王凡, 2021. 1965 年烂泥沟滑坡前兆、高速远程运动及后期演化特征[J]. 水文地质工程地质, 48(6): 72-80.

谢洪, 1992. 成昆铁路北段泥石流及其综合防治原理[J]. 地球科学进展, 7(5): 83-84.

谢洪, 钟敦伦, 矫震, 等, 2009. 2008 年汶川地震重灾区的泥石流[J]. 山地学报, 27(4): 501-509.

熊小辉, 白永健, 铁永波, 2021. 川西雅江地区构造-岩石变形特征及其控灾机制[J]. 现代地质, 35(1): 145-152.

徐邦栋, 邓庆芬, 1992. 岩石滑坡地质力学调查及分析方法的应用研究[J]. 中国铁道科学, 13(1): 1-13.

徐伟, 朱志明, 铁永波, 等, 2022. 地震作用下康定市郭达山危岩带运动特征[J]. 中国地质调查, 9(4): 10-18.

许冲, 戴福初, 徐锡伟, 2010. 汶川地震滑坡灾害研究综述[J]. 地质论评, 56(6): 860-874.

许强, 2020. 对地质灾害隐患早期识别相关问题的认识与思考[J]. 武汉大学学报(信息科学版), 45(11): 1651-1659

许强, 李为乐, 2010. 汶川地震诱发大型滑坡分布规律研究[J]. 工程地质学报, 18(6): 818-826.

许强, 陈伟, 张倬元, 2008. 对我国西南地区河谷深厚覆盖层成因机理的新认识[J]. 地球科学进展, 23(5): 448-456.

晏鄂川, 刘汉超, 张倬元, 1998. 茂汶—汶川段岷江两岸滑坡分布规律[J]. 山地研究, 16(2): 109-113.

姚一江, 1985. 滑坡和泥石流: 人类活动诱发的山地灾害[J]. 水土保持通报, 5(1): 1-5.

易靖松, 王峰, 程英建, 等, 2022. 高山峡谷区地质灾害危险性评价: 以四川省阿坝县为例[J]. 中国地质灾害与防治学报, 33(3): 134-142.

殷跃平, 1998. 中国滑坡防治工程理论与实践[J]. 水文地质工程地质, 25(1): 5-9.

殷跃平, 王文沛, 2014. 论滑坡地震力[J]. 工程地质学报, 22(4): 586-600.

殷跃平, 张永双, 等, 2013. 汶川地震工程地质与地质灾害[M]. 北京: 科学出版社.

殷跃平, 王文沛, 张楠, 等, 2017. 强震区高位滑坡远程灾害特征研究: 以四川茂县新磨滑坡为例[J]. 中国地质, 44(5): 827-841.

尹福光, 潘桂棠, 孙志明, 2021. 西南三江构造体系及演化、成因[J]. 沉积与特提斯地质, 41(2): 265-282.

尹云鹤, 韩项, 邓浩宇, 等, 2021. 中国西南地区地震-滑坡-泥石流灾害链风险防范措施框架研究[J]. 灾害学, 36(3): 77-84.

游勇, 程尊兰, 胡berry华, 等, 1997. 西藏古乡沟泥石流模型试验研究[J]. 自然灾害学报, 6(1): 52-58.

张磊, 王延飞, 张衡, 2016. 基于分区域强度折减法的大型岩土工程边坡稳定性分析[J]. 煤炭工程, 48(10): 99-102.

张永双, 成余粮, 姚鑫, 等, 2013. 四川汶川地震-滑坡-泥石流灾害链形成演化过程[J]. 地质通报, 32(12): 1900-1910.

张永双, 任三绍, 郭长宝, 等, 2019. 活动断裂带工程地质研究[J]. 地质学报, 93(4): 763-775.

张永双, 刘筱怡, 吴瑞安, 等, 2021. 青藏高原东缘深切河谷区古滑坡: 判识、特征、时代与演化[J]. 地学前缘, 28(2): 94-105.

张永双, 任三绍, 郭长宝, 等, 2022. 青藏高原东缘高位崩滑灾害多动力多期次演化特征[J]. 沉积与特提斯地质, 42(2): 310-318.

张宪政, 铁永波, 宁志杰, 等, 2023. 四川汶川县板子沟"6·26"特大型泥石流成因特征与活动性研究[J/OL]. 水文地质工程地质. https://www.cnki.com.cn/Article/CJFDTotal-SWDG20230711001.htm.

张御阳, 2013. 强震诱发摩岗岭滑坡成因机制及运动特性研究[D]. 成都: 成都理工大学.

赵聪, 铁永波, 梁京涛, 2023. 基于机载 LiDAR 技术的泥石流物源侵蚀量定量评价研究[J/OL]. 沉积与特提斯地质, 43(4): 808-816.

钟大赉, 丁林, 1996. 青藏高原的隆起过程及其机制探讨[J]. 中国科学: 地球科学, 26(4): 289-295.

中国地震局震害防御司, 1999. 中国近代地震目录(公元 1912 年—1990 年 $M_s \geq 4.7$)[M]. 北京: 中国科学技术出版社.

周本刚, 张裕明, 1994. 中国西南地区地震滑坡的基本特征[J]. 西北地震学报, 16(1): 95-103.

郑万模, 李明辉, 陈启国, 等, 2007. 四川省丹巴县地质灾害详细调查报告[R]. 成都: 中国地质调查局成都地质矿产研究所.

张路, 廖明生, 董杰, 等, 2018. 基于时间序列 InSAR 分析的西部山区滑坡灾害隐患早期识别: 以四川丹巴为例[J]. 武汉大学学报(信息科学版), 43(12): 2039-2049.

Bai Y J, Wang Y S, Ge H, et al., 2020. Slope structures and formation of rock-soil aggregate landslides in deeply incised valleys[J]. Journal of Mountain Science, 17(2): 316-328.

Cao P, Chen Z, Zhang S T, et al., 2021. Locking effect of granodiorite porphyry veins on the deformation of Baige landslide (eastern Tibetan plateau, Tibet) [J]. Arabian Journal of Geosciences, 14(21): 2224.

Chen M, Tang C, Xiong J, et al., 2020. The long-term evolution of landslide activity near the epicentral area of the 2008 Wenchuan earthquake in China[J]. Geomorphology, 367: 107317.

Deyanova M, Lai C G, Martinelli M, 2016. Displacement: Based parametric study on the seismic response of gravity earth-retaining walls[J]. Soil Dynamics and Earthquake Engineering, 80: 210-224.

Domènech G, Fan X M, Scaringi G, et al., 2019. Modelling the role of material depletion, grain coarsening and revegetation in debris flow occurrences after the 2008 Wenchuan earthquake[J]. Engineering Geology, 250: 34-44.

Fan R L, Zhang L M, Wang H J, et al., 2018a. Evolution of debris flow activities in Gaojiagou Ravine during 2008-2016 after the Wenchuan earthquake[J]. Engineering Geology, 235(1): 1-10.

Fan X M, Domènech G, Scaringi G, et al., 2018b. Spatio-temporal evolution of mass wasting after the 2008 M_w 7.9 Wenchuan earthquake revealed by a detailed multi-temporal inventory[J]. Landslides, 15(12): 2325-2341.

Fan X M, Scaringi G, Domènech G, et al., 2019a. Two multi-temporal datasets that track the enhanced landsliding after the 2008 Wenchuan earthquake[J]. Earth System Science Data, 11(1): 35-55.

Fan X M, Scaringi G, Korup O, et al., 2019b. Earthquake-induced chains of geologic hazards: Patterns, mechanisms, and impacts[J]. Reviews of Geophysics, 57(2): 421-503.

Bogado G O, Francisca F M, 2019. Shear wave propagation in residual soil: Rigid inclusion mixtures[J]. Powder Technology, 343: 595-598.

Gao Y C, Chen N S, Hu G S, et al., 2019. Magnitude-frequency relationship of debris flows in the Jiangjia Gully, China[J]. Journal of Mountain Science, 16(6): 1289-1299.

Guo X J, Cui P, Li Y, et al., 2016. The formation and development of debris flows in large watersheds after the 2008 Wenchuan Earthquake[J]. Landslides, 13(1): 25-37.

Huang R Q, Fan X M, 2013. The landslide story[J]. Nature Geoscience, 6: 325-326.

Indrawan I G B, Rahardjo H, Leong E C, 2006. Effects of coarse-grained materials on properties of residual soil[J]. Engineering Geology, 82(3): 154-164.

Lehmann P, Or D. 2012. Hydromechanical triggering of landslides: From progressive local failures to mass release[J/OL]. Water Resources Research, 48(3). https://doi.org/10.1029/2011WR010947.

Li N, Tang C, Yang T, et al., 2020. Analysing post-earthquake landslide susceptibility using multi-temporal landslide inventories—A case study in Miansi Town of China[J]. Journal of Mountain Science, 17(2): 358-372.

Li N, Tang C, Zhang X Z, et al., 2021. Characteristics of the disastrous debris flow of Chediguan gully in Yinxing town, Sichuan Province, on August 20, 2019[J]. Scientific Reports, 11: 23666.

Tang C, Zhu J, Ding J, et al., 2011. Catastrophic debris flows triggered by a 14 August 2010 rainfall at the epicenter of the Wenchuan earthquake[J]. Landslides, 8(4): 485-497.

Tang C, Van Asch T W J, Chang M, et al., 2012. Catastrophic debris flows on 13 August 2010 in the Qingping Area, southwestern China: The combined effects of a strong earthquake and subsequent rainstorms[J]. Geomorphology, 139: 559-576.

Tang C X, Van Westen C J, Tanyas H, et al., 2016. Analysing post-earthquake landslide activity using multi-temporal landslide inventories near the epicentral area of the 2008 Wenchuan earthquake[J]. Natural Hazards and Earth System Sciences, 16(12): 2641-2655

Xu C, Xu X W, Yao X, et al., 2014. Three (nearly) complete inventories of landslides triggered by the May 12, 2008 Wenchuan M_w 7.9 earthquake of China and their spatial distribution statistical analysis[J]. Landslides, 11: 441-461.

Xu W, Feng W K, 2021. Application of slope radar (S-SAR) in emergency monitoring of the "11.03" Baige landslide[J/OL]. Mathematical Problems in Engineering. https: //doi. org/10.1155/2021/2060311.

Yang Y, Tang C X, Tang C, et al., 2023. Spatial and temporal evolution of long-term debris flow activity and the dynamic influence of condition factors in the Wenchuan earthquake-affected area, Sichuan, China[J]. Geomorphology, 435: 108755.

Yunus A P, Fan X M, Tang X L, et al., 2020. Decadal vegetation succession from MODIS reveals the spatio-temporal evolution of post-seismic landsliding after the 2008 Wenchuan earthquake[J]. Remote Sensing of Environment, 236: 111476.

Zhang S, Zhang L M, 2017. Impact of the 2008 Wenchuan earthquake in China on subsequent long-term debris flow activities in the epicentral area[J]. Geomorphology, 276: 86-103.

Zhang X Z, Tang C X, Li N, et al., 2022a. Investigation of the 2019 Wenchuan County debris flow disaster suggests nonuniform spatial and temporal post-seismic debris flow evolution patterns[J]. Landslides, 19(8): 1935-1956.

Zhang X Z, Tang C X, Yu Y J, et al., 2022b. Some considerations for using numerical methods to simulate possible debris flows: The case of the 2013 and 2020 Wayao debris flows (Sichuan, China)[J]. Water, 14(7): 1050.

Zhang Y F, Tie Y B, Wang L Q, et al., 2022c. CT scanning of structural characteristics of glacial till in Moxi River Basin, Sichuan Province[J]. Applied Sciences, 12(6): 3056-3074.

Zhu J, Tang C, Chang M, et al., 2015. Field observations of the disastrous 11 July 2013 debris flows in qipan gully, Wenchuan Area, southwestern China[M]//Lollino G, Giordan D, Crosta G B, et al. Engineering Geology for Society and Territory—Volume 2. Cham: Springer.